中国页岩气勘探开发技术丛书

# 页岩气清洁生产技术

朱 进 李 静 刘春艳 向启贵 等 编著

石油工業出版社

## 内容提要

本书简述了我国页岩气发展概况和目前页岩气开发清洁生产关键技术，重点论述了页岩气开发钻井作业、压裂作业、地面集输作业等工艺流程对水资源、地下水环境、地表水环境、大气环境、声环境等造成的环境影响；详述了页岩气开发水资源保护，钻井岩屑减量化、资源化、无害化处理处置技术，页岩气开发废水处理处置技术，温室气体减排和土地复垦与水土保持技术及其应用效果，并系统阐述了各项页岩气污染防治技术的进展，对页岩气开发污染防治技术研发与清洁生产管理具有现实指导意义。

本书可为从事页岩气开发清洁生产技术研发、页岩气开发环保管理和页岩气开发清洁生产方案设计的广大科研和管理工作者提供参考和借鉴。

**图书在版编目（CIP）数据**

页岩气清洁生产技术 / 朱进等编著 . —北京：石油工业出版社，2021.5

（中国页岩气勘探开发技术丛书）

ISBN 978-7-5183-4465-9

Ⅰ . ① 页… Ⅱ . ① 朱… Ⅲ . ① 油页岩 – 油气田开发 – 无污染技术 – 研究 Ⅳ . ① P618.130.8

中国版本图书馆 CIP 数据核字（2020）第 267328 号

---

出版发行：石油工业出版社

（北京安定门外安华里 2 区 1 号　100011）

网　址：www.petropub.com

编辑部：（010）64523757　　图书营销中心：（010）64523633

经　销：全国新华书店

印　刷：北京中石油彩色印刷有限责任公司

---

2021 年 5 月第 1 版　2021 年 5 月第 1 次印刷

787 × 1092 毫米　开本：1/16　印张：12.5

字数：255 千字

---

定价：100.00 元

（如出现印装质量问题，我社图书营销中心负责调换）

**版权所有，翻印必究**

# 《中国页岩气勘探开发技术丛书》

## 编委会

顾　问：胡文瑞　贾承造　刘振武

主　任：马新华

副主任：谢　军　张道伟　陈更生　张卫国

委　员：（按姓氏笔画排序）

王红岩　王红磊　乐　宏　朱　进　汤　林

杨　雨　杨洪志　李　杰　何　骁　宋　彬

陈力力　郑新权　钟　兵　党录瑞　桑　宇

章卫兵　雍　锐

## 专家组

（按姓氏笔画排序）

朱维耀　刘同斌　许可方　李　勇　李长俊　李仁科

李海平　张烈辉　张效羽　陈彰兵　赵金洲　原青民

梁　兴　梁狄刚

# 《页岩气清洁生产技术》

## 编 写 组

组　长：朱　进

副组长：李　静　刘春艳　向启贵

成　员：（按姓氏笔画排序）

于　辰　于劲磊　王　龙　王兴睿　王红磊

刘文士　杜红瑶　李静雯　吴　懈　陈天欣

罗小兰　周　东　胡金燕　郭世月

# ◆ 序

FOREWORD

美国前国务卿基辛格曾说：“谁控制了石油，谁就控制了所有国家。”这从侧面反映了抓住能源命脉的重要性。始于 20 世纪 90 年代末的美国页岩气革命，经过多年的发展，使美国一跃成为世界油气出口国，在很大程度上改写了世界能源的格局。

中国的页岩气储量极其丰富。根据自然资源部 2019 年底全国“十三五”油气资源评价成果，中国页岩气地质资源量超过 100 万亿立方米，潜力超过常规天然气，具备形成千亿立方米的资源基础。

中国页岩气地质条件和北美存在较大差异，在地质条件方面，经历多期构造运动，断层发育，保存条件和含气性总体较差，储层地质年代老，成熟度高，不产油，有机碳、孔隙度、含气量等储层关键评价参数较北美差；在工程条件方面，中国页岩气埋藏深、构造复杂，地层可钻性差、纵向压力系统多、地应力复杂，钻井和压裂难度大；在地面条件方面，山高坡陡，人口稠密，人均耕地少，环境容量有限。因此，综合地质条件、技术需求和社会环境等因素来看，照搬美国页岩气勘探开发技术和发展的路子行不通。为此，中国页岩气必须坚定地走自己的路，走引进消化再创新和协同创新之路。

中国实施“四个革命，一个合作”能源安全新战略以来，大力提升油气勘探开发力度和加快天然气产供销体系建设取得明显成效，与此同时，中国页岩气革命也悄然兴起。2009 年，中美签署《中美关于在页岩气领域开展合作的谅解备忘录》；2011 年，国务院批准页岩气为新的独立矿种；2012—2013 年，陆续设立四个国家级页岩气示范区等。国家层面加大页岩气领域科技投入，在“大型油气田及煤层气开发”国家科技重大专项中设立“页岩气勘探开发关键技术”研究项目，在“973”计划中设立“南方古生界页岩气赋存富集机理和资源潜力评价”和“南方海相页岩气高效开发的基础研究”等项目，设立了国家能源页岩气研发（实验）中心。以中国石油、中国石化为核心的国有骨干企业也加强各层次联合攻关和技术创新。国家“能源革命”的战略驱动和政策的推动扶持，推动了页岩气勘探开发关键理论技术的突破和重大工程项目的实施，加快了海相、海陆过渡相、陆相页岩气资源的评价，加速了页岩气对常规天然气主动接替的进程。

中国页岩气革命率先在四川盆地海相页岩气中取得了突破，实现了规模有效开发。纵观中国石油、中国石化等企业的页岩气勘探开发历程，大致可划分为四个阶段。2006—2009 年为评层选区阶段，从无到有建立了本土化的页岩气资源评价方法和评层选区技术体系，优选了有利区层，奠定了页岩气发展的基础；2009—2013 年为先导试验阶段，掌握了平台水平井钻完井及压裂主体工艺技术，建立了“工厂化”作业模式，突破了单井出气关、技术关和商业开发关，填补了国内空白，坚定了开发页岩气的信心；2014—2016 年为示范区建设阶段，在涪陵、长宁—威远、昭通建成了三个国家级页岩气示范区，初步实现了规模效益开发，完善了主体技术，进一步落实了资源，初步完成了体系建设，奠定了加快发展的基础；2017 年至今为工业化开采阶段，中国石油和中国石化持续加大页岩气产能建设工作，2019 年中国页岩气产量达到了 153 亿立方米，居全球页岩气产量第二名，2020 年中国页岩气产量将达到 200 亿立方米。历时十余年的探索与攻关，中国页岩气勘探开发人员勠力同心、锐意进取，创新形成了适应于中国地质条件的页岩气勘探开发理论、技术和方法，实现了中国页岩气产业的跨越式发展。

为了总结和推广这些研究成果，进一步促进我国页岩气事业的发展，中国石油组织相关院士、专家编写出版《中国页岩气勘探开发技术丛书》，包括《页岩气勘探开发概论》《页岩气地质综合评价技术》《页岩气开发优化技术》《页岩气水平井钻井技术》《页岩气水平井压裂技术》《页岩气地面工程技术》《页岩气清洁生产技术》共 7 个分册。

本套丛书是中国第一套成系列的有关页岩气勘探开发技术与实践的丛书，是中国页岩气革命创新实践的成果总结和凝练，是中国页岩气勘探开发历程的印记和见证，是有关专家和一线科技人员辛勤耕耘的智慧和结晶。本套丛书入选了“十三五”国家重点图书出版规划和国家出版基金项目。

我们很高兴地看到这套丛书的问世！

中国工程院院士 胡文瑞

# 前言
PREFACE

页岩气作为一种清洁非常规能源，不仅在一些发达国家得到高度重视和大力发展，我国政府也高度重视，国家能源局颁布了《页岩气发展规划（2016—2020年）》。开发利用页岩气资源，已经成为提高我国能源保障能力、优化能源结构的重要举措。

放眼世界，页岩气开发正在由北美“一家独大”变为一场“全球盛宴”，然而环境风险时常成为非常规油气业务快步向前的羁绊与束缚。如何兼顾生产与环境管理，谋求产业的长远发展，成为油气大国普遍关注的问题。

中国页岩气资源多集中在中西部山区，其地表环境复杂、人口密集、开发环境极其敏感，如何构建更加和谐的开发环境，走出一条绿色开发之路，成为页岩气规模开发工作的重中之重。页岩气开发的清洁生产技术是页岩气田开发不可缺少的环保保障，页岩气的环保风险综合控制技术、水资源保护技术、废水和钻井固体废弃物处理处置技术，以及页岩气开发过程中的土地复垦、水土保持、温室气体减排等技术均得到了很好的实践，并有力保障了页岩气的清洁高效开发。

本书是《中国页岩气勘探开发技术丛书》之一，对各页岩气开发工艺环节在水、气、声、渣、土壤等环境要素方面的影响，主要环境影响对应的综合预防措施、废弃物处理处置技术和应用效果，以及页岩气清洁生产与污染防治技术发展趋势，进行了较为全面的论述。

本书共分七章。第一章介绍了页岩气发展概况、开发关键技术及页岩气开发中的环境问题和清洁开发技术问题概述；第二章介绍了页岩气开发工艺流程，分析页岩气开发环境影响因素；第三章介绍了水资源保护、钻井过程清洁生产、压裂排液和地面集输过程清洁生产；第四章介绍了页岩气钻井废水处理技术、页岩气压裂返排液概况、北美页岩气压裂返排液处置方式和处理技术、返排液回用和外排处理技术；第五章介绍了国内外页岩气钻井固体废弃物管理政策、国内页岩气钻井固体废弃物产生情况及主要处理处置方式、水基钻井岩屑处理与处置技术、油基钻井岩屑处理与处置技术；第六章介绍了温室气体减排、土地复垦、水土保持、社区关系维护；第七章介绍了页岩气环境影响评估、水资源高效利用和地下水环境保护、废弃物处理处置方面的技术趋势。

本书由朱进担任编写组组长，李静、刘春艳、向启贵担任副组长。其中第一章由刘文士、胡金燕、郭世月编写，朱进、向启贵审核；第二章由罗小兰、王红磊、郭世月、李静雯编写，刘春艳、向启贵审核；第三章由王龙、罗小兰、于劲磊、杜红瑶、胡金燕编写，朱进、李静审核；第四章由陈天欣、刘文士、王红磊编写，李静、向启贵审核；第五章由于劲磊、王红磊、周东、郭世月、李静雯编写，朱进、刘春艳审核；第六章由吴懈、王兴睿、王龙、于辰、罗小兰、胡金燕编写，李静、向启贵审核；第七章由刘文士、周东、胡金燕编写，朱进、向启贵审核。

在本书编写过程中，得到了中国石油天然气股份有限公司西南油气田分公司安全环保与技术监督研究院、中国石油集团安全环保技术研究院有限公司、四川省生态环境厅环境工程评估中心、四川天宇石油环保安全技术咨询服务有限公司、西南石油大学等相关单位、专家及技术人员的大力支持和帮助。邓皓、原青民、吴百春、朱权云、林冬、银小兵、陶力、唐春凌、罗方宇、熊军等同志在本书编写过程中提出了许多宝贵意见和建议，促进了本书的编写工作，在此一并表示深切的谢意。

受技术业务水平和文字表达能力的限制，书中难免有不足之处，恳请批评指正。

# 目 录

CONTENTS

# 第一章 绪 论

人类对页岩气资源的开采历史始于1821年，北美地区页岩气勘探开发的巨大成功，引起了各国政府和能源公司的高度重视，在世界范围内掀起了页岩气研究和开发的热潮。我国页岩气资源同样丰富，可采资源潜力居世界前列，在页岩气产业起步之初就高度重视生态和环境问题，也认识到由于开发区域地质地形、人居和外环境状况、法律规范、技术水平，以及施工组织形式都存在差异，国外的相关认识和做法不能简单复制，需要结合实际不断深化、不断应用、不断创新，才能走出符合我国实际的页岩气清洁开发之路。

## 第一节 页岩气资源和开发

### 一、页岩气发展概况

页岩气泛指赋存于富含有机质的暗色泥页岩或高碳泥页岩中，以热解气或生物甲烷气为主，以游离气形式赋存于孔隙和裂缝中，或者以吸附气形式聚集于有机质或黏土中、连续的自生自储的非常规天然气资源。页岩气主要成分为甲烷，含少量乙烷、丙烷、二氧化碳、氮气等，其纯度和热值高等，是一种优质燃料。但与常规天然气藏相比，页岩储集层具有非均质性强、孔隙率极低和渗透率超低的特点，其结构复杂，富集条件复杂多变，使得页岩气勘探和开发具有较高的难度和极大的风险。

人类对页岩气资源的开采历史始于1821年。William Hart在纽约州Fredonia镇钻探了美国历史上第一口商业天然气井，该井最初钻至深约8.2m的泥盆系Dunkirk浅层页岩层，即获得页岩气。20世纪70年代，为应对天然气供应短缺，美国政府在1976年启动了“东部页岩气项目（Eastern Gas Shales Project）”，重点加强Michigan、Illinois和Appalachian等盆地泥盆系页岩气的开发试验工作。在《1980年能源安全法案》中，联邦政府明确采用税收抵免政策以促进天然气产业发展。1986年，美国能源部与民营天然气开发公司合作成功完成了第一口空气钻探水平井。联邦政府随后提出至2000年的税收抵免政策以鼓励页岩气开发。尽管“东部页岩气项目”产生了大量的研究成果，但直到税收抵免政策结束的2000年，页岩气产量仍仅占美国天然气产量的约1.6%，失去了税收抵免的页岩气开发也广泛被认为几乎没有经济性。

大型滑溜水压裂施工技术的突破使页岩气实现了经济有效开发。被誉为“水力压裂先驱者”的George P. Mitchell领导的Mitchell能源公司于1997年采用大型滑溜水压裂技术在Barnett页岩区对3口页岩气井进行开发试验，前120d单井平均日产量达到$4.2\times10^4m^3$，成本大幅降低，从而实现了经济开发。至此，Barnett页岩气田的开发获得突破。2001年，Mitchell能源公司被Devon能源公司收购，后者于2002年进一步发展了水平井多段压裂技术，使得水平井单井最终可采储量（EUR）达$0.8\times10^8m^3$，其中约10%的井最终可采储量高达$0.8\times10^8m^3$[1]。Barnett页岩气田产量快速增长，2003年页岩气产量为$75\times10^8m^3$，占当年美国页岩气总产量的28%。

Barnett页岩气田的成功经验在其他页岩区推广应用，理论、技术、装备和作业模式等也不断优化和进步，促进了美国页岩气产量迅猛增长。根据美国能源信息署的统计，2007年美国页岩气产量约$366\times10^8m^3$，2012年增长至$2944\times10^8m^3$，年平均增长率超过50%；2018年美国页岩气产量约为$5932.4\times10^8m^3$，占天然气总产量的68.5%，近年来一直是美国天然气供应的绝对主力军。

页岩气的成功开发给美国经济注入了“强心剂”。除贡献GDP、税收和工作岗位外，页岩气开发改变了美国的天然气供给格局。在页岩气成功开发之前，为满足国内日益增长的天然气需求，美国共建造了11个LNG进口码头，而在2018年6月，全美共有69个LNG出口项目获得批准，总出口量达到约$31.58\times10^8m^3/d$。由于页岩气是一种重要的基础能源，同时也是一种重要的工业原料，源源不断的廉价页岩气带来了美国工业重生的机会，特别是增强了化工、钢铁、有色金属等行业的竞争力，其综合作用体现为制造业的回归奠定了良好的市场基础。美国化学委员会（The American Chemistry Council，ACC）认为，截至2018年9月，“页岩气革命”仅为美国化学和塑料工业所带来的投资就超过2000亿美元，每年创造产值2920亿美元，到2025年将支持786000人就业。该委员会主席和CEO Cal Dooley指出：“这对美国化学工业来说是一个新的里程碑，再次证明了页岩气是制造业增长的强大引擎。美国始终是化工制造行业最具有吸引力的投资地，我们期待将能源转化为更强大的经济和更多的就业岗位。”

根据美国能源信息署2013年所发布的报告[2]，全球页岩气技术可采储量约$20700\times10^8m^3$，主要分布在中国、阿根廷、阿尔及利亚、美国、加拿大、墨西哥、澳大利亚、南非、俄罗斯和巴西等国。目前，全球已有30多个国家陆续开展了页岩气资源前期评价和基础研究，其中美国、加拿大、阿根廷和中国等实现了商业化生产。根据预测[3]，2040年全球天然气日产量将达到近$157\times10^8m^3$，其中页岩气对天然气产量增长的贡献率最大；从2015年到2040年全球页岩气产量将增长3倍，届时页岩气产量将占全球天然气总产量的 30%。

我国页岩气资源同样丰富，可采资源潜力居世界前列。根据自然资源部发布的《中国矿产资源报告 2019》，我国埋深在 4500m 以内的页岩气地质资源量约为 $1220000 \times 10^8m^3$，技术可采资源量约为 $220000 \times 10^8m^3$。自 2006 年开始启动资源潜力评价以来，我国石油企业通过苦战攻关，2010 年起开始生产第一方页岩气，2016 年产量即跃居世界第三位（仅次于美国和加拿大），2018 年我国页岩气产量达到 $108.81 \times 10^8m^3$，占全国天然气产量的 7.69%。目前，我国页岩气开发区域主要分布在四川盆地及周缘，其中涪陵页岩气田累计探明地质储量 $6008.14 \times 10^8m^3$，是全球除北美以外最大的页岩气田，2019 年生产页岩气 $63.33 \times 10^8m^3$；中国石油川南页岩气田 2019 年产量达 $80.3 \times 10^8m^3$，日产量已突破 $3000 \times 10^4m^3$，成为我国最大的页岩气生产基地。历经十余年的探索实践，我国页岩气开发的资源可获得性、技术可行性和经济可及性已得到较充分论证，随着开采成本的逐步降低，产能快速释放，我国页岩气开发迈入大规模工业化开采新时期。国家能源局《页岩气发展规划（2016—2020 年）》设定 2020 年力争实现页岩气产量 $300 \times 10^8m^3$，并展望 2030 年实现页岩气产量 $800 \times 10^8$～$1000 \times 10^8m^3$。在我国生态文明建设的大背景下，加快页岩气勘探开发除增加天然气供应、保障能源安全，以及促进经济社会发展外，对于调整以煤为主的能源消费结构、减少温室气体和其他各种污染排放、提升大气环境质量和应对气候变化有重要意义。

## 二、页岩气开发关键技术

美国页岩气迅猛发展是技术进步、需求推动和政策支持等多种因素合力作用的结果。从技术进步角度来说，则主要得益于从前期的气藏分析、地层评价、岩石力学分析，到后期的钻完井技术及压裂增产技术等集成的解决方案：从地层评价了解页岩的非均质性及岩石的矿物组成，评价气藏并为射孔位置、水平段着陆及造缝提供依据；通过对岩石的力学分析，结合地层评价找出最佳的射孔位置和水平段钻井方向；而水平井钻完井优化和水力压裂措施则是页岩气增产的关键技术[4]。梳理美国页岩气开发历史，水力压裂技术的应用实现了页岩气的经济效益开发，2000 年页岩气产量达到约 $122 \times 10^8m^3$；2003 年应用水平井开发技术后，产量跃升至 $200 \times 10^8m^3$ 以上。水力压裂和水平钻井技术通过获得更大的泄气面积、更高的单井产量和更大的储量动用程度，使过去认为“无自然产能或低产”的页岩气成为天然气开发的热点领域。

### 1. 水力压裂技术

页岩储层孔隙度小、渗透率低，页岩气井完井后需要经过储层改造才能获得理想的产量。在美国页岩气开发中曾使用的增产措施包括氮气泡沫压裂、凝胶压裂、清水压裂等。氮气泡沫压裂多用于深度较浅（一般小于 1524m）或地层压力较低的页岩；凝胶压裂成本较高，已逐渐被清水压裂取代；对于中等深度的页岩（1524～3048m）一般使用清水压裂。1994 年，Mitchell Energy 公司完全消除了氮气的使用，代之以低成本的砂进行压裂，使压裂成本降低了 10% 以上；1997 年在 Barnett 页岩区首次将清水压裂应用于页岩气开发，相比较凝胶压裂降低压裂费用约 35%，提高页岩气采收率 20%。此时，Barnett 页岩区的单井成本为 75 万～95 万美元，压裂成本占主要部分（35 万～45 万美元，以当时美元计价）。压裂技术的进步，特别是大规模水力压裂技术的应用很大程度上减少了页岩气开发成本，使页岩气的效益开发成为可能。

清水压裂（又称滑溜水压裂或减阻水压裂）是利用含有减阻剂、黏土稳定剂和表面活性剂等的清水为压裂液，混合支撑剂（石英砂、陶粒等）通过高压水泵注入地层。当注入速度大于地层的吸收速度时，产生的压力就会使地层破裂形成裂缝网络。地面压力释放后，压裂液返排，支撑剂填充并支撑裂缝开启为天然气流动提供通道，最终实现页岩气的采收（图 1–1）。相比凝胶压裂液，清水压裂技术不仅成本较低，而且能较少地层伤害，还能获得更高的产量。

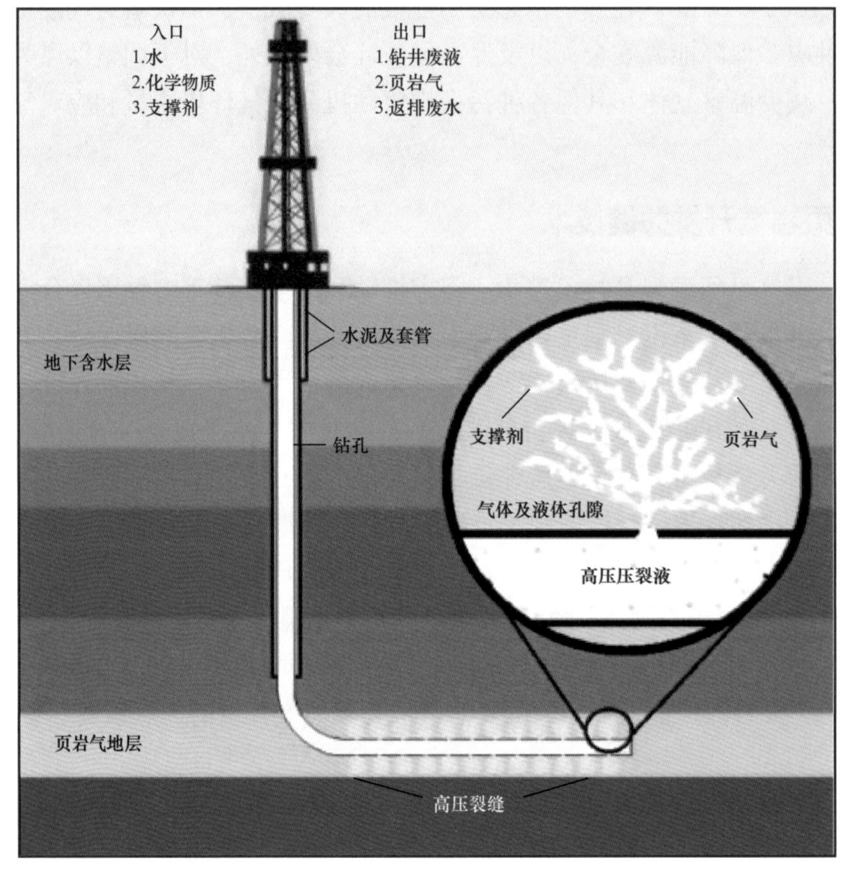


图 1–1　水力压裂示意图

大规模长水平段水平井得以应用的同时，分段压裂技术也得以开发和应用。2006年，Newfield公司在Woodford页岩区中的部分开发井采用5～7段式的分段压裂。结果表明，由于压裂段数增加，与早期压裂的水平井相比，新压裂的井取得较大成功。早期压裂段数一般为4～6段，目前达到10～12段，多的达到24段，每段压裂的长度由900～1200m减少到现在的80～120m。各段间利用滑套封隔器或可钻式桥塞分隔，然后在水平井井筒内1次压裂1个井段，逐段压裂。

为一进步提高资源采收率，开发中较多使用重复压裂技术和同步压裂技术。重复压裂技术是指在初始压裂无效，或者现有支撑剂性能下降情况下，在同层不同方向上进行2次或者2次以上的压裂，诱导产生新的裂缝，从而增加裂缝网格，提高生产能力。同步压裂技术是指同时对2口或2口以上的邻近平行井进行压裂，利用井间连通的优势来增大工作区裂缝的程度和强度，产生更复杂的缝网，增加改造体积，提高气井产量。

水力压裂将消耗较大量水资源。美国页岩气开发中单井压裂施工耗水普遍为10000～25000$m^3$。压裂完成后有15%～80%返排液排至地面。压裂返排液作为页岩气开发最大量的废弃物，由于人工添加或溶解地层等原因，其含有较高含量的悬浮固体、有机物、金属离子和盐分等，若处置不当，就存在生态环境风险。可以说，如何减少水资源消耗量、合理处置页岩气开发中产生的大量返排液是页岩气规模化开发的瓶颈问题之一。

### 2. 水平钻井技术

1997年以后，尽管水力压裂技术取得进步，但页岩气开采由于单井采收率不高仍未体现出显著的经济收益。由于页岩气赋存于低渗透低孔隙率的裂缝储层中，要使其尽可能地流入井筒就必须合理利用储层中的裂缝，使井筒穿过尽可能多的储层。与直井相比，水平井产量可达传统直井的3～4倍，而成本为其1.5～2.5倍。实际上，水平钻井（或者定向钻井）技术并不是首先在页岩气开发中使用的，早在20世纪20年代晚期就吸引了油气行业的关注并开始逐步在油气开发中应用。页岩气开发中的水平钻井属于定向井的一种，是指井眼竖着钻到一定深度以后，再向水平或者接近水平的倾斜方向继续延伸一定长度的定向井（图1–2）。Barnett页岩区的经验表明，从水平井中获得的最终采收率大约是直井的3倍，而费用只相当于直井的2倍[4]。自Mitchell Energy于1997年在Barnett页岩区率先实现经济效益开发后，2002年Barnett页岩区日产气量达到$1712\times10^4m^3$；2003年开始大规模长水平段水平井应用，2010年水平井数目为9757口，为总页岩气井数的66%，日产气量攀升至$1.4\times10^8m^3$。水平井开采页岩气早期的水平段长度为700～900m，目前水平段长度多为1200～2000m，长水平段可达3000m以上。

图 1-2　水平井示意图（来源：自然资源部中国地质调查局）

页岩气水平井钻井施工过程中，井壁稳定性和井眼清洁的问题非常关键。传统的水基钻井液由于抑制性差，易造成井壁失稳甚至垮塌。因此目前水平井段主要采用油基钻井液体系，可有效地抑制井壁失稳，防止发生井漏事故，保持井眼清洁。油基钻井液是以油作为连续相的钻井液。与水基钻井液相比，油基钻井液具有良好的润滑性、高固相含量、极低的分散性，以及良好的储层保护作用。但其配置成本比水基钻井液高，使用时由于其污染性往往会对井场附近的生态环境存在较高的风险，施工后残存的含油岩屑等处理费用高且难度大。鉴于此，近年来，国内行业和学界都积极开始了高性能水基钻井液体系替代油基钻井液用于页岩气水平井钻井施工的研究和应用工作。

## 第二节　页岩气开发中的环境问题和清洁开发技术概述

随着全球页岩气研究和开发的不断深入，关于页岩气的生态环境风险也成了全球争议话题之一。2011 年因被提名为第 83 届奥斯卡金像奖最佳纪录长片而广为人知的环保题材电影《天然气之地》（Gasland）进一步将页岩气和水力压裂推向了舆论风口浪尖。2012 年，美国能源部、内政部和环保署启动了涉及非常规页岩气和致密油安全谨慎开发的跨部门研究计划。越来越多不同研究背景的学者包括中国的一些研究者参与到这一问题的讨论中，提升了讨论的广泛性、科学性和专业性。本节在溯源这一问题的基础上，充分总结前期研究结论，以期形成针对页岩气开发生态环境风险的整体认识。

### 一、页岩气开发关注的主要环境问题

围绕页岩气开发的环境效应，反对者认为页岩气开发的环境和社会成本太高，而拥护者则肯定了页岩气对控制碳排放和抑制全球气候变暖的积极意义。在人类历史

上，像这种引起截然相反态度的科学问题并不多见。只有追溯问题的起源，再从各种可能带来的环境影响效应进行探究和分析，才能不受干扰地形成这一问题研究的方法论。

### 1. 页岩气环境问题的由来

尽管页岩气的开采历史可溯源至近 190 年前，工业规模化开发也始于 20 年前，但根据英国克兰菲尔德大学（Cranfield University）Prpich 等人做的文献调查[5]，从 2008 年起才开始有关于“页岩气开发”或“水力压裂”环境影响方面的新闻和学术报道。自 2010 年开始，相关的学术文献和报道急剧增加，到 2014 年全年和 2015 年上半年分别达到 134 篇和 108 篇。涉及页岩气开发生态环境风险的研究，俨然已成为学术界的“显学”。在分析关注度增加原因的时候，发行于 2010 年并在 2011 年获得奥斯卡金像奖最佳纪录长片提名的《天然气之地》的角色不容忽视。这部被称为“近年来最有效和最具感染力的环保电影”，通过自来水可以点燃等画面，引起了美国全社会乃至全球对页岩气开发生态环境风险的广泛关注。

在学术界，同样在 2011 年，美国杜克大学的 Osborn 等人[6]通过分析饮用水井中甲烷浓度和稳定碳同位素比值后，认为页岩气井附近的浅层地下水源呈现被甲烷尤其是热成因甲烷污染的状况。研究同时呼吁联邦政府加强对页岩气开发或水力压裂施工的监管，以确保页岩气开采业的可持续发展和公众信心。几乎在同一时间，美国国会要求美国环保署启动研究，调查水力压裂对饮用水源可能的影响。

广泛的争议直接影响了政府对水力压裂的态度。2011 年，基于环境保护的“预防原则”，法国成为全世界第一个禁止水力压裂的国家，2012 年，佛蒙特州（Vermont）成为美国第一个禁止水力压裂的州，紧接着是纽约州（New York）和马里兰州（Maryland）。在更小的行政区域，如弗吉利亚州（Virginia）的 Augusta 县和 Richmond 县，新泽西州（New Jersey）的 Middlesex 县等都通过了相关议案或决定从而禁止水力压裂施工。由于水力压裂是目前页岩油气开发的主要储层改造手段，这些决定实际上也相当于禁止了页岩油气开发。同样，德国议会于 2016 年 6 月结束了多年的争论，通过决议禁止水力压裂技术的商业化应用。相比较，英国和南非等国家选择深入研究和加强监管，而不是彻底禁止水力压裂或页岩油气开发。

对页岩气开发或水力压裂环境风险的争论也延伸到我国。早在 2012 年 4 月，我国页岩气产业起步之初，人民网就刊发《美国页岩气的开采与环保之争：新能源面临老问题》一文，引用美国环保主义者观点，指出“页岩气开采所使用的水力压裂技术不仅消耗大量水资源，而且向地下注入裂解液可能污染地下水，向页岩层大量注水，可能促使深层岩石滑动，引发地震”。2013 年 3 月，全国“两会”期间，页岩气成为热词，也有提案指出“页岩气开发中产生的环境影响问题不容忽视”，体现在占地面积大，容易与农业和生活用地产生矛盾，大量取水导致水资源消耗和水污染，挥发性有机污染物影响人类健康等。此后，涉及页岩气开发环境影响的研究和学术讨论层出不穷，很多境外研究者也参与进来[7-9]。

综上所述，从世界范围来看，页岩气开发的环境争议要晚于页岩气开发，最初主要集中于对地下水的影响，后来逐步扩大到水资源、土地资源和土壤环境、大气环境、温室气体排放和地质灾害等多方面。我国从页岩气产业起步之初就高度重视页岩气开发的环境影响问题，随着我国页岩气产业的发展，也逐步形成了自己的认识和解决方案。

### 2. 页岩气环境影响的新认识

对页岩气或水力压裂环境影响的系统研究已持续了近十年。总的来说，研究整体上从最初的现象描述或可能性分析转向了实证分析，从定性认识转向了定量讨论，从最初的单一学科关注转向了多学科和多角度思考。尤其是近几年来，国外对这一问题的理解，已从最开始的扑朔迷离到了明确部分结论，并体现在行业准则和环保监管体系里。为更好地开展论述，现将主要研究整理如下。

在浅层地下水影响方面，继刊发杜克大学 Osborn 等人的研究成果之后，《美国科学院院报》在同一年也发表了对该成果的三组质疑[10-12]。其中，Saba 和 Orzechowski[10]认为尚缺少足够的数据支持地下水中甲烷污染和水力压裂之间的因果关系，Schon[11]和 Davies[12]指出水力压裂法不应为甲烷迁移负责。2013 年，美国匹兹堡大学 Vidic 教授等人[13]在对 Marcellus 页岩区地下水或泉水本底值进行充分调查的基础上，基于该区域早在 1983 年页岩气开发之前就有饮用水可以点燃的报道、唯一一组有开发前后甲烷浓度对比的案例显示无统计性差异、甲烷含量与距页岩气井距离无统计差别、地下水中甲烷含量同样有可能来源于生物成因等事实，指出将地下水甲烷含量归因于页岩气开发或者水力压裂施工是不公允的；进一步在对该区域的一项统计显示，钻完井后附近地下饮用水中甲烷浓度显著升高几乎都和套管破损相关。除甲烷外，另有研究[14]认为，压裂液会向上迁移并在不到 10 年内污染浅层地下水；后续研究[15]则提出，地层存在毛细管封闭而不存在使压裂液迁移到浅层地下水的物理作用，并且采气会降低地层压力从而减少压裂液向上迁移的风险，即使迁移到地下水也不会带来明显浓度提升，因此水力压裂不会造成压裂液污染浅层地下水的情况。

应美国国会要求，美国环保署于 2011 年启动了水力压裂对饮用水资源潜在影响的相关研究。研究历时 5 年，在学术界、工业界和公众充分参与讨论的情况下，美国环保署发布初步评价报告，表明对上述问题，“在美国没有找到导致广泛的、系统的影响机制”。2016 年 8 月，美国环保署科学顾问委员会及所属的水力压裂研究顾问小组审查报告后提出，上述结论没有足够的数据支撑。在 2016 年 12 月，最终报告[16]里，美国环保署删除了上述结论，并总结出水力压裂影响水环境的途径主要包括：（1）压裂液或化学品或返排液或产出水管理时溅失导致大量或者高浓度的化学物质进入地下水资源；（2）在井筒完整性不佳时进行压裂作业，导致液体或甲烷气体进入地下水资源；（3）直接注入压裂液进入地下水资源；（4）未妥善处理就直接排放压裂废水进入地表水资源；（5）采用未作防渗处理的池子储存或者处置压裂废水。从这些权威研究来看，可以认为页岩气开发不会必然导致甲烷或者压裂液扩散并污染浅层地下水资源；若存在影响，则主要还是由于施工质量不佳或者废水处置不当等原因造成的。

在水资源消耗方面，页岩气压裂取水的影响要从不同层面来看。据美国得克萨斯州水发展局（Texas Water Development Board）的统计，2011 年 Barnett 页岩区总用水量仅占全州用水量的 0.14%；但在县（County）层面，尤其是在部分边远、人口稀少区域，压裂用水量可能会占比较高。例如，在总人口数低于 5 万的 Montague 县，水力压裂用水量占比总用水量约 35%，但在 130 万人口的达拉斯市（Dallas），这一比例约为 9%[17]。也就是说，页岩气开发对水资源的影响须结合具体情况来分析，在范围和人口数较小、水资源比较紧张、用水矛盾本身就比较突出的区域可能比较明显。针对有舆论指出页岩气为高耗水行业的言论，研究者[18]以科罗拉罗州（Colorado）Wattenberg 为案例，计算显示页岩气水资源利用率大概在 1.8～2.7gal/MMBtu，与露天采煤相当，远低于生物质燃料（16000～45000gal/MMBtu）和地下采煤（1～16gal/MMBtu）。尽管水力压裂作业中所用的水量已经低于生产许多其他燃料时所需量，页岩气行业仍在不断致力于开发新方法，通过改进水力压裂工艺以及尽可能回用返排液甚至其他废水，以进一步减少总用水量。

在地表水环境影响方面，曾有中国学者向国际学术权威期刊《Nature》投信[19]，声明页岩气开发对地表水环境同样构成威胁。而根据 Vidic 等人[13]对宾夕法尼亚州地表水质数据 40 多年的统计，自 2005 年该州开始页岩气开发以来，确有一些监测点位的钡离子、锶离子和溴离子浓度突然增加，似乎也说明这些点位的地表水受到了页岩气压裂返排液的影响。但这些特征离子在 2011 年后均恢复到正常水平，猜测与返排液和产出水处置方式调整有关。2010 年前，该州页岩气开发废水普遍采用市政污水处理厂处理后外排，由于市政污水处理厂主体工艺包括活性污泥法等对盐分（包括上述三种特征离子）几乎无去除，这种处置方式实际上是稀释外排。因此，三种特征离子在部分监测点位呈现了较高的浓度。但 2010 年后，宾夕法尼亚州对天然气工业废水外排增加了总溶解固体、钡离子和锶离子等指标要求，市政污水处理厂不再接纳页岩气废水，回用成为该州压裂返排液和采出水最主要的处置方式。因此，特征离子又恢复到背景值。可见，页岩气对地表水环境的影响，主要还是源自废水处置不当等原因。

大气环境影响方面，最有价值的研究是 Bunch 等人对 Barnett 页岩区进行的调查和分析[20]。该研究采集了超过 400 万个数据，时间可回溯至 2000 年。数据显示，绝大部分挥发性有机物监测值不超过影响健康的标准值，只有 1，2- 二溴乙烷超过相关标准值，但溯源解析证实和页岩气开发或水力压裂无关。研究进一步指出，虽然对今后暂未进行预测，但目前的监测显示数据趋势是下降的，并且相信还会不断通过应用新技术进行治理从而改善大气环境质量。因此，对 Barnett 页岩区的研究说明，页岩气开发并没有提升挥发性有机物浓度至影响社区居民健康问题的程度。

温室气体排放方面，一般的观念认为天然气是一种优质高效、绿色清洁的低碳能源。但由于甲烷的温室效应是二氧化碳的 25 倍，如果在开发中发生甲烷泄漏，则有可能使“低碳”的结论脆弱。美国康奈尔大学的 Howarth 等人曾撰文[21]，分析说明页岩气的温室气体足迹比煤炭高 20% 甚至 1 倍，因此得出了页岩气并不绿色清洁的结论。后续研究审视 Howarth 等人的论证时发现，他们的结论建立在完井阶段随返排液逸出的甲烷气体全部排放至大气环境的假设上。这个假设实际上是不符合大多数开发实际的，因此 Howarth 等人的结论不能采信。英国原能源气候变化部（Department of Energy and Climate Change）随后进行的计算表明，页岩气开采至发电全过程的温室气体排放与常规天然气差不多，只有燃煤发电的一半。

土壤资源和环境方面，页岩气开发一般采用平台或“井工厂”方式。一个平台一般有 6～8 口井，在钻井和压裂开始阶段，每个平台占地面积为 15000～20000m$^2$，后期会进一步减少。相比常规天然气，页岩气单井平均占地面积要小得多。根据国际天然气联盟（International Gas Union，IGU）在第 25 届世界天然气大会上发布的报告《Shale Gas：The Fact about the Environmental Concerns》，“开采同样体积的页岩气，16 口常规垂直井占地约 0.3km$^2$，而 4 口水平井的井场，仅占用 0.03km$^2$，远低于常规垂直井的十分之一”。GE Water 在整理美国州层面的页岩气环境管理政策时，分析土壤污染可能来自柴油、钻井和压裂废弃物的溅失与不适当存储或处置，以及集中废物处理设施的泄漏。也就是说，页岩气开发的土壤环境影响，仍然可归因于施工管理水平或废物处置问题。

至于页岩气诱发地震的说法，实际上，某些人类活动，其中包括深井注入废水和地热能源生产等也能造成地震活动。根据 IGU 的报道，截至 2011 年，美国共完成 250000 余次水力压裂作业，以及必要的废水深井处置。其间，共收到几起地震事件的报告：两例发生在俄亥俄州，里氏震级分别为 2.7 和 4.0，据称与废水的地下灌注有关；还有一例发生在英国，是与水力压裂作业相关的低级地震（里氏震级为 2.3），起因是“各种因素的异常结合，包括井场的特殊地质，再加上注入引起的压力”。虽然居民能察觉到这些地震，但是这些事件并未带来物理性破坏，更重要的是目前并没有建立起页岩气开发与地震活动之间科学的、合理的和令人信服的因果关系。

## 二、页岩气开发中的环境保护技术问题概述

通过以上系统分析，可以认为页岩气开发的污染主要还是由于施工质量不佳或者废物处置不当等造成的。据检索[22]，在得克萨斯州（1993—2008 年）和俄亥俄州（1983—2007 年），分别共引起 211 起和 183 起污染事件，大多和废物管理和处置不当、施工质量不佳导致漏失等相关，钻井、压裂，以及生产页岩气不会必然造成环境污染。美国能源部国家能源技术实验室在多年跟踪研究后坦诚，页岩气的环境事故往往是没有设置或完全遵循正确的施工要求和准则造成的[23]。当然，一些基础理论问题，比如诱发地震，目前还没有明确的结论，需要不同学科的研究者深度联合，并结合页岩气开发的实际进行全面和系统研究。

页岩气行业需更多地将环境保护理念贯穿到开发设计、施工和运营中，不断总结好的做法并形成标准。作为油气行业顶尖的标准组织，美国石油协会（American Petroleum Institute，API）迄今已发布 70 余项与水力压裂相关的导则、最佳做法和技术报告[24]，涵盖钻前、钻井、固井、修井、压裂、开采与弃井等过程，以及所使用的材料和设备。其中，除工程技术标准中包含的环境风险控制内容外，还专门发布了“水力压裂中的水管理”“水力压裂中减少地表扰动的作法”等标准，为全行业的开发实践提供了指南。

我国油气行业在页岩气产业起步之初就高度重视生态和环境保护问题，也认识到由于开发区域地质地形、人居和外环境状况、法律规范、技术水平，以及施工组织形式都存在差异，国外的相关认识和做法不能简单复制，需要结合实际不断深化、不断应用、不断创新，才能走出符合我国实际的页岩气清洁开发之路。近年来，我国页岩气行业严格遵循国家现行法律法规，做好水资源论证、环境影响评价和日常环境监督管理工作，配合国家和地方生态环境主管部门结合页岩气开发特点制定相关的污染防治标准和技术政策，还积极研究开发和推广应用压裂返排液处理回用与达标外排、钻井液不落地、钻井废弃物资源化利用、水土保持与生态恢复、温室气体减排等方面的新技术，正在形成页岩气开发环境保护的中国答案。本书旨在总结我国页岩气开发中形成的环境评价及保护系列技术，同时对标国外同行，为形成较为明确的页岩气开发环境影响认识和清洁开发技术方案提供参考。

## 参考文献

[1] 邹才能，赵群，董大忠，等.页岩气基本特征、主要挑战与未来前景［J］.天然气地球科学，2017，28（12）：1781-1796.

[2] Energy Information Administration（EIA）. Technically recov-erable shale oil and shale gas resources：an assessment of 137 shale formations in 41 countries outside the United States. June 2013［EB/OL］.

[3] Energy Information Administration（EIA）. Shale gas production drives world natural gas production

growth. August 2016［EB/OL］.

［4］黎红胜，汪海阁，纪国栋，等.美国页岩气勘探开发关键技术［J］.石油机械，2011，39（3）：78–83.

［5］Prpich G，Coulon F，Anthony E J.. Review of the scientific evidence to support environmental risk assessment of shale gas development in the UK［J］. Science of the Total Environment，2016，563–564：731.

［6］Osborn S G，Vengosh A，Warner N R，et al.. Methane contamination of drinking water accompanying gas–well drilling and hydraulic fracturing［J］. Proceedings of the National Academy of Sciences of the United States of America，2011，108（20）：8172.

［7］Krupnick A，Wang Z，Wang Y. Environmental risks of shale gas development in China［J］. Energy Policy，2014，75：117–125.

［8］Guo M，Lu X，Nielsen C P，et al.. Prospects for shale gas production in China：Implications for water demand［J］. Renewable & Sustainable Energy Reviews，2016，66：742–750.

［9］Wang J，Liu M，Mclellan B C，et al.. Environmental impacts of shale gas development in China：A hybrid life cycle analysis［J］. Resources Conservation & Recycling，2017，120：38–45.

［10］Saba T，Orzechowski M. Lack of data to support a relationship between methane contamination of drinking water wells and hydraulic fracturing［J］. Proceedings of the National Academy of Sciences of the United States of America，2011，108（37）：E663；author reply E665.

［11］Schon S C. Hydraulic fracturing not responsible for methane migration［J］. Proceedings of the National Academy of Sciences of the United States of America，2011，108（37）：665–666.

［12］Davies R J. Methane contamination of drinking water caused by hydraulic fracturing remains unproven［J］. Proceedings of the National Academy of Sciences of the United States of America，2011，108（43）：E871；author reply E872.

［13］Vidic R D，Brantley S L，Vandenbossche J M，et al.. Impact of shale gas development on regional water quality［J］. Science，2013，340（6134）：1235009.

［14］Cohen H A，Parratt T，Andrews C B. Potential Contaminant Pathways from Hydraulically Fractured Shale to Aquifers［J］. Groundwater，2012，50（6）：872.

［15］Engelder T，Cathles L M，Bryndzia L T. The fate of residual treatment water in gas shale［J］. Journal of Unconventional Oil & Gas Resources，2014，7：33–48.

［16］United States Environmental Protection Agency（US EPA）. Hydraulic fracturing for oil and gas：impacts from the hydraulic fracturing water cycle on drinking water resources in the United States.December 2016［EB/OL］.http：//ofmpub.epa.gov/eims/eimscomm.getfile?p_download_id=530159.

［17］Nicot J P，Scanlon B R. Water Use for Shale–Gas Production in Texas，U.S.［J］. Environmental Science & Technology，2012，46（6）：3580.

［18］Goodwin S，Carlson K，Knox K，et al.. Water Intensity Assessment of Shale Gas Resources in the

Wattenberg Field in Northeastern Colorado [ J ] . Environmental Science & Technology, 2014, 48 ( 10 ): 5991–5995.

[ 19 ] Zeng G, Chen M, Zeng Z. Shale gas : Surface water also at risk [ J ] . Nature, 2013, 499 ( 7457 ) : 154.

[ 20 ] Bunch A G, Perry C S, Abraham L, et al.. Evaluation of impact of shale gas operations in the Barnett Shale region on volatile organic compounds in air and potential human health risks [ J ] . Science of the Total Environment, 2014, s 468–469 ( 2 ) : 832–842.

[ 21 ] Howarth R W, Santoro R, Ingraffea A. Methane and the greenhouse–gas footprint of natural gas from shale formations [ J ] . Climatic Change, 2011, 106 ( 4 ) : 679.

[ 22 ] Kharak Y K, Thordsen J J, Conaway C H, et al.. The Energy–Water Nexus : Potential Groundwater–Quality Degradation Associated with Production of Shale Gas [ J ] . Procedia Earth & Planetary Science, 2013, 7: 417–422.

[ 23 ] DOE/NETL. Environmental impacts of unconventional natural gas development and production. May 2014.

[ 24 ] American Petroleum Institute ( API ) .Hydraulic fracturing best practices overview. 2013 [ EB/OL ] . https : //www.api.org/~/media/Files/Policy/Hydraulic_Fracturing/Hydraulic–Fracturing–Best–Practices.

# 第二章
# 页岩气开发工艺流程及综合环境影响因素

由于开发过程与常规油气存在不同，页岩气开发的产污特点和环境影响特征与常规油气开发有一定差异。在我国学术界，有些观点认为，页岩气大规模开发可能会造成水资源消耗、水环境污染、温室气体排放、生态破坏等直接不利影响[1]。但由于页岩气开发涉及钻井作业、压裂及排液、地面集输等多个环节，其环境影响各有不同。页岩气开发的环境影响特征应该结合不同环节的工艺流程进行评价，但目前还较少进行全面的分析和评价[2]。北美在长期的页岩气开发中已形成了一些认识，但我国页岩气开发有利区大多地形地貌复杂，人口比较稠密，页岩气开发的资源环境约束较北美更加突出。因此有必要结合我国页岩气开发的工艺特点及外环境特征，从不同工程环节解剖入手分析页岩气开发综合环境影响因素，进而提出控制措施。

## 第一节　页岩气开发工艺流程

页岩气开发过程是一项复杂的系统工程，包括了钻井作业、压裂及排液、地面集输等阶段，每个阶段还包括若干二级阶段。

### 一、钻井作业工艺流程

#### 1. 钻前准备

原则上钻前准备包括定井位、修公路、平井场、着基础、安设备等工序（图 2–1）。

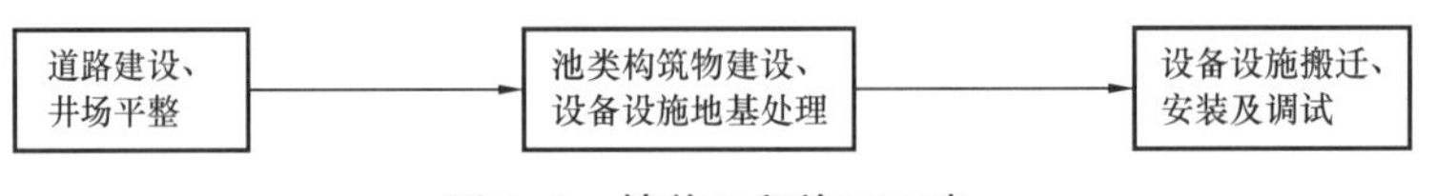


图 2–1　钻前工程施工工序

1）定井位

根据地质或生产的需要确定井底位置，作出设计方案。

2）修公路

为了将各种设备与物质运入，需要修建公路。由于钻井设备是重型物资，公路应

能承受重型车辆的荷载，确保运输车辆通行。

3）平井场

在井口附近平整出一块方地供施工使用。井场形状大致为长方形，面积随钻机而异，大型钻机占地约长120m，宽110m；中型钻机占地约长100m，宽100m。依据SY/T 5466—2013《钻前工程及井场布置技术要求》，不同级别钻机的井场面积相差可达1hm$^2$❶以上（表2-1）。以长宁、威远地区为例，页岩气储层为垂深3500m以浅的龙马溪组，水平段在1500～2000m，累计井深可达5500m左右，浅部可用中型钻机，但深部必须改用ZJ70大型钻机。因此，井场占地一般应控制在13200m$^2$以内（表2-2）。

**表2-1 各类型钻机井场面积**

| 钻机级别 | 井场面积，m$^2$ | 长度，m | 宽度，m |
|---|---|---|---|
| ZJ10 | ≥6400 | ≥80 | ≥80 |
| ZJ20 | ≥6400 | ≥80 | ≥80 |
| ZJ30 | ≥8100 | ≥90 | ≥90 |
| ZJ40 | ≥10000 | ≥100 | ≥100 |
| ZJ50 | ≥11025 | ≥105 | ≥105 |
| ZJ70 | ≥13200 | ≥120 | ≥110 |
| ZJ90 | ≥16800 | ≥140 | ≥120 |

注：井场前后为长，井场左右为宽；上述面积不含放喷池、燃烧池等场外建构筑物。

**表2-2 页岩气井场占地面积统计**

| 序号 | 井口布置 | 井场尺寸 | 井场面积 |
|---|---|---|---|
| 1 | 同平台双排4口井 | 105m×80m | 8400m$^2$ |
| 2 | 同平台双排5口井、6口井 | 110m×80m | 8800m$^2$ |
| 3 | 同平台双排7口井、8口井 | 115m×80m | 9200m$^2$ |
| 4 | 同平台双排9口井、10口井 | 120m×80m | 9600m$^2$ |
| 5 | 同平台双排11口井、12口井 | 125m×80m | 10000m$^2$ |

在工程实践中，井场占地面积需要考虑地形条件、井口数量等因素。以长宁、威远地区为例，地形一般为丘陵或山区，一个平台一般布设4～12口井，采用ZJ70钻机，井场面积控制在8400～10000m$^2$，远小于SY/T 5466—2013《钻前工程及井场布置技术要求》规定的上限值。

❶ 1hm$^2$=10000m$^2$。

4）着基础

为了保证设备在钻井过程中不会下陷或歪斜，必须夯实基础（称为“打基礅”）。小型的基础可用方木或预制件，大型的基础在现场用混凝土浇灌。

5）安设备

为满足后续钻井工程需要，安装设备分为五个系统：动力系统、提升旋转系统、钻井液系统、辅助系统（即井控系统、固井系统、升降补偿系统等）及钻井材料，所以工序相对复杂，持续时间相对较长。

页岩气与常规气钻前工程对比发现，从施工内容、施工工序、影响途径、单井场（或平台）土地占用及扰动规模等方面基本一致。但对比威远地区页岩气开发和高石梯地区常规气开发不难发现：页岩气区域开发对土地的占用和扰动规模比常规气大（表 2–3）。

**表 2–3　页岩气与常规气钻前工程环境影响因素及程度对比**

| 类型 | 施工工序 | 影响途径 | 土地占用 | |
|---|---|---|---|---|
| | | | 单个井场 | 区域开发<br>以日产 $600\times10^4m^3$ 天然的规模为例 |
| 页岩气 | 定井位、修公路、平井场、着基础、安设备 | 生态：植被破坏、水土流失、地表扰动。<br>水：产生施工废水；防渗处理保护地下水。<br>声：施工机械及车辆产生噪声。<br>大气：施工机械及车辆产生尾气；施工活动产生扬尘 | $8400\sim10000m^2$ | 以威远地区为例，采用 ZJ70 钻机，单井日产量（5～10）$\times10^4m^3$，单井场 4～12 口井，需布设井场 5～30 个，井场占用及扰动土地 $50000\sim252000m^2$ |
| 常规气 | 定井位、修公路、平井场、着基础、安设备 | 生态：植被破坏、水土流失、地表扰动。<br>水：产生施工废水；防渗处理保护地下水。<br>声：施工机械及车辆产生噪声。<br>大气：施工机械及车辆产生尾气；施工活动产生扬尘 | $8100\sim13200m^2$ | 以高石梯地区为例，采用 ZJ70 钻机，单井日产量（30～60）$\times10^4m^3$，单井场1～2口井，需布设井场5～20个，井场占用及扰动土地 $50000\sim168000m^2$ |
| 结论 | 一致 | 一致 | 相当 | 页岩气区域开发对土地的占用和扰动规模比常规气大 |

## 2. 钻井过程

一般钻井过程原则上包括钻进、固井、其他作业等阶段。

1）钻进阶段

广义的钻进是指从开钻到完钻一段地层或完钻一口井的过程。旋转钻井法的钻进

大致可分为以下几道工序。

（1）钻进。

用钻头直接破碎岩石。钻进时用足够的压力将钻头压到井底岩石上，使钻头的刃部吃到岩石中。钻头连接钻柱，钻柱带动钻头旋转以破碎岩石，井就会逐渐加深。

钻柱把地面上的动力传给钻头。钻柱从地面一直延伸到井底。随着井的加深，需要不断增加钻杆，钻柱渐渐增长，其重量也渐渐加大，以至于超过所需的钻压。过大的钻压将会引起钻头、钻杆和设备的损坏，必须将大于所需钻压的那一部分钻杆的重量吊悬起来，使之不作用在钻头上。钻进中，由司钻适时地控制加到钻头上的压力，有效地均匀钻进。

（2）循环。

井底岩石被钻头破碎后形成小的碎块，称为钻屑（也常称为砂）。若钻屑积多时就会影响钻头钻凿新的井底，引起机械钻速下降，必须及时地将钻屑从井底清除并携带到地面。

将钻屑冲离井底后，钻屑将随钻井液一同进入井壁与钻柱之间的环形空间，向上返升直到地面。钻屑在地面上从钻井液中分离出来并被清除掉，称为除砂。清除钻屑后的钻井液再被泵入井中重复循环使用。在钻井时，洗井和破碎岩石同时进行。为了保证钻井液不间断地循环，需要用钻井泵连续泵入。

（3）接单根。

在钻进过程中，随着井的不断加深，钻柱也要及时接长。接一根钻杆称为接单根。

（4）起下钻。

为更换磨损的钻头，必须将全部钻柱从井中取出，换上新的钻头以后再重新下到井中继续作业，称为起下钻。为提高效率，起下钻时不是以单根钻杆进行接卸，而是三根钻杆为一个接卸单位，称为立根（或立柱）。

每根钻杆长 8～10m，立根的长度一般为 26～30m。为了配合此种长度的立根，井架高度一般为 40m 左右。

2）固井阶段

固井是钻井工程中的一道重要工序，其根本目的可概括为两点：加固井壁（防止浅处井壁坍塌）和隔离钻井的油、气、水层（防止开采时层间的相互干扰）。固井的方法是将称之为套管的无缝钢管下入井中，并在井眼和套管之间灌注水泥浆以固定套管，封闭套管与井壁之间的环形空间，隔开某些地层。这就是下套管、注水泥作业。一口井从开钻到完成，常需下入多层套管并注水泥，即需进行数次固井作业。

有的地区井虽较深，但地层条件较好，可以省去技术套管，只下表层套管和油层套管；有的地区井较浅，如果浅部地层条件允许，深部油气水层的压力不高，可省去表层套管。即在全井中，只有一层油层套管。总之，固井要根据实际地质情况来确定，既要保证钻井安全和井身质量，又要尽可能地节约套管和水泥，以降低钻井成本，提高经济效益。

通常注入水泥浆后，应候凝大约两天，用井温或声波幅度等测井方法检测固井质量，包括套管外水泥返高、水泥胶结与封固状况等，符合设计要求者为固井质量合格。

3）其他作业阶段

在钻井过程中，还需进行岩屑录井、地球物理测井及地层测试等作业。

钻井工作一旦开始，如果没有特殊情况，就要按照施工设计正常施工，钻达设计深度即可交井。但对于探井有可能根据地下出现的新情况，或提前完钻，或继续加深。

### 3. 钻进工艺

钻井过程根据钻井采用的介质不同可分为水基钻井、空气钻井、油基钻井，不同钻井方法在工艺流程上略有差异。

1）水基钻井工艺流程

水基钻井过程中，水基钻井液经钻杆注入井内，冲刷井底，切削下来的岩屑与钻井液不断从井口返出，直接进入钻井液振动筛，被筛分成两路。一路是岩屑，去往螺旋传输机，然后再经过一次振动筛进行二次筛分；另一路钻井液经过除砂器、除泥器等，泥浆中去除出来的固相，再经压滤机脱水。水基岩屑产生节点为（二次）振动筛和压滤机，贮存于储存池；废水主要来自压滤机，贮存于钻井液配置补充罐，可用于水基钻井液配置，无法回用时则贮存于储存池（图 2–2）。

2）空气钻井工艺流程

空气钻井是指以空气为工作介质，用空气压缩机向井内注入干燥空气，依靠环空气体冲量，把钻屑从井底带回地面的一种钻井方式（图 2–3）。空气钻井是一种欠平衡钻井工艺，用于石油、天然气钻井，成功地解决了地层漏失特别严重、地层比较坚硬、地层渗透率特别低的区块的钻井问题，其设备趋于完善，技术趋于成熟。

与常规钻井相比，空气钻井可提高钻速 3～10 倍，显著缩短钻井周期；空气钻井还能延长钻头使用寿命，节省钻头用量；空气钻井使用空气锤钻头，防斜效果较好。此外，空气钻可有效避免井漏等井下复杂情况的发生，有利于环境保护。但是，空气钻井的不足也非常明显，作为欠平衡钻井，当遇到地层出水、油气侵显示时，空气钻井便不能够平衡地层压力，要立即转换成钻井液钻井方式。所以即使在空气钻井时也要配置好压井钻井液，随时准备转换钻井方式。另外，空气钻井费用高，因其每天耗油量是 8～10t。

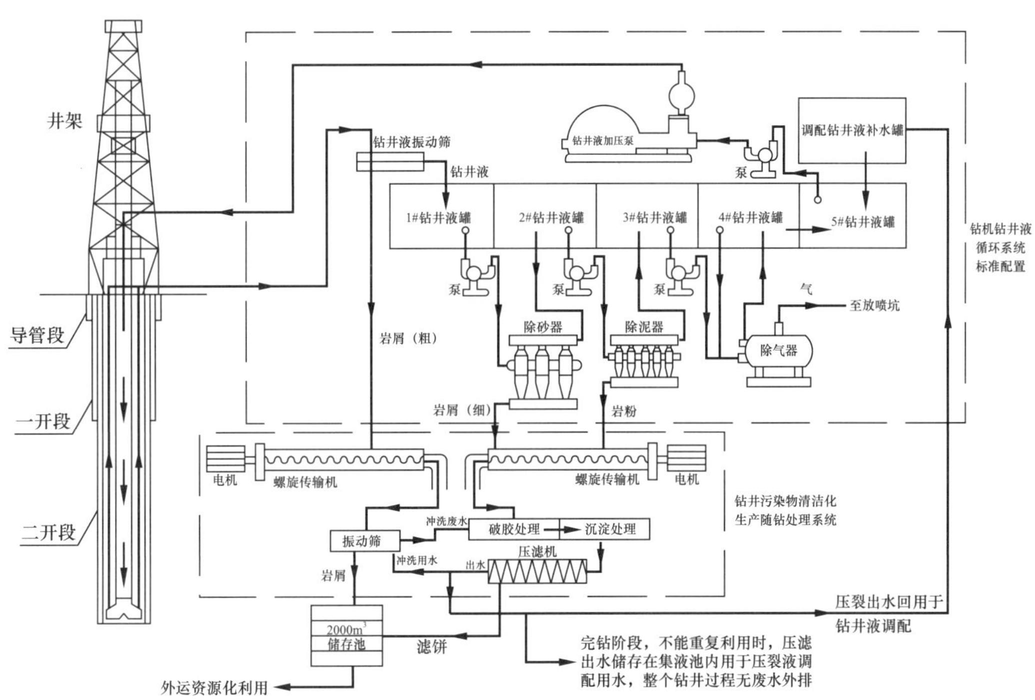

图 2-2　水基钻井工艺流程

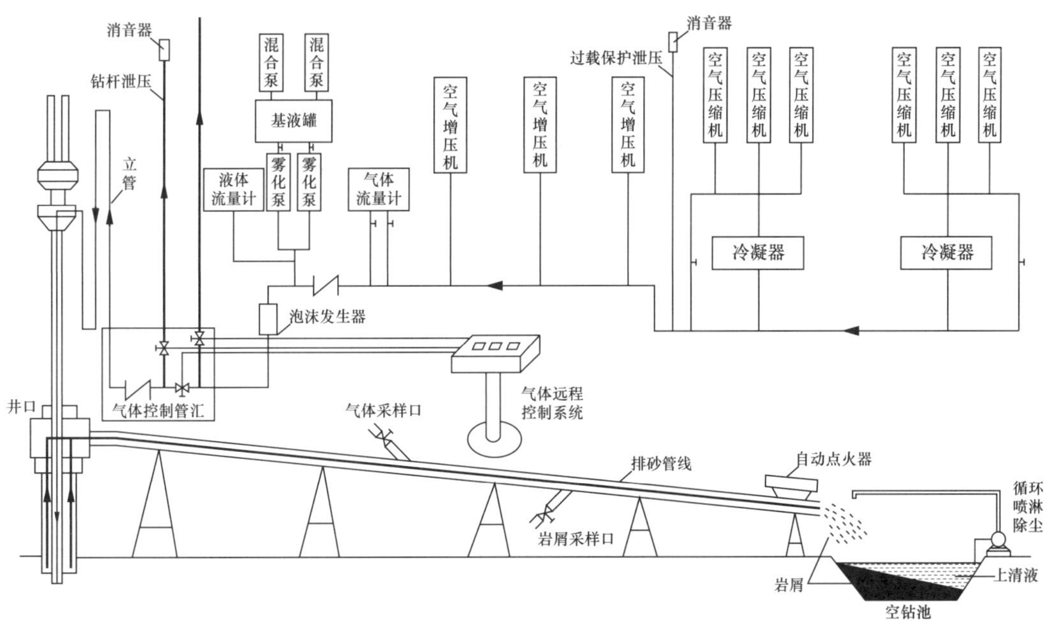

图 2-3　空气钻井工艺流程

空气钻井工艺为：空压机对空气进行初级加压，降温、除水后经过增压机增压将高压气体通过立管三通压入钻具。空气通过钻头时对钻头进行冷却，同时清洗井底，携带岩屑返回井口，接着进入排砂管线，最后到岩屑池。

空气钻井涉及的主要设备有空气压缩机、增压机、防喷器组合、空气锤、钻头、各种管汇、控制阀、注入泵，以及泥浆罐（储备泥浆，用于特殊情况下，由空气钻井转为常规钻井液钻井时使用）、压力计、温度计、流量计等。

3）油基钻井工艺流程

油基钻井过程中（图 2–4），油基钻井液经钻杆注入井内，冲刷井底，切削下来的岩屑与钻井液不断从井口返出，直接进入钻井液振动筛，筛分成两路：一路是岩屑，去往螺旋传输机，然后进入岩屑罐；另一路钻井液经过除砂器、除泥器等，钻井液中去除出来的固相，经螺旋传输机后进入岩屑罐。岩屑罐内岩屑含油率一般在15%～20%。岩屑罐内的岩屑转运至平台内岩屑处理场所，经甩干机（即岩屑处理机）、离心机处理后在平台内贮存，此时岩屑含油率在 8%～12%。

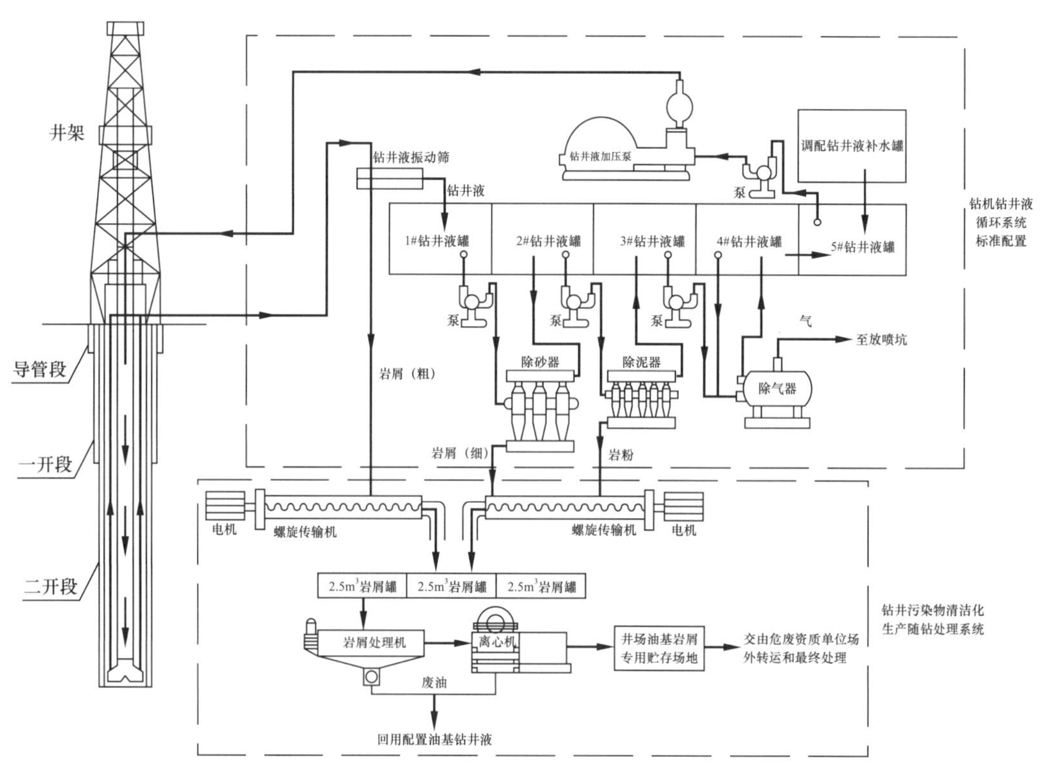


图 2–4 油基钻井工艺流程

由此可知，水基钻井、油基钻井在五大钻井系统［动力系统、提升旋转系统、钻井液系统、辅助系统（井控系统、固井系统，升降补偿系统）及钻井材料等］方面基本一致。但空气钻井与水基钻井、油基钻井仅在动力系统、提升旋转系统方面一致，钻井液系统、辅助系统（井控系统、固井系统、升降补偿系统）及钻井材料三个系统均有较大差异。水基钻井对环境最主要的不利影响是地下水环境、固体废弃物（水基岩屑），空气钻井对环境最主要的不利影响是声环境、大气环境、固体废弃物（废

油），油基钻井对环境最主要的不利影响是固体废弃物（油基岩屑）。在使用方面，水基钻井在页岩气、常规气领域都得到广泛应用，空气钻井、油基钻井主要应用在页岩气领域（表 2–4）。

表 2–4　水基钻井、空气钻井、油基钻井对比

| 钻井方式 | 设备 | 重点不利环境影响 | 应用领域 |
|---|---|---|---|
| 水基钻井 | 传统的五大系统，即动力系统、提升旋转系统、钻井液系统、辅助系统（井控系统、固井系统、升降补偿系统）及钻井材料 | 地下水环境、固体废弃物（水基岩屑） | 页岩气、常规气领域广泛应用 |
| 空气钻井 | 动力系统、提升旋转系统为传统的，钻井液系统、辅助系统（井控系统、固井系统、升降补偿系统）及钻井材料为非传统的 | 声环境、大气环境、固体废弃物（废油） | 主要在页岩气领域应用 |
| 油基钻井 | 传统的五大系统，即动力系统、提升旋转系统、钻井液系统、辅助系统（井控系统、固井系统、升降补偿系统）及钻井材料 | 固体废弃物（油基岩屑） | 主要在页岩气领域应用 |

## 二、压裂及排液工艺流程

### 1. 压裂作业工艺流程

压裂作业过程中，水源经水泵提取至作业现场，经处理（一般为袋式过滤）后添加压裂所需药剂，再混合支撑剂（陶粒或石英砂等），最后经高压泵车注入底层（图 2–5）。

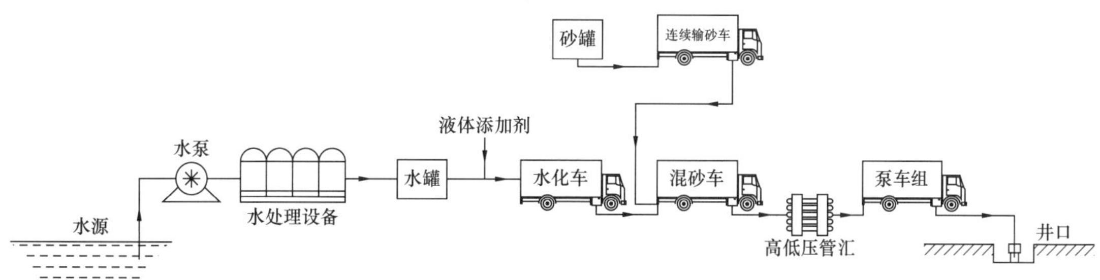


图 2–5　压裂过程工艺流程

页岩气与常规气压裂作业对比发现，从压裂规模、压裂设备、压裂液成分、环境影响等方面都存在一定差异，但页岩气压裂作业对水资源、地表水及地下水的影响远大于常规气压裂作业（表 2–5）。

表 2-5 页岩气与常规气压裂作业环境影响因素及程度对比

| 类型 | 规模 | 设备 | 压裂液主要成分 | 环境影响 |
| --- | --- | --- | --- | --- |
| 常规气 | 压裂长度一般不超过 1000mm，液量一般不超过 1000m$^3$ | 2000 型，一般不超过 10 台压裂车 | 瓜胶为主 | 水环境、大气环境、声环境及生态环境（固废）的影响相对均不大 |
| 页岩气 | 压裂长度 1500～2000m，液量一般 22500～36000m$^3$/ 井 | 至少 2300 型以上，至少 15 台以上压裂车 | 滑溜水为主 | 对水环境影响突出；特别是水资源，对地表水和地下水也有一定影响 |
| 结论 | 页岩气规模远大于常规气 | 页岩气压裂设备从型号到数量都高于常规气 | — | 页岩气压裂对环境的影响比常规气压裂更突出 |

## 2. 排液试气工艺流程

排液试气时，返排液大致要经过捕塞器、除砂器、三相（或两相）分离器等流程，但排液初期产气量小和排液中后期产气量大时，排液试气工艺略有不同[3]（图 2-6）。

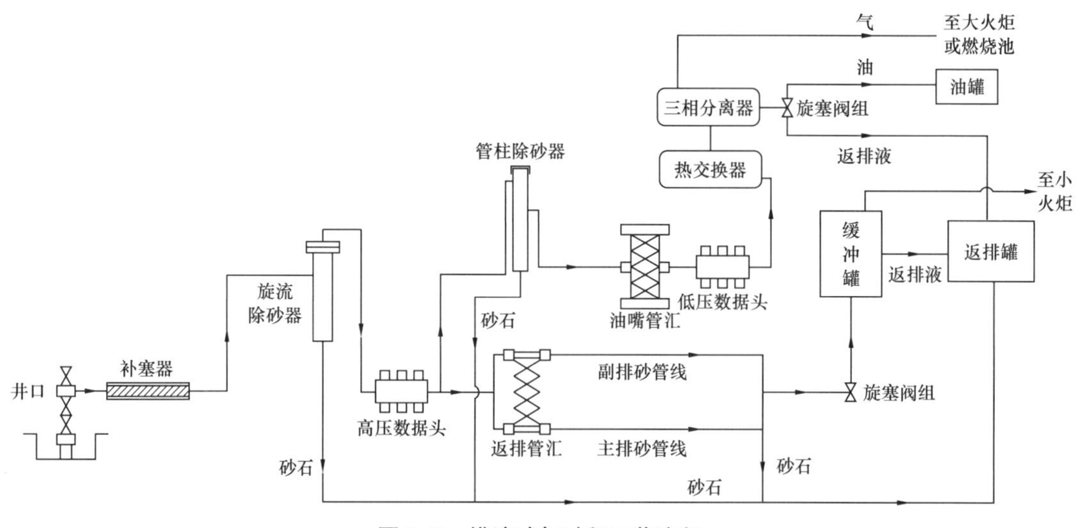


图 2-6 排液试气过程工艺流程

第一阶段：闭合控制阶段。只有液体、无天然气返出或少量的天然气返出，需要持续 12h，但更多情况下在钻磨桥塞完后，地层已经完全闭合，直接省略该阶段返排。

第二阶段：产量最大化阶段。在井口压力低于地层闭合压力后，常用 3～10mm 油嘴控制，以返出井筒和地层中松散的砂粒和放喷测试最大产量为目的。

第三阶段：产量稳定阶段。用5～12mm油嘴进行控制，并随着气量减小、压力下降而逐步减小油嘴，将地层中的压裂液尽可能返出地面，保证返排流体中基本不含压裂砂，产能基本稳定后返排1～2d，结束整个返排测试作业。

通过对比常规气与页岩气排液试气期间的环境影响（表2–6），发现常规气排液试气期间的环境影响主要在于大气环境，页岩气排液试气期间的环境影响主要在于大气环境和水环境。

**表2–6　常规气与页岩气排液试气期间的环境影响对比**

| 类别 | 水环境 | 大气环境 | 声环境 | 生态环境 | 结论 |
| --- | --- | --- | --- | --- | --- |
| 常规气 | 返排量小，一般不超过1000m$^3$ | 可能含硫化氢；放喷流量大；持续时间段，一般仅几天 | 噪声级90～100dB（A）；持续时间段，一般仅几天 | 一般不出砂或出砂极少 | 主要影响大气环境 |
| 页岩气 | 返排量大，动则几千立方米 | 不含硫化氢；放喷流量相对较小；持续时间长，十几天到几十天不等，最长可达45天 | 噪声级90～100dB（A）；持续时间长，十几天到几十天不等，最长可达45天 | 一般均要出砂，出砂最高可达20余立方米 | 主要影响大气环境和水环境 |

## 三、地面集输工艺流程

### 1. 管线施工工艺流程

管线施工作业程序较多（图2–7），包括地表植被清理、施工便道建设、一般管段管沟开挖、道路及河流穿越、场站 / 阀室建设、焊接及探伤、下管及回填、清管及试压、迹地恢复及竣工验收。其中站场 / 阀室建设、道路及河流穿越等由于作业时间较长，可能持续在整个管沟开挖期间。

页岩气内部集输与常规气内部集输对比发现，从施工工序、施工工艺及环境影响方面均一致，无特殊之处。

### 2. 平台采气工艺流程

平台采气工艺流程相对简单，一般只有除砂器、分离器及汇气管等设施，经分离器分离出来的气田水（主要成分为注入地层的压裂液及极少量的地层水）一般用污水池（如钻井期间的集液池）收集（图2–8）。

页岩气平台与常规气井场在生产工艺及环境影响途径上差异不大，但采出水水质差异较大（表2–7），页岩气采出水水质更复杂，环境风险更高。

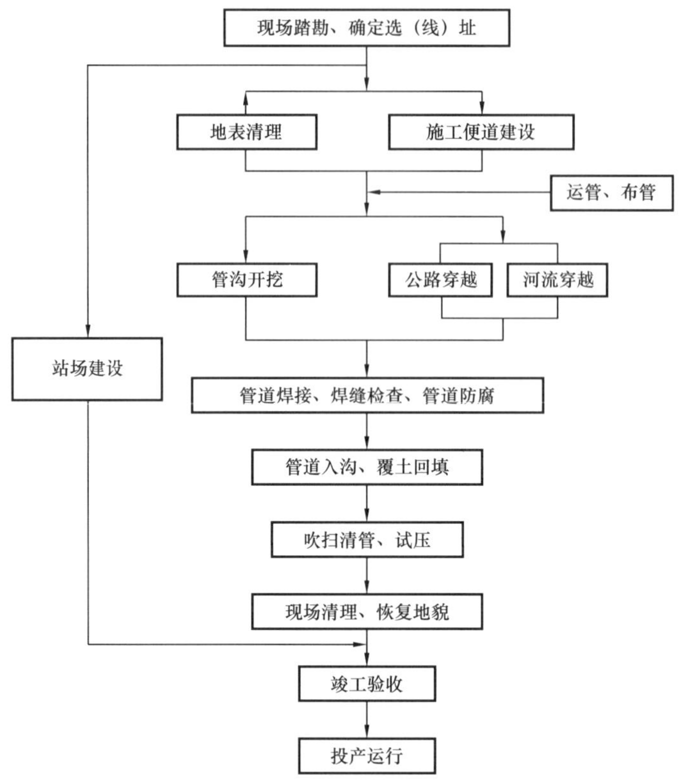


图 2-7 管线施工工艺流程

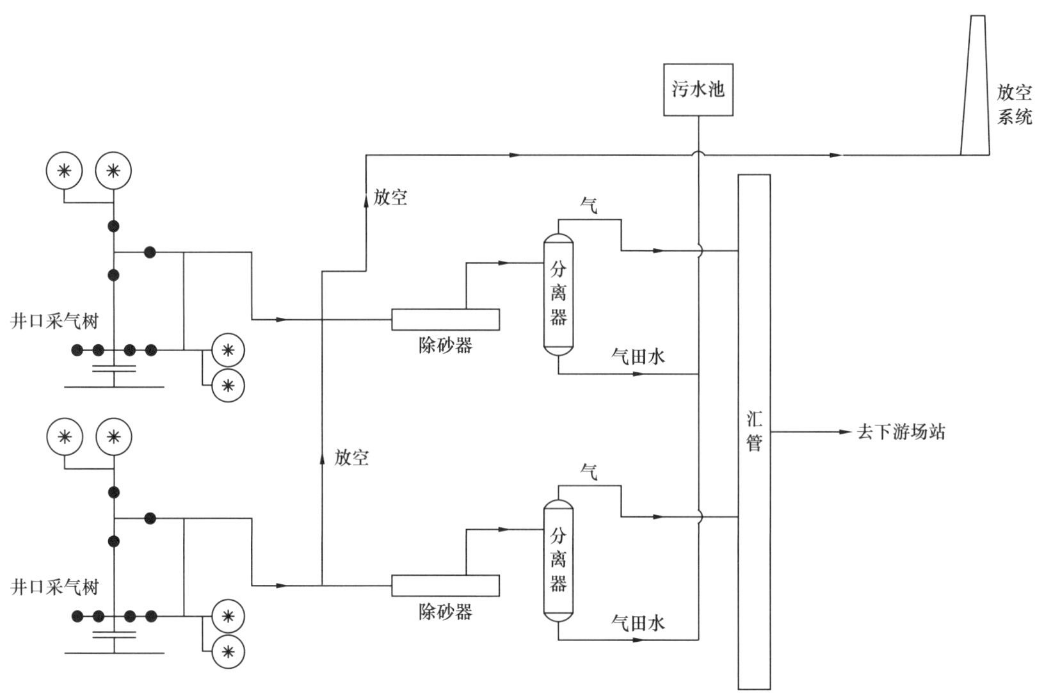


图 2-8 平台采气工艺流程

表 2-7　常规气与页岩气采出水对比

| 类别 | 来　源 | 成　分 | 特　征 |
|---|---|---|---|
| 常规气 | 地层 | 地层水，成分简单 | 水量越来越大，成分比较稳定 |
| 页岩气 | 压裂液 | 压裂液组分、地层溶解物，成分复杂 | 水量越来越小，成分越来越复杂 |

## 3. 集气站集气工艺流程

页岩气集气站集气工艺流程相对简单，一般仅包括清管收发球筒、分离计量器、天然气增压机组等。天然气增压机组一般在开采初期不投入使用，仅在开采中后期下游管网压力大于上游采气井口压力时投入使用，因此一般多为橇装（图 2-9）。

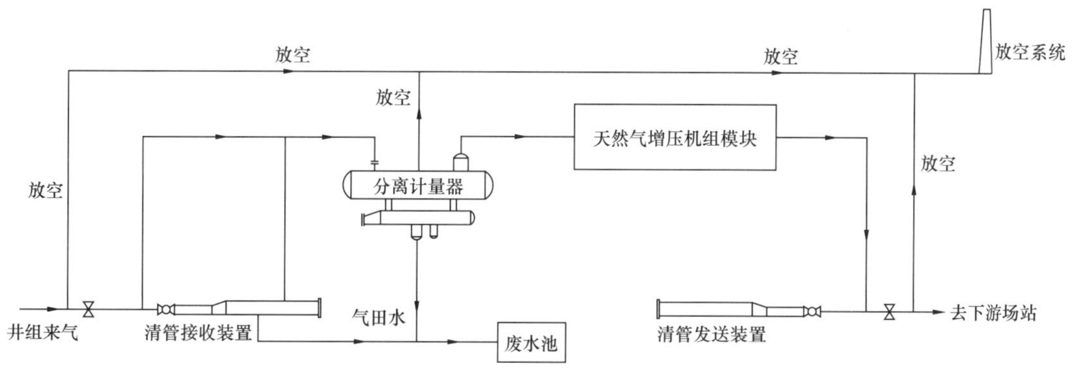


图 2-9　集气站集气工艺流程分析

页岩气集气站与常规气集气站在环境影响途径及程度上差异较大（表 2-8），这主要是由于常规气与页岩气的气质差异、集气规模差异、工艺差异等原因造成的。

表 2-8　常规气与页岩气集气站环境影响对比

| 类别 | 水环境 | 大气环境 | 声环境 | 生态环境（固废） | 结论 |
|---|---|---|---|---|---|
| 常规气 | 采出水量大，一般每天几十立方米 | 放空气通常含硫化氢 | 厂界噪声超标情况较多，四川磨溪气田高产高压集气站厂界噪声最高达 85dB（A），部分集气站存在噪声扰民情况 | 清管检修废渣、废润滑油 | 常规气环境影响途径、规模远大于常规气 |
| 页岩气 | 采出水量大，一般每天几立方米 | 放空气通常不含硫化氢 | 少部分厂界噪声超标，厂界噪声最高达 65dB（A），但一般均不扰民 | 固体硫黄、脱硫废有机溶剂 | |

## 4. 脱水站脱水工艺流程

集气站湿气管输至脱水站，湿气进站汇气后经过滤分离器深度净化处理除去液态烃和固态杂质后，进入吸收塔底部自下而上通过充满甘醇的填料段或一系列泡帽或阀盘与甘醇充分接触，被甘醇脱去水，再经过吸收塔内顶部的捕露网将夹带的液体留下。最后脱水后的干气离开吸收塔，经过贫甘醇冷却器（干气 / 甘醇贫液热交换器）后进入输气管网（图 2–10）。

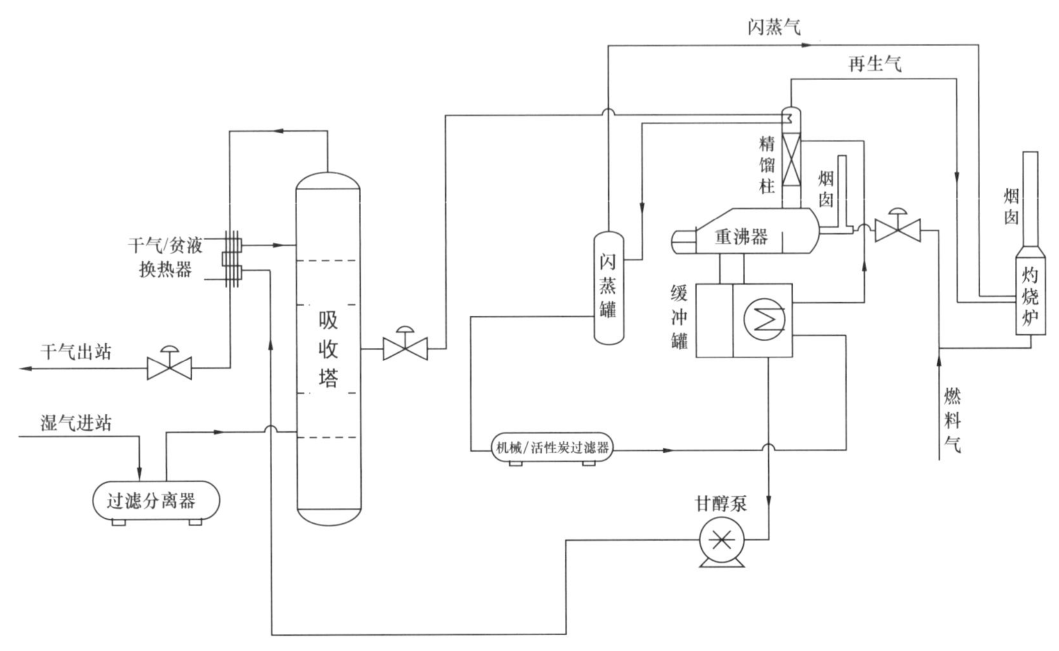


图 2–10 脱水站脱水工艺流程分析

TEG（Triethylene glycol，三甘醇）富液从吸收塔底排出，经循环泵降压后经 TEG 重沸器精馏柱顶换热盘管换热，然后进入 TEG 闪蒸罐闪蒸，闪蒸出来的闪蒸气送入灼烧炉。闪蒸后的 TEG 富液依次经过 TEG 机械过滤器、活性炭过滤器，除去溶液中的机械杂质，过滤后的富液进入缓冲罐 TEG 贫 / 富液换热器进行换热进入重沸器上的精馏柱顶部。重沸器中产生的蒸汽，将通过精馏柱中的填料层向下流动的 TEG 富液中的蒸汽提走。上升蒸汽夹带的 TEG 在柱顶回流段冷凝后重新流回重沸器，而未冷凝的蒸汽则从精馏柱顶部出来，被送入灼烧炉。再生出的甘醇 TEG 溢过重沸器中的挡板流入缓冲罐，然后通过甘醇泵将 TEG 压力提高到吸收塔的压力，经干气 / 贫液换热器降温后进入吸收塔顶部开始新一轮循环。

常规天然气开采基本没有或很少有脱水站，脱水功能主要在集气站或天然气净化厂实现，当然，作为进入输气干线（网）或用户最后一道脱水工序而言，脱水站的功能与天然气净化厂更接近。但是常规气净化厂最重要的功能是脱硫、脱烃，脱水仅是次要的任务。因此天然气净化厂的工艺、设备、环境影响因素和途径远远多于页岩气脱水站，没有可比性，此处不再论述。

# 第二节　页岩气开发综合环境影响因素

通过对页岩气环境影响因素分析发现，页岩气开采是常规气开采的升级版本：升级了压裂作业的频率，由常规气中的选择性使用升级为页岩气中的必须使用；升级了压裂作业的强度，由常规气中十几兆帕压力、使用三五辆压裂车升级为页岩气的几十兆帕甚至近百兆帕压力、使用十几台甚至几十台压裂车；升级了排液试气的规模，由常规气中单井几百立方米返排液升级至页岩气中单井几千立方米返排液。最重要的区别是页岩气由于单井产量低，获取同样规模的产能所需单项工程（钻井、压裂等）数量必须显著增加，造成环境影响的显著增加甚至累积。值得庆幸的是，页岩气一般不含硫化氢，避免了开采和净化过程中向环境排放二氧化硫，且单井产量低，非正常和事故向环境排放的废气量少、易控，页岩气开采与净化对大气环境的影响明显大于常规气（表 2–9）。页岩气开采与常规气开采相比，潜在更大的环境影响和风险，应制定妥善的技术措施和管理措施予以有效控制。

表 2–9　页岩气环境影响特征

| 序号 | 页岩气特征 | 衍生的突出环境影响 |
| --- | --- | --- |
| 1 | 水平井 | 油基岩屑和废油基钻井液的产生 |
| 2 | 水力压裂 | 潜在的地下水污染；噪声突出；大量返排液的处置或回用 |
| 3 | 单井产量低 | 获取同样规模的产能所需单项工程（钻井、压裂等）显著增加；水资源及其他能耗大；土地占用及生态扰动突出；噪声源数量突出；潜在温室气体泄放源点多 |
| 4 | 气质清洁 | 不排放二氧化硫 |

## 一、水资源

压裂过程可能既影响水资源量，也影响水质。以四川省长宁地区为例，根据水平井压裂施工参数统计，压裂施工规模单段平均液量为 1500～1800$m^3$/ 段，一般单井平均需要分 15～20 段进行改造。单口井压裂总用水量为 22500～36000$m^3$/ 井。压裂后开井返排周期一般时长 45d（排水生产期），在此期间各页岩气井的返排率差异较大，但一般不超过 20%，即单口井压裂返排液量为 4500～7200$m^3$ / 井。原则上压裂用水水质要求不高，满足 NB/T 14003.1《页岩气　压裂液　第 1 部分：滑溜水性能指标及评价方法》即可。因此，作业单位一般按照《四川省页岩气开采业污染防治技术政策》等地方规章的要求，钻井废水和压裂返排液优先回用于后续井的压裂作业，平台钻井废水回用率、平台或区域压裂返排液回用率均达到 85% 以上。即单口井压裂返排液仅

675～1080m$^3$ / 井需要进行处置[4]。

正如前文所述，页岩气开采压裂作业所需水资源总量较大，但通过大江大河集中取水、钻井废水及压裂返排液循环利用等技术手段，页岩气开采对区域水资源影响较小，水资源能够承载页岩气开发需求，但落实到某个具体的时段和区域可能就无法满足了[5]。以威远地区为例，根据《四川省人民政府办公厅关于实行最严格水资源管理制度考核办法的通知（川办发〔2014〕27号）》、《内江市人民政府办公室关于下达水资源管理控制指标的通知（内府办发〔2014〕54号）》等文件，威远县2015—2020年期间的用水总量控制指标为$2.59\times10^8$m$^3$/a，扣除工农业用水后剩余可用水量为$0.62\times10^8$m$^3$/a，威远地区页岩气开采最高用水量为$0.024\times10^8$m$^3$/a，页岩气开采用水仅占剩余可用水量的3.9%，足以支撑页岩气开采；威远页岩气开采取水坚持大江大河取水的原则，选择区域内最大的威远河、乌龙河。威远河设计最大取水量900m$^3$/h（0.25m$^3$/s），最大日取水量约14400m$^3$，占取水断面多年最枯月平均流量0.80m$^3$/s的31.3%；占90%保证率最枯月平均流量0.42m$^3$/s的59.5%。因此，页岩气开采取水对威远河枯水期流量有一定影响。在枯水年、枯水期或干旱年份，可能出现页岩气开采与农业生产、居民生活争水的现象。

## 二、地下水环境

每次钻井结束后的固井作业可有效封隔地层与套管之间的环空，防治污染地下水。另外，采用环保钻井液及空气钻井等，均是最有效的地下水保护手段。钻井对地下水环境影响有限。

国内针对压裂作业影响地下水的相关研究不多。一般认为：页岩气储层及其上覆地层主要为相对隔水层或隔水层，压裂施工始终在一个页岩圈闭层内进行。在正常情况下，页岩气开发对具有开发利用价值的地下水无影响或影响小。但是，非正常情况下，劣质套管和不良固井都可能成为污染物流出的通道，另外，液体也可通过自然断层、裂隙、透水岩层、附近未封堵弃井等向上迁移，污染地下水[6]。

## 三、地表水环境

### 1. 钻井废水

钻井作业生产废水主要来源于振动筛处岩屑冲洗水，压滤废水，方井、污水沟及隔油坑废水，发电机房废水。上述四类废水混合进入集液池储存。各类废水除发电机房废水外，均混入了少量钻井液，一般需要加入化学药剂进行破胶处理。但加入破胶剂后很难再用于后续的钻井液配置，仅能配置压裂液、外运达标处理或回注。由于压裂需要水量极大，因此页岩气钻井废水一般用于配置压裂液。

从空气钻井工艺流程图可以看出，钻机、转盘带动钻杆切削地层，同时向井内注入气体，依靠环空气的冲力，把岩屑从井底带回地面的排砂管，并向排砂管内注入清洁水进行降尘，空气钻井作业生产废水实为降尘水，降尘水最终进入空钻池，后经沉淀再次回用于降尘。空气钻井每米进尺喷淋除尘水用量约为 0.3$m^3$，喷淋水回用率约为 80%，损耗率约为 20%。

油基钻井过程无钻井废水产生。

### 2. 压裂返排液

由于页岩气压裂液自身成分及溶解地层等原因，导致压裂返排液具有悬浮物多、总溶解固体含量高和成分复杂等特点[7]。国内外学者对此已开展大量研究，此处不再赘述。但是，不同页岩气地层、不同压裂作业公司可能导致压裂返排液水质存在较大差别，长宁—威远地区四个平台的压裂返排液开展了水质全分析（表 2–10），结果表明：根据现行国家和四川省污水排放标准，压裂返排液存在色度、悬浮物含量、$BOD_5$、COD、氨氮、总锰、元素磷、可吸附有机卤化物（AOX）、总有机碳（TOC）、氯化物和钡离子等超标的情况；压裂返排液中矿化度、硼含量和钡离子浓度显著高于地表水环境背景值。

**表 2–10　长宁—威远地区压裂返排液水质全分析成果（超标因子）**　　单位：mg/L

| 水质参数 | 威 A 井 | 长宁 A 井 | 长宁 B 平台 | 长宁 C 平台 | 检出限值 | 标准值 |
|---|---|---|---|---|---|---|
| 色度（倍） | 128 | 64 | 128 | 128 | — | 50 |
| 悬浮物 | 632 | 193 | 1210 | 1355 | — | 70 |
| $BOD_5$ | 618 | 1020 | 73.9 | 61.3 | 0.5 | 20 |
| COD | 3680 | 3520 | 213 | 197 | 10 | 100 |
| 氨氮 | 93.4 | 61.3 | 77.6 | 94.2 | 0.025 | 15 |
| 总锰 | 3.06 | 0.57 | 4.34 | 1.85 | 0.01 | 2 |
| 元素磷 | 0.047 | 未检出 | 4.06 | 5.5 | — | 0.1 |
| 可吸附有机卤化物（AOX） | 2.218 | 暂缺 | 2.95 | 17.3 | — | 1 |
| 总有机碳（TOC） | 78.3 | 94.7 | 37.2 | 20.8 | 0.1 | 20 |
| 四川省水污染物排放标准规定指标 | | | | | | |
| 氯化物 | 19000 | 16000 | 24500 | 23800 | 0.01 | 300 |
| 钡 | 204 | 180 | 284 | 280 | 0.001 | 2 |

续表

| 水质参数 | 威 A 井 | 长宁 A 井 | 长宁<br>B 平台 | 长宁<br>C 平台 | 检出限值 | 标准值 |
|---|---|---|---|---|---|---|
| 其他 | | | | | | |
| 矿化度 | 31900 | 27500 | 41200 | 40000 | — | 无规定 |
| 硼 | 29.4 | 39.6 | 39.1 | 46.9 | 0.02 | 无规定 |
| 溴 | 116 | 67.4 | 126 | 123 | 0.03 | 无规定 |

基于上述压裂返排液水质的特点，压裂返排液在实现达标排放上存在总量控制、环境容量限制、技术难度大、经济成本高等特点，目前页岩气压裂返排液基本未采取外排处置，主要立足于回用或回注，尚未表现出显著的地表水环境影响或地下水环境影响，但是潜在一定的水环境风险。回用时应满足 NB/T 14002.3—2015《压裂返排液回收和处理规范》的水质要求（表 2-11），主要工序包括高效氧化、复合混凝、高效分离、深度过滤等[8]；回注时应满足 SY/T 6596—2016《气田水注入技术要求》、Q/SY 01004—2016《气田水回注技术规范》，水质要求比回用高（表 2-12），处理流程更长，主要工序包括破乳、气浮、除盐、混凝、过滤、杀菌、精滤等[8]。

**表 2-11 压裂返排液回用推荐水质主要控制指标**

| 项目 | 指标 |
|---|---|
| 总矿化度，mg/L | ≤20000 |
| 总硬度，mg/L | ≤800 |
| 总铁，mg/L | ≤10 |
| 悬浮固体含量，mg/L | ≤1000 |
| pH 值 | 6～9 |
| SRB，个 /mL | ≤25 |
| FB，个 /mL | ≤$10^4$ |
| TGB，个 /mL | ≤$10^4$ |
| 结垢趋势 | 无 |
| 配伍性 | 无沉淀，无絮凝 |

表 2-12　回注推荐水质主要控制指标

| 项目 | 指标 |
|---|---|
| pH 值 | 6～9 |
| 溶解氧 | ≤0.5 |
| 石油类，mg/L | ≤100 |
| 悬浮固体含量，mg/L | ≤200 |
| 铁细菌（IB），个 /mL | $\leqslant n \times 10^4$ |
| 硫酸盐还原菌（SRB），个 /mL | ≤25 |

### 3. 采出水

页岩气井完成排液试气后，开启地面流程进行采气作业，对长宁地区 7 口页岩气井的统计发现，采取初期产生采出水 50～100m$^3$/d，年内迅速降低，第二年即可低至 0～10m$^3$/d，随后逐年继续减小。采出水主要来源于压裂液，但由于其作用于地层的时间更久，因此采出水中矿化度、氯化物和钡离子均高于与返排液（表 2-13），采出水潜在的环境风险比返排液更高。采出水采用钻井期间的集液池等进行收集，可回用于其他平台的压裂作业，也可回注。另外，一般采气平台均为无人值守，无生活污水产生。

表 2-13　长宁 B 平台产出水与返排液水质对比

| 水质指标 | 返排液，mg/L | 采出水，mg/L |
|---|---|---|
| 氯化物 | 24500 | 33100 |
| 钡 | 284 | 597 |
| 矿化度 | 41200 | 54800 |

### 4. 生产废水

生产废水即脱水站脱除水，产生量较小，以涪陵页岩气田为例，脱水站废水产生量为 3.3m$^3$/d，主要污染物包括氯化物、总有机碳、磷酸盐、化学需氧量、悬浮物、石油类成分。目前我国各页岩气田均处于开采初中期，因此脱水站废水主要处置方式为：经收集后暂存于污水罐或废水池中，经处理合格后，采用罐车运至工区内需要压裂的井场用于配制压裂液，潜在环境风险可控。待页岩气田进入开采末期，不再开展压裂作业时，需要对脱水站废水采取其他处置措施[6]，届时可能存在一定的环境风险。

5. 生活污水

钻井平台、脱水站等一般有人值守，将产生生活污水，产生量一般不超过 $0.09m^3$/（天·人）。

## 四、大气环境

1. 钻井工程

钻井工程直接作用于大气环境，产生扬尘，由于其对大气环境的影响甚微，一般未进行评估；钻进过程中的废气排放，主要来源于柴油机尾气。柴油发电机尾气经自带排气筒排放，主要污染物为 $SO_2$、$NO_x$ 和烟尘。以涪陵、威远、长宁页岩气田为例，随着区域开发建设的推进，产建区内配套建设供电工程，钻机采用网电供电，大部分区域实现了网电覆盖，柴油发电机仅作为备用电源，减少了燃烧废气的排放。无网电地区或无网电阶段，可采用柴油发电机提供动力，但其尾气应满足《非道路移动机械用柴油机排气污染物排放限值及测量方法（中国第三、四阶段）》规定之限值。

2. 压裂及排液

压裂作业需要压裂车、混砂车、管汇车、仪表车、配液车、供砂车等庞大的设备群，其中压裂车主要为 2300 型、2500 型及 3000 型，如威 202H2 平台压裂施工配备了 20 台 2500 型压裂泵车[9]。各型号压裂车均采用“柴油发动机—变速箱—压裂泵”动力方案，因此压裂车尾气需满足 GB 17691—2018《重型柴油车污染物排放限值及测量方法》、GB 36886—2018《非道路柴油移动机械排气烟度限值及测量方法》等环保标准。随着压裂工艺技术水平的提高和页岩气等非常规油气井的大规模开发，相关科研机构正在研制双燃料型、涡轮驱动型、电驱型压裂车，上述新型压裂车可进一步降低或彻底消除尾气对大气环境的影响[10]。

返排液经气液分离后，气体在火炬或燃烧池点火燃烧，无温室气体甲烷直接排放。页岩气均不含硫化氢，经燃烧后产物主要为 $CO_2$ 和 $H_2O$，排液试气为间断作业，每次排液时间一般不超过 30d，极少部分可达 45d。以长宁地区某 6 口井为例，排液时间为 11～28d[11]。

3. 地面集输

脱水站的废气主要来自三甘醇再生系统的重沸器尾气及灼烧炉燃烧排放的烟气，二者均主要燃烧天然气，因此污染物为氮氧化物，但量很小。以宁 209 脱水站为例，该站日处理天然气 $750\times10^4m^3$，年排放氮氧化物仅 2t 左右。

## 五、声环境

### 1. 钻井工程

水基钻井、油基钻井阶段噪声设备相同，包括钻机、柴油发电机组、泥浆泵和振动筛等，各声源等效连续 A 声级 90～120dB（A）。长宁地区宁 213 井监测表明：800kW 柴油发电机组的冷却风扇处噪声为 112dB（A），排气管噪声为 120dB（A）；井场区域内平均噪声为 85dB 左右（A），机房平均噪声为 103dB（A），钻台岗位平均噪声为 90dB 以上[12]（A）。采用机械钻机 / 复合钻机（非网电提供动力），单钻机作业时，钻机 1 台，柴油机组可能达 3 台；双钻机作业时，声源数量基本翻倍。

空气钻井阶段的噪声设备包括钻机、柴油发电机组等；除此之外，还包括压缩空气制备所需的空压机组和增压机组等。空压机噪声源强一般在 95dB 左右（A），每个钻井平台至少配置 2 台以上空压机；增压机噪声源强一般在 100dB 左右（A），每个钻井平台至少配置 6 台以上增压机。另外，页岩气钻井平台往往双钻机同时作业，此时各类噪声源数量均将翻倍，累积噪声影响很大。

### 2. 压裂及排液

压裂作业期间主要声源为压裂车，其次为柴油发电机组。就压裂期间压裂车噪声和柴油发电机组噪声开展现场实测，结果表明：古 A 井采用 2300 型压裂车 17 台，泵注压力 75MPa，压裂作业时在厂界布设了 9 个噪声监测点（表 2–14），在其中噪声最大厂界点 N5 外侧设置衰减断面（表 2–15）；梯 A 井采用 2300 型压裂车 18 台，泵注压力 90MPa，在开展大量噪声监测基础上反演推算出单台柴油发电机组的声压级为 85.0～93.1dB（A），单台压裂车的声压级为 94.1～114.2dB（A）。

表 2–14　古 A 井压裂作业时厂界噪声监测结果

| 厂界噪声监测点 | N1 | N2 | N3 | N4 | N5 | N6 | N7 | N8 | N9 |
|---|---|---|---|---|---|---|---|---|---|
| 作业时监测结，dB（A） | 91.1 | 92.1 | 92.9 | 91 | 95.1 | 89 | 90 | 82.2 | 86.1 |

表 2–15　古 A 井压裂作业时噪声最大厂界点 N5 外侧衰减断面监测结果

| 与厂界的距离（N5 点） | 0m | 20m | 50m | 100m | 150m | 200m | 250m | 300m |
|---|---|---|---|---|---|---|---|---|
| 声级，dB（A） | 95.1 | 87.5 | 80.0 | 70.7 | 62.6 | 56.5 | 51.4 | 48.6 |

排液试气过程会产生气流噪声，声级可高达 90～100dB（A），持续时间与排液时间基本一致。

### 3. 地面集输

集气站噪声主要来源于汇气管、分离计量器和增压机组等设备，一般声级在60～75dB（A），通常不会发生扰民事件。以涪陵页岩气田一期为例，集气站厂界噪声范围为43.7～67.5dB（A），部分集气站厂界噪声超过GB 12348—2008《工业企业厂界环境噪声排放标准》二类标准，但超标量不大，且距离集气站最近的居民点噪声未超标[13]。

脱水站站内的设备相对较多，包括循环泵、分离器、汇气管、脱水塔、再生系统等，由于声源数量多而分散，噪声源强为60～75dB（A），对于有多列脱水及再生装置、脱水规模较大的脱水站，厂界可能出现超标情况，如威A井区脱水站、威B井区脱水站厂界噪声满足GB 12348—2008《工业企业厂界环境噪声排放标准》二类标准；而涪陵页岩气田一期脱水站最大厂界噪声为54.0dB（A），超过GB 12348—2008《工业企业厂界环境噪声排放标准》二类标准，超标量不足5.0dB（A）[13]。

## 六、固体废弃物

### 1. 钻井废弃物

水基钻井过程中的废弃钻井液是指无法再循环利用而废弃的钻井液，以及钻井完工后地面钻井液循环系统内和井筒内贮存的钻井液。结合四川省长宁—威远地区统计数据，单井废水基钻井液产生量一般不超过300m$^3$，与水基岩屑一起处理或处置。由于页岩气是采用批钻处理，即更换钻井液体系时，同一钻井液体系将平台内所有井均钻完后方才更换。因此地面钻井液循环系统内的钻井液，一个平台仅更换一次，而非每口井更换一次。

水基钻井岩屑的产生量不高于每米进尺0.3m$^3$；钻井岩屑的计算，也可结合井身结构，依据钻头尺寸和深度核算岩屑产量，结合井径扩大率，考虑1.15倍的扩大系数。从盆地南部区块钻井现场实际情况看，单井水基岩屑产生量为660～1200m$^3$[14]。由于页岩气单井产量低，要实现页岩气的规模化量产，达到相同的生产规模，页岩气需要比常规气布置更多的生产井。因此导致岩屑产生量更多。根据《巫溪H3平台钻井工程竣工环境保护验收调查报告》，巫溪H3平台溪203井，于2015年11月开钻，2016年5月完钻，完钻井深3760m（垂直段，无水平段），全部采用水基钻井液钻进，产生钻井岩屑和废弃钻井液共计1506m$^3$。页岩气开发初期，水基岩屑采取固化填埋方式处置，该处置方式潜在土壤污染的风险。这是因为钻井岩屑本身存在众多有机高分子聚合物、重金属离子等污染物，随时间的推移，固化池体可能出现渗漏，进而可能污染周边土壤。随着《土壤污染防治行动计划》《中华人民共和国土壤污染防治法》

的出台，水基岩屑的处置方式逐步向资源化利用转变[15]。

油基钻井岩屑产生在水平段钻井过程中，每口井产生油基钻屑为200～350$m^3$[13]。以长宁、威远地区为例，固控系统振动筛出渣含油率较高、岩屑颗粒较大，含油率介于15%～20%，含水率介于1%～2%，含固率介于74%～78%；固控系统离心机出渣，含油率相对较低，岩屑颗粒相对细小，物料黏稠，含油率介于8%～12%，含水率介于1%～2%，含固率介于87%～91%[16]。

空气钻井破碎产生的岩屑颗粒小，基本呈面粉状，如果地层出水严重，则可能出现团块状。需要说明的是，空气钻井不会产生废弃钻井液，且岩屑未受污染，很清洁，其后续的处置或综合利用相对容易。

钻井过程中废油主要来源是：机械（钻井液泵、转盘、链条等）润滑废油；清洗、保养产生的废油，如更换柴油机零部件和清洗钻具、套管时产生的废油。钻井产生的废油用废油桶收集，一般油类物质约0.5$m^3$/井，废油属于《国家危险废物名录（2016年版）》中的HW08类危险废物，应按照危险废物进行管理。另外，空压机或增压机润滑油一般在2000～4000h会更换一次，页岩气平台往往有多口井，空压机或增压机的持续运转时间可能超过2000h，需要在平台内更换润滑油，更换下来的废润滑油也按危险废物进行管理。

### 2. 压裂及排液废弃物

压裂作业产生的固体废弃物为水处理设备产生的滤芯，无有毒有害成分，按一般固体废弃物进行处置；返排液内可能会携带出少量的支撑剂（石英砂）或桥塞碎屑，据统计长宁地区12口井出砂量为0.54～20.16$m^3$[17]，由于出砂主要来源为支撑剂和桥塞碎屑，无有毒有害成分，因此按一般固体废弃物进行处置。

### 3. 地面集输废弃物

进入开采后期，页岩气产量较低，压力较小，集气站一般需设置增压机驱使页岩气进入后续管道。增压机组更换下来的废油属于《国家危险废物名录》规定的危险废物，应按照危险废物进行管理。另外，集气站产生极少量的清管、检修废渣，由于量极少，故工程实际中一般未进行量的统计，其主要成分为硫化亚铁和硫化铁，属一般工业固体废物。

脱水站的固体废弃物除极少量的清管检修废渣外，主要为TEG过滤器产生的废吸附剂，主要成分是活性炭及活性炭吸附杂质、TEG变质产物等。平均6个月更换1次，每次更换量约15kg，废活性炭属于《国家危险废物名录》HW06废有机溶剂与含有机溶剂中900-401-06中所列废物再生处理过程中产生的废活性炭及其他过滤吸附介质，应按照危险废物进行管理。

### 4. 生活垃圾

钻井平台、脱水站等一般有人值守，将产生生活垃圾，产生量一般不超过 0.5kg/（天·人）。

## 七、本章小结

页岩气开发技术不断创新、不断探索、不断优化清洁生产技术：一是改进和优化设计方案，开发了“井工厂”钻井模式，坚持“集约化”用地，减少了平台占地面积，同时缩短了钻井、压裂施工周期，降低了页岩气开发成本，提高了页岩气开采效率；二是采用高密度电法勘探法对浅层暗河、溶洞进行水文勘探，同时采用清水、空气钻井工艺，降低了浅层地下水污染风险；三是节约用水，实施废水循环利用，从源头预防、过程控制污染，提高了水资源利用率；四是设立油基钻屑回收利用站，对油基钻屑实施资源化、无害化处理；五是推广应用网电供电系统，改进排液试气流程，最大限度减少放喷影响，降低了废气的产生；六是严格控制钻前土方施工时间和排液试气时间，施工机械加装减震基座，有效控制了噪声污染。

通过不断加强和探索页岩气开发环境保护管理，形成了一套可复制、可推广的立体式环境管理模式和建设规范：一是实行企业自主监管、第三方监管、政府监管、社会监督同步运行机制，工程监理和环境监理双管齐下，无重大安全环保事故发生；二是企业积极配合环保职能部门实施钻井平台选址会审，对钻井平台选址进行充分论证，并依法开展项目规划环评和建设项目环评，对页岩气开发可能产生的环境影响进行充分说明与论证；三是制定了污染物管理台账和转运联单制度，实现了废水和固体废物储存、转运、处理的全过程管理；四是在行政部门和企业的共同努力下，探索形成了一套企业、行业环境保护技术标准和规范。

我们有理由相信页岩气开采不会对区域地表水、地下水、环境空气、土壤环境、生态环境质量产生明显不良影响，区域环境质量基本稳定，环境污染和环境风险可控[6]。这在已经实现规模开采的涪陵页岩气田基本得到证实。

但是，页岩气开发在国内属于新兴行业，除与常规油气开发有同样的技术难题外，也有其特有的技术难题需要在开发中不断加强基础研究、技术攻关和政策创新：一是钻井液漏失控制难度大，如涪陵、长宁页岩气田的地质条件复杂，地下暗河溶洞极为发育，易发生钻井液漏失，目前国内外钻井技术均无法完全控制钻井液的漏失；采出水处理难度大；二是在页岩气田开发后期，采气产出水循环利用量有限，需建设废水处理厂进行处理，但采出水成分复杂，氯离子浓度高，可再生性差，膜处理成本高，增加了处理难度；三是油基钻屑脱油技术有待改进，无论是低温萃取还是热解吸工艺，在废气、废水收集处置系统方面均需进一步优化改进；四是缺乏页岩气开发环

境保护相关标准及技术规范，目前企业内部已制定了页岩气开发相关环境管理规章制度，但仍缺乏有针对性的钻屑综合利用和污染控制、页岩气采出水污染控制等相关标准和技术规范来指导我国页岩气行业的环境保护工作。

我国页岩气开采行业面临持续、快速发展契机，建议在开采过程中坚持长期跟踪监测、环保技术研究及环境管理体系优化：集中采集页岩气开发环境保护基础数据，我国气田多位于欠发达地区，区域环境容量相对较大，页岩气开发产生的环境影响可能需要一定的时间进行累积，因此需持续监测地下水、地表水、环境空气、土地利用类型变化、土壤侵蚀量等环境要素的变化情况和发展趋势；加快页岩气开发环境保护技术研究，包括加快钻屑资源化利用研究，消除页岩气开采制约瓶颈；加快废水（钻井废水、压裂返排液、采出水）处理技术的研发和工程建设，解决废水回用量有限时的排放问题，同时对采出水返排规律进行研究；优化油基钻屑脱油处理工艺技术，避免油基钻屑处理过程中产生的二次污染；页岩气开发生态恢复技术研究，防止区域滑坡、水土流失等地质灾害的发生；加快页岩气开发环境保护相关技术规范的制定，进一步提高页岩气的绿色开发和清洁生产水平；加强页岩气开发过程污染控制的环境保护技术研究；优化企业环境管理体系，落实企业环境保护主体责任，强化企业内部监管，保障环保资金投入，落实环保政策措施，达到页岩气有效开发和环境保护的和谐统一。

## 参考文献


[1] 吕连宏，张型芳，庞卫科，等．实施《页岩气发展规划（2016—2020 年）》的环境影响研究［J］．天然气工业，2017，37（3）：132-138.

[2] 杨德敏，喻元秀，梁睿，等．我国页岩气开发环境影响评价现状、问题及建议［J］．天然气工业，2018，38（8）：119-125.

[3] 曾小军，陆峰，寇双峰，等．四川富顺页岩气藏压裂改造模式及返排工艺分析［J］．钻采工艺，2016，39（2）：77-79.

[4] 杨震寰，徐华，唐春凌，等．长宁页岩气田年产 50 亿立方米开发方案环境影响报告书［R］．成都：四川长宁天然气开发有限责任公司、四川天宇石油环保安全技术咨询服务有限公司，2018.

[5] 杨德敏，喻元秀，梁睿，等．我国页岩气重点建产区开发进展、环保现状及对策建议［J］．现代化工，2019，39（1）：1-6.

[6] 丁贞玉，刘伟江，周颖，等．美国页岩气开采的水环境监管经验研究［J］．油气田环境保护，2013，23（3）：4-8.

[7] 耿翠玉，乔瑞平，陈广升，等．页岩气压裂返排液处理技术［J］．能源环境保护，2016，30（1）：12-16.

[8] 刘文士，等．美国页岩气压裂返排液处理技术现状及启示［J］．天然气工业，2013，33（12）：158-162.

［9］刘旭礼．威 202H2 平台“工厂化”压裂作业实践［J］．天然气勘探与开发，2017，40（1）：63–67.

［10］赵绪平，李志波，孙奉道，等．压裂车的研究现状与发展方向［J］．天然气与石油，2015，33（5）：56–58.

［11］韩慧芬，王良，贺秋云，等．页岩气井返排规律及控制参数优化［J］．钻采工艺，2018，40（2）：253–260.

［12］万夫磊，等．宁 213 井区浅表层环保钻井技术研究［J］．钻采工艺，2018，41（6）：13–15，26.

［13］张均龙，金吉中，李吉春，等．涪陵页岩气田一期产建工程环境保护调查报告［R］．涪陵：重庆市涪陵区环境保护局，2016.

［14］王朝强，林晓艳，梅绪东，等．我国页岩气开采钻井岩屑处理处置现状——以重庆地区为例［C］．四川成都：2017 油气田勘探与开发国际会议（IFEDC 2017）论文集，2017：2363–2368.

［15］林科君，熊军，向启贵，等．四川盆地页岩气开发的环境压力及对策［J］．环境影响评价，2017，39（3）：8–10，19.

［16］孙静文，刘光全，张明栋，等．油基钻屑电磁加热脱附可行性及参数优化［J］．安全与管理，2017，37（2）：103–111.

［17］周小金，张帅，段希宇，等．长宁地区页岩气井出砂原因分析初探［J］．钻采工艺，2018，41（4）：63–65.

# 第三章

# 页岩气开发清洁生产

中国页岩气资源多集中在中西部山区，其地表地形复杂、人口密集、开发环境极其敏感。页岩气开发过程会对环境产生全面、综合的影响。依据四川盆地长宁—威远、重庆涪陵国家级页岩气产业示范区的清洁生产实践，中国页岩气形成了以“节能、降耗、减污、增效”为目标，以“减量化、无害化、资源化”为重点的清洁生产技术体系。

页岩气开发在制订页岩气田开发方案时，首先制订环境保护方案。例如：开展规划环境影响评价，对开发方案的开发规模、总体布局等进行综合评估；开展环境基线调查，对开发区域的土壤、生态、地表水及地下水等环境要素进行取样及分析，熟知开发区域的环境本底情况；开展选址选线论证应绕避生态红线及其他环境敏感区域；采取清洁生产措施开展清洁生产设计审核，即从源头上改进设计、使用清洁的能源和原料、采用先进的工艺技术与设备、改善管理、提高综合及循环利用率。沿用、细化、调整、升级常规气开发的环境保护和风险防范措施，形成了涵盖各生产阶段、各环境要素的环境保护综合措施网络，可减少水资源消耗量，避免对地表水、地下水、土壤、环境空气和声环境产生明显不良影响。

## 第一节　水资源保护

早在 2010 年，国内学者[1]参考美国 Marcellus 页岩区开发的情况，指出页岩气资源的开发将对中国水资源的质与量提出严峻考验，呼吁“在引进先进开发技术的同时，更要注重借鉴先进的水资源管理理念和环境保护技术，避免造成水资源的浪费、污染和枯竭”。实际上，差不多与页岩气产业起步同时，我国明确提出实行最严格水资源管理制度，将以水资源配置、节约和保护为重点，强化用水需求和用水过程管理。本节将在综述北美地区页岩气开发水资源保护做法的基础上，梳理我国页岩气开发所面临的政策要求和采取的保护措施，为我国页岩气开发中的水资源保护提供参考。

## 一、北美地区页岩气开发水资源保护做法

### 1. 法律法规要求

据统计，北美地区页岩气开发水力压裂施工过程单井耗水量一般在10000～30000$m^3$，不同井之间差别可能很大，整体上与水平段长度和分级段数等工程参数相关。尽管页岩气井钻井和压裂消耗的绝对水量值看起来惊人，但从整个页岩气开发区域来说，所占总水资源使用量的比例是很小的。以Marcellus页岩区为例，假设单井耗水量$500\times10^4$gal（约$1.89\times10^4m^3$），即便所横跨的纽约州、宾夕法尼亚州和西弗吉尼亚州的页岩气钻探活动均达到最高峰，其年耗水量仍然不到该区域年用水量的0.8%[2]。

但这并不是说页岩气开发中水资源不需要保护。如第一章所述，在范围和人口数较小、水资源比较紧张、用水矛盾本身就比较突出的区域，必须考虑水资源承载力或页岩气开发对水资源乃至生态环境的影响。此外，与火力发电、农业用水等高耗水行业相比，页岩气用水的主要特点是“相对短时间内较大量的抽取”，当取水水源在低流量期时，可能影响市政、工业、景观等用水，甚至破坏水生态系统。一项研究显示，在Marcellus页岩区，地表水是主要的压裂用水水源，页岩气开发取水对年均流量低于283L/s的小溪流在低流量期影响非常显著[3]。而在Barnett页岩区，地下水占压裂用水的比例在45%～100%，给该区域本来已经很紧张的地下水资源带来更大的压力[4]。

在美国，州或更低层面的地区机构负责管理页岩气开发取水活动。根据非营利性智囊机构“未来资源”（Resources for the Future）所作的统计，在其调查范围内，30个州对地表水和地下水取水进行了管理，一些以许可证形式，一些需要注册或汇报，也有的两种形式都作要求的。页岩气产量最高的宾夕法尼亚州和得克萨斯州要求申请用水许可证。其中，宾夕法尼亚州要求申请许可时制订覆盖页岩气生产全过程和全生命周期的水管理计划，提供取水地点和取水量等信息，分析取水对水源水体的影响，并采用生态系统模型计算支撑决策；得克萨斯州仅要求取用地表水时申请许可，对地下水不做要求。其他主要的页岩气产地，俄亥俄州对用水量在$10\times10^4$～$20\times10^4$gal/d（378.5～757$m^3$/d）时仅要求登记报告，对于$20\times10^4$gal/d（约757$m^3$/d）以上的用水情况同时需要注册报告和申请许可；西弗吉尼亚州要求30d内取水量在$30\times10^4$gal（约1135.5$m^3$/d）以上（不论是地表水还是地下水）必须要登记报告，与宾夕法尼亚州类似，也要求大用水量的油气开发企业制订水管理计划并证明取水对水源水体的影响较小。

除此之外，一些具有较长石油天然气开采历史的地方，由于更理解油气开发过程取水方式及影响、管理的对象更具体以及职责更明确等原因，提出了更多的规范

要求。在宾夕法尼亚州，萨斯奎哈纳河流域管理委员会（Susquehanna River Basin Commission）曾在2011年由于低水位考虑短期停止了该州36处取水。2012年，该管理委员会出台了“低流量保护政策”（Low Flow Protection Policy），旨在该流域低流量时，为相关各方在评价取水申请的标准、方法和过程上提供指导，以避免造成该区域水资源严重的负面影响。为应对日益增长的水量需求和干旱，得克萨斯州环境质量委员会（Texas Commission on Environmental Quality）通过水权制度来协调用水，最先取水作有益用途的获得较高水权，在用水紧张时较低水权所有者的取水量可能被停止或减少。

### 2. 行业和企业典型做法

美国石油协会（American Petroleum Institute）针对水力压裂中的水管理问题曾发布指导性文件《Water Management Associated with hydraulic fracturing》（API guidance document HF2）。该文件是石油行业对多年水力压裂施工的经验总结，对水力压裂中水资源利用和水管理提出了原则性和指导性的要求。根据该文件，油气开发企业在制定开发计划时，应充分考虑水源保证、运输方式、储存要求、使用方式和数量、处理回用，以及最终处置等涉及水的实际问题；在取水方面，要关注联邦、州和地区政府以及流域管理部门的要求和规定，并向合适的水管理部门进行充分的咨询。文件还指出，可考虑的水源包括地表水、地下水、自来水、处理后的市政或工业废水、电厂冷却水，以及循环使用的返排液和产出水，综合考虑的因素包括可供使用的水量、施工水质要求、其他用途、地理距离、经济成本等。在一切可能的情况下，优先考虑经处理后的工业废水，其次是地下和地表水源，最后才是自来水。取用地表水时，要考虑申请许可证的系列要求和对生态环境，以及其他用水部门的影响，尤其在低流量时，可采用在丰水期储水和收集雨水等方式保护水资源和水生态。取用地下水时，可考虑那些不适合饮用的水源。回用地层水和返排液时要分析水质，进行必要的处理以满足配液需要。

加拿大石油生产商协会（Canadian Association of Petroleum Producers）也有类似的指导性原则，主要包括：取水时应建立决策框架，评价所有可能性的水源，包括返排液、气田水、高盐和非高盐的地下水、废水和地表水等，以确保水资源可持续，并兼顾社会和经济考虑；提供取用地表水和地下水资源的监测数据，并与返排液/气田水产生量、回注量、处置量等信息一起公开。

在企业层面，除了严格按照管理规定申请用水许可和遵循行业推荐做法或指导外，对水资源的保护更多的体现在对废水的回用上。早在2009年，Marcellus页岩区最早的页岩气开发企业Range Resources就开始了回用返排液实践，返排液经沉淀和简单过滤去除悬浮颗粒后用清水稀释可达到压裂施工要求。从产气情况来看，回用返排液压裂效果和清水压裂相当，2009 年全年该公司回用压裂液累计节省 320 万美元，17% 以上的页岩气井施工回用返排液，其中包括 25 口高产井中的近一半。近年来，宾夕法尼亚州的页岩气作业开始考虑回用酸性矿井废水，酸性矿井废水源自该州历史上曾繁荣的煤炭开采所遗留的废弃煤矿，由于分散和污染性困扰该州多年。典型酸性矿井废水与页岩气压裂返排液混合后，由于各自水化学特性会沉淀去除返排液回用时可能引起结垢的无机成分，有利于回用配液。这种回用方式不仅减少水资源的消耗，还同时解决了两种废水的处置问题，越来越得到页岩气行业的关注。

## 二、页岩气开发水资源耗用量及政策要求

我国页岩气开采目前所采用的压裂技术主要是水力压裂技术，该技术用水量较大，是常规天然气用水量的 100～100000 倍。根据水平井压裂施工参数统计，压裂施工规模单段平均液量为 1500～1800$m^3$/ 井，一般单井平均需要分 15～20 段进行改造。单口井压裂总用水量约为 1800$m^3$/ 段 ×20 段 =36000$m^3$/ 井。

页岩气平台井数一般为 4～10 口，平台压裂用水量为（14.4～36）$\times 10^4 m^3$。据统计，川南威远 202/204 区块年压裂用水量为 $117 \times 10^4 m^3$，长宁区块宁 201 井区二期年压裂用水量为 $58 \times 10^4 m^3$。

根据水利部发布的《取水许可管理办法》，页岩气开发建设项目应依法办理取水许可申请，只有获得取水许可申请批准文件，方可兴建取水工程或者相应设施。

## 三、页岩气开发水资源保护措施

页岩气开发全过程均有相应的施工废水、生活废水及气田水等产生，各种废水在贮存、运输及处置过程中，由于“跑、冒、滴、漏”等现象的存在，有可能对地表水，甚至通过渗透对地下水造成威胁；同时，页岩气开发压裂大量用水，也会对水资源的承载力造成负担。为保护水资源，需要从地表水及地下水两个方面进行保护。

### 1. 地表水保护措施

地表水的保护主要从减少水资源耗用量和减少污染物排放等方面进行，有效措施包括集中供水与压裂返排液妥善处置。

1）减少水资源耗用量措施

（1）源头减少耗水量。

页岩气水力压裂技术用水量大，已是制约我国页岩气开发的一大问题，采用新型压裂技术可以有效减少水资源耗用量。

通道压裂技术（HiWAY Channel Fracturing）：通道压裂技术主要由斯伦贝谢公司设计研发并于 2010 年推出。该技术整合了完井、填砂、导流和质量控制技术，在水

力裂缝中聚集支撑剂创造无限导流能力的通道，形成复杂而稳定的油气渗流，使油气产量和采收率最大化。通道压裂技术创造出来的裂缝有更高的导流能力，不受支撑剂渗透性的影响，油气不通过充填层经由高导流通道进入井筒，这些通道从井筒一直延伸到裂缝尖端，增加了裂缝的有效长度，从根本上改变了裂缝导流能力。该技术可以减少清水 50% 以上的用量。

二氧化碳压裂技术（$CO_2$ Fracturing）：$CO_2$ 压裂技术在北美试验和应用较多，可大幅降低清水用量，降低储层伤害，也被称为“干式压裂技术”。通常按照 $CO_2$ 和水基配比分为 $CO_2$ 泡沫压裂和纯 $CO_2$ 压裂两种：前者泡沫质量比为 30%～85%，一般高于 60%；后者采用 100% 液态 $CO_2$ 作压裂液，受压裂规模和井深限制，作业时需专业密闭混配车，不适合中等以上规模压裂。$CO_2$ 泡沫压裂的优点是清水用量少，抗滤失和携砂能力强，泡沫黏度高，储层伤害和返排问题少。但由于水基压裂液用量少，难以实现高砂比，施工压力对设备有较高要求。

液化石油气压裂技术（LPG Fracturing）：液化石油气压裂技术也称无水压裂或丙烷 / 丁烷压裂，由加拿大 Gasfrac Energy Services 研发，荣获第一届和第二届世界页岩气技术创新奖。该技术采用液化丙烷、丁烷或二者混合液进行储层压裂。液化石油气压裂可提高单井油气产量和最终采收率（20% 以上），降低储层伤害，压裂过程不需要清水，降低了压裂液的返排污染，减少对环境扰动。但是投入较大液化石油气属高危气体，可燃性强，安全防爆问题非常关键须进行严格监测。

（2）输水过程中减少水资源损耗。

页岩气开发压裂用水的运输方式主要有渠道输送、管道输送及罐车拉运等，由于压裂用水量大，采用罐车拉运费用较高，因此一般情况下多采用渠道输送及管道输送方式。

渠道指的是土渠或者衬砌后的硬化渠道。由于蒸发及渗漏等情况的影响，渠道输送运输效率较低，渠系水利用系数（灌溉渠系的净流量和毛流量之比值）一般为 0.55 左右，即每取水 $100m^3$ 仅有 $55m^3$ 水用于压裂，输送损失大。在压裂蓄水量一定的情况下，取水量大大增加。另外，由于渠道输送是在露天情况下输水，输送过程中可能会因为自然因素或者人为的原因造成水资源污染，进一步污染渠道周边土壤、地表水及地下水。

为提高输水效率及保护输水水质，采用管道输送是一种非常有效的措施。根据 GB 50288—2018《灌溉与排水工程设计规范》规定，管道水利用系数设计值不应低于 0.97。据此可以得出，采用管道输送比渠道输送可提高输水效率 75% 以上，按长宁—威远页岩气区块年最大取水量约为 $200 \times 10^4m^3$ 进行计算，可以减少取水量约 $157 \times 10^4m^3$。同时，管道输送可以采用阀门控制启闭时间和输送水流量，以配合压裂需要，操作较渠道输送灵活。

（3）错峰取水，减轻水资源承载力负担。

建设蓄水设施可以实现错峰取水及丰水期取水，避免在用水高峰期及枯水期取水，减轻对当地水资源承载力的影响。页岩气开发可用的蓄水设施主要有水库（山坪塘）、蓄水池及储水罐等，各设施优缺点见表 3–1。

**表 3–1 各蓄水设施优缺点比较表**

| 序号 | 项目 | 水库（山坪塘） | 蓄水池 | 储水罐 |
|---|---|---|---|---|
| 1 | 储水量 | $0.1\times10^4m^3$ 以上 | $\leqslant0.2\times10^4m^3$ | $\leqslant30m^3$ |
| 2 | 调节功能 | 丰水期蓄水、晚间蓄水 | 晚间蓄水 | 晚间蓄水 |
| 3 | 优点 | 储水量大，可选择丰水期蓄水，枯水期供水，可为当地造福 | 蓄水量可满足几段压裂需求，造价相对山坪塘低，后期可作他用 | 可多平台重复利用 |
| 4 | 缺点 | 造价较高，施工难度相对较高，工期比页岩气压裂长，建设地点相对固定，会增加输水管道长度 | 蓄水量较山坪塘小 | 单位储水量造价高，储水量小 |

由表 3–1 可知，水库（山坪塘）与储水罐的造价均较高，水库（山坪塘）工期较长，储水罐储水量小。蓄水池作为蓄水设施可晚间蓄水，在页岩气井集中压裂时减少取水量，且在压裂后还可用作固废填埋池。综合考虑，蓄水池作为页岩气开发蓄水设施较为适宜。

2）减少污染物排放

减少污染物排放主要是对压裂返排液进行妥善处置，根据 NB/T 14002.3—2015《页岩气　储层改造　第 3 部分：压裂返排液回收和处理方法》相关要求，压裂返排液处置工艺宜采用回用、回注及地表排放方案，并结合工程实际，经技术经济比较后确定。

回用及外排处理工艺推荐流程如图 3–1 所示。

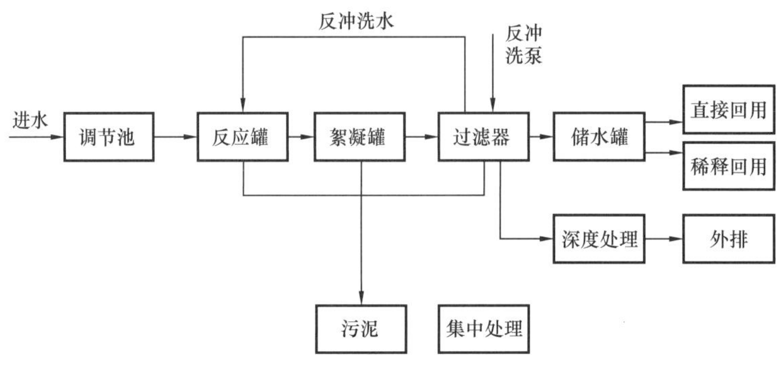


图 3–1　页岩气返排液回用及外排处理推荐流程

### 2. 地下水保护措施

天然气开发过程中，完全避免地下水环境受到影响是不可能的，只有采用先进的生产工艺，加强生产管理，防止或减少污染物通过各类污染途径污染地下水，以减少对地下水环境的影响程度和范围。

目前，建设项目的地下水环境保护，原则上应遵循 HJ 610—2016《环境影响评价技术导则　地下水环境》等相关规范和标准，按照“源头控制、分区防治、污染监控、应急响应”相结合的原则，对污染物的产生、漏渗、扩散、应急响应等全阶段进行控制。

1）源头控制

源头控制主要包括实施清洁生产及各类废弃物循环利用，减少污染物的排放量；在工艺、设备、污水储存及处理构筑物采取相应措施，防止和降低污染物跑、冒、滴、漏，将污染物泄漏的环境风险事故降到最低限度。因此应从以下方面进行控制：

（1）优化选址选线工作，页岩气平台应尽量避开地下水为集中或分散式供水水源。

（2）在施工前充分研究地质设计资料等，优化钻井施工工艺、钻井液体系等。一般地区，采用导管保护第一个含水层，导管段利用清水钻井液迅速钻进；在岩溶地区，按照空气钻、清水钻、膨润土钻井液钻的顺序选择钻井液，并钻穿整个岩溶段。

（3）选用合理钻井液密度，实现近平衡压力钻井，降低钻井液环空压耗，从而降低井筒中钻井液动压力，减小钻井液漏失量；对于构造裂缝及节理等造成的钻井液漏失，采用强钻方式快速钻穿漏失层达到固井层位。

（4）针对洼地、漏斗、暗河等强岩溶发育地区，应采用电法等精度相对较高的地质勘探手段探明上述敏感区的分布，并加以绕避。

（5）水基钻井应尽量采用低毒和无毒的钻井液，禁止使用铬木质素类稀释剂、酚类或甲醛类杀菌剂，尽量使用低芳香烃含量的低毒油品作为基础油；配备足够量、高效的堵漏剂等，一旦发现漏失，立即采取堵漏措施，减少漏失量。堵漏剂的选取也应考虑清洁、无毒、对人体无害，对环境污染轻的种类。

（6）固井作业应提高固井质量，可有效防止因井漏事故造成的地下水环境污染。

（7）作业用药品、材料集中放置在防渗漏地面，防止对地下水的污染。

（8）在钻井完井过程中严格控制新鲜水用量，实行清污分流，减少污水产生量。

（9）钻井过程中应加强废水管理，防止出现废水渗漏、外溢、废水池垮塌或废水扩散污染等事故。

（10）加强油料的管理和控制，特别应加强和完善废油的控制措施。加强岩屑、废钻井液及其他固体废弃物收集、运输及暂存、处置等过程的环境管理。

（11）钻井液、压裂液等应做到循环利用。采取节水措施，减少耗水量。鼓励采用先进的工艺、设备。

（12）加强废水、废油等运输过程的管理。对承包转运的车辆实施车辆登记制度，为每台车安装定位系统，纳入建设方的定位监控系统平台；加强运输过程中的监控措施，防止运输过程中发生事故导致废水、废油等泄漏，污染环境；建立废水、废油等交接联单制度，确保不乱排乱倒；加强对罐车司机的安全教育，定期对罐车进行安全检查，严格遵守交通规则，避免交通事故发生。

2）分区防渗

为加强井场防渗等级，避免污染物渗入，页岩气平台均采取分区防渗措施。防渗区域包括井场、应急池、放喷坑、集酸池及罐体区域，结合 HJ 610—2016《环境影响评价技术导则　地下水环境》、GB/T 50934—2013《石油化工防渗工程技术规范》等相关要求，页岩气平台防渗分区要求见表 3–2。

**表 3–2　页岩气平台防渗分区要求**

| 防渗区域 | | 防渗级别 | 设计可达到的防渗系数 |
|---|---|---|---|
| 井场防渗区 | 清污分流区域 | 一般 | ≤$10^{-7}$cm/s，等效黏土防渗层≥1.5m |
| | 钻井平台区域（含钻井液循环区域） | 重点 | ≤$10^{-7}$cm/s，等效黏土防渗层≥6.0m |
| | 钻井液储备罐区 | 一般 | ≤$10^{-7}$cm/s，等效黏土防渗层≥1.5m |
| | 油类暂存区的围堰 | 重点 | ≤$10^{-7}$cm/s，等效黏土防渗层≥6.0m |
| 应急池 | 池底 | 重点 | ≤$10^{-7}$cm/s，等效黏土防渗层≥6.0m |
| | 墙身和基础 | | |
| 放喷坑 | 池底 | 一般 | ≤$10^{-7}$cm/s，等效黏土防渗层≥1.5m |
| 集酸池和排酸沟 | — | 重点 | ≤$10^{-7}$cm/s，等效黏土防渗层≥6.0m |
| 隔油池 | — | 重点 | ≤$10^{-7}$cm/s，等效黏土防渗层≥6.0m |
| 清洁化操作平台 | — | 一般 | ≤$10^{-7}$cm/s，等效黏土防渗层≥1.5m |

3）实时监控

（1）地下水监测计划。

为了及时准确掌握井场及其下游地区地下水环境质量状况和地下水体中污染物的动态变化，应建立较全面的地下水长期监控系统。包括科学、合理地设置地下水污染监控井，建立完善的监测制度，配备先进的检测仪器和设备，以便及时发现问题并及

时采取措施。

根据 HJ/T 164—2004《地下水环境监测技术规范》要求，结合项目区含水层系统和地下水径流系统特征，考虑潜在污染源、环境保护目标等因素布置地下水监测点。

（2）地下水监测原则。

地下水监测将遵循以下原则：

① 重点污染防治区加密监测原则；

② 以浅层地下水监测为主的原则；

③ 兼顾场区边界的原则。

（3）监测井布置。

依据上述监测原则，参照 HJ/T 164—2004《地下水环境监测技术规范》的要求，结合项目区水文地质条件，最大限度利用已有民井等，在各平台附近，地下水上、下游均布设监测井，重点监测 COD、氯化物和石油类等特征因子，以便及时准确地反馈地下水水质状况，进而分析防渗性能变化，为及时采取控制地下水污染的保护措施提供重要依据。

制定地下水应急响应预案，细化地下水污染事故发生时的应急处置要求，明确污染状况下应采取的控制污染源、切断污染途径的措施，包括钻井过程中的快速钻进、更换钻井介质、停钻等；泄漏污染浅层地下水时，在泄漏源周边布设抽水排污井等。

目前国家对于保护地表水、地下水的相关法律法规也已经较为完善，可以有效规范页岩气开发过程中对地表水地下水的保护。各页岩气开采相关单位应严格遵守水资源相关法律法规，完善单位内部各项管理规定，从管理、技术及思想各个方面，在页岩气开发过程中对水资源进行保护。

## 第二节 钻井过程清洁生产

在井场设计、钻完井技术和作业物料选择时，综合考虑生产需求和环保要求，采用工厂化批量化钻井作业，优先选用环境友好型技术和物料，从源头上控制了钻完井过程中固体废物和废液的总量；加强钻完井作业过程中废气、废水、废渣的过程管控，进一步强化了废弃物总量削减效果；结合多年钻井生产和环保工作实践，形成废弃物集中处理与再利用技术体系，提高了末端治理水平。现场实践应用效果表明，页岩气钻井作业通过源头预防、过程管控和末端治理，对周边环境生态的影响明显减小，取得了良好的环境效益和社会效益。

## 一、工厂化批量化钻井作业

工厂化批量化钻井作业，起源于北美，是指石油施工或生产采用类似工厂的生产方法或方式，通过现代化的生产设备、先进的技术和现代化的管理手段，科学合理地组织油气井钻井、压裂（包括试油、试气）采油、采气等施工和生产作业，钻井液和压裂液等物资循环利用，可以缩短投资周期，降低采气成本，节约土地和物料资源，后来得到了广泛应用。

目前，美国致密砂岩气、页岩气，英国北海油田，墨西哥湾和巴西深海油田开发，都采用该作业方式。陆上一个井场钻 50 多口井，海上一个钻井平台钻 100 多口井，通过高密度集中的流水线施工和作业，可有效减少钻井液、压裂液的处理处置成本，降低生产过程对周界环境污染风险。

中国传统的石油勘探开发施工作业，是生产队式的分散作业模式，效率低，不宜管理，单井钻井液、压裂液无法高效利用。工厂化作业模式，是将分散的作业模式最大限度的集成和集约。国内“工厂化”钻井最早是海洋平台丛式钻井理念发展起来的。2011 年以来，中国石油化工集团有限公司（以下简称中国石化）在大牛地气田、胜利油田盐 227 区块、涪陵页岩气气田，中国石油在苏里格南合作区和苏 53 区块、威远—长宁区块，都先后开展了“工厂化批量化”作业模式，形成了基于各自地面条件、地质情况、配套装备、技术状况和组织管理模式的中国特色“工厂化”作业模式。

目前，中国石油页岩气开发“工厂化”开发模式已走在国内页岩气开发最前沿。利用“工厂化”作业模式不仅可减少页岩气开发过程中井场占地，缩短建井周期，提高钻井设备利用效率，同时同井场循环使用同体系钻井液，提高了钻井液循环利用率，减少了处理处置废弃钻井液所产生的高昂环保费用。

以川渝地区页岩气垂深 3500m 开发井为例，若采用传统钻井作业模式，为满足正常钻井作业，那么其钻井液需求可按以下公式进行计算：

$$V_{总}=V_{井}+V_{池}+V_{消耗} \tag{3-1}$$

式中 $V_{总}$——钻井液总量；

$V_{井}$——井筒钻井液量；

$V_{池}$——循环罐内的钻井液量；

$V_{消耗}$——钻井液损耗量。

结合川渝地区钻井实际情况，井筒钻井液量、循环罐钻井液量可参考表 3-3、表 3-4。

表 3-3　井筒钻井液量（$m^3$/100m）

| 序号 | 裸眼井筒容积 | | |
|---|---|---|---|
| | 钻头尺寸，mm | 井径扩大率，% | 每百米容积，$m^3$ |
| 1 | 660 | 10 | 41.4 |
| 2 | 444.5 | 10 | 18.7 |
| 3 | 311.2 | 10 | 9.2 |
| 4 | 215.9 | 10 | 4.4 |
| 5 | 152 | 10 | 2.2 |

表 3-4　循环罐钻井液用量

| 项目 | 钻机级别，m | | | |
|---|---|---|---|---|
| | 5000 以上 | 5000 | 3000～4000 | 2000 以下 |
| 地面容积 | 130 | 120 | 100 | 60 |

钻井结束后，需处理处置废弃钻井液体积可按下式计算得出：

$$V_{总}=V_{井}+V_{池} \tag{3-2}$$

按公式（3-2）计算，其单井完井后将产生废水基钻井液 240$m^3$、废弃油基钻井液 330$m^3$。针对该部分废弃钻井液，目前川渝地区钻井公司将其拉运至集中储存站进行处理，然后拉运至其他井场使用，或将其进行无害化处置。拉运和处置过程存在钻井液泄漏的风险，若泄漏就会对地区环境造成严重破坏。

当采用工厂化批量化作业，一个井场布置 4～6 口井，以流水线的方式进行钻井作业，即单井产生的废弃水基钻井液、油基钻井液可用于同井场其他井使用，从而提高钻井液使用效率，降低钻井公司对废弃钻井液拉运成本和处置成本，同时也降低了废弃钻井液拉运和处置过程中对环境污染的风险，其成本节约情况见表 3-5。

表 3-5　工厂化作业与常规钻井作业废弃钻井液处理费用对比表

| 钻井作业方式 | 钻井平台数 | 钻井液体系 | 废弃钻井液量，$m^3$ | 拉运费用，万元 |
|---|---|---|---|---|
| 常规钻井作业 | 6 | 水基 | 240 | 46.2 |
| | | 油基 | 330 | 63.6 |
| 工厂化作业 | 1 | 水基 | 240 | — |
| | | 油基 | 330 | — |

注：拉运费用按生产 6 口井，各井间距离按 50km 计算。

## 二、应用页岩气平台气体钻井

气体钻井技术 1953 年起源于美国，是以气体、气液混合流体作为循环介质代替钻井液的钻井技术。因使用气体作为循环介质，其作业过程不会对环境造成污染，所以该项技术被美国列为 21 世纪最具潜力的钻井清洁生产技术。目前气体钻井已成为主流钻井技术中的重要组成部分，在美国气体钻井进尺占总进尺的 30%。

我国页岩气主要集中在四川盆地、塔里木盆地、鄂尔多斯盆地、渝东鄂西地区、黔湘地区[5]。其地质情况较为复杂，易发生井漏等事故。采用钻井液为循环介质，当发生井漏时，钻井液可能会对地下水造成污染。通过利用气体钻井技术，其循环介质采用对环境无任何污染的空气或氮气，即使发生井漏，也不会造成地下水体污染。同时，其钻井过程所产生的钻井岩屑，可直接作为工业原料，制作工业建筑材料。

某石油公司通过对气体钻井技术进行深入研究，优化形成了气体钻井无基坑技术。该技术相比传统的气体钻井技术，避免修筑沉砂池，减少了页岩气开发阶段对土地的占用。同时，利用降尘水减少粉尘对大气的影响，相较原有技术，其处理效果更为明显，提高了作业过程中的环境保护能力[6]。目前该项技术已在威远地区进行试验性推广应用，取得了较好的应用效果。

## 三、应用页岩气平台高性能水基钻井

页岩气井通常采用大位移水平井组开发，其水平段长，钻井过程易发生垮塌、卡钻等井下复杂情况。目前在水平段钻井阶段，常使用油基钻井液，但其产生的油基钻井废物具有有毒特性，可能会对环境和人体健康造成影响。近年来迫于越来越严格的环保法规要求和不断降低的钻井成本压力，国内外各大油服公司试图研发类似油基钻井液性能的水基钻井液，以实现水替油。

根据文献调研，目前斯伦贝谢、贝克休斯、哈里伯顿等国外油服公司研发出相关高性能水基钻井液，并在北美页岩气井中成功应用。国内中国石油、中国石化等油田企业也根据国内页岩气区块地层地质特性研发出相关的高性能水基钻井液。其中以烷基葡萄糖苷（APG）钻井液应用较广。

烷基葡萄糖苷钻井液，是近几年提出的一种替代油基钻井液的新型水基钻井液体系，常见的烷基葡萄糖苷钻井液种类及配方见表 3–6。烷基葡萄糖苷是由葡萄糖或淀粉的酶解，经酸催化与脂肪醇脱水缩合生成的一大类有机化合物。由于生产条件和工艺的不同，烷基葡萄糖苷类产品所含的葡萄糖单元数及烷基化度有一定的差别。工业上习惯将此类产品统称为烷基多糖苷（APG）。C8–18 APG 已被证明具有优良的表面活性，无毒，对皮肤无刺激性，生物降解迅速彻底，配伍性能好等特点，是目前安全环保的水基钻井液。

表 3-6　APG 钻井液种类及配方

| APG 钻井液 | 应用地区 | 配方 |
|---|---|---|
| 甲基葡萄糖苷（MEG） | 吐哈油田 | 4% 土浆 +0.3%YFKN+0.5%SP-1+1%LYDF+0.3%NaHPAN+5%MEG+1% 其他处理剂 |
| 阳离子烷基糖苷（CAPG） | 中原油田等 | 4%CAPG+4%APG+COP-HFL+COP-LFL+LV-CMC+7%KCl+1.5% 沥青类 + 适量 NaOH |
| 聚醚胺基烷基糖苷（NAPG） | 中原 / 四川油田等 | 25%NAPG+1% 土浆 +0.2%XC+1%CMS+2%WLP+3%SMP+3% SMC+3%FT+0.5%NaOH |
| 氯化钙—烷基糖苷（$CaCl_2$-APG） | 重庆涪陵油田等 | 25%APG+0.6%SW+2% 封堵剂 B+1.5% 降滤失剂 C+l% 封堵剂 A+0.5% 消泡剂 Js+1%NaOH+25%$CaCl_2$ |

## 四、应用小井眼连续油管钻井[7]

连续油管钻井研究始于 20 世纪 60 年代。在 70 年代中期，已有油气田利用连续油管进行钻井作业。从 90 年代初开始，连续油管钻井技术进入发展和应用时期。1991 年，在巴黎盆地成功地进行了连续油管钻井先导性试验，同年在得克萨斯州利用连续油管进行了 3 井次的钻井作业。

连续油管钻井在 Colorado 东部 Niobrara 白垩系地层等页岩油和页岩气开发中获得很好的应用。美国能源部从 2004 年起大力支持小井眼钻井技术研究，井眼直径小于 88.9mm，不仅可以大幅度减少场地占用、材料消耗，提高钻井效率，降低钻井完井成本，而且可有效地减少钻井过程钻井固体废弃物的产生量，降低企业处理固体废物或危险废物处置成本和环境风险。近年来，小井眼钻井技术已得到国内多家油田企业青睐，并在多个油田获得应用。

## 五、应用生物合成基钻井液[8]

生物合成基钻井液一般由改性有机物连续液相、分散液相、分散固相作为基液，通过加入乳化剂、降滤失剂、流型改进剂和加重剂等来合成，是一种非水溶性合成油基钻井液。生物合成基钻井液不仅具有油基钻井液性能特点，同时具有无毒、易生物降解的环保特性。在目前国家环境保护要求日益严格的情况下，生物合成基钻井液替代油基钻井液已成为研究和应用的主要方向。

目前生物合成基钻井液已在长宁区块开展现场应用试验，试验结果证明，采用生物合成基钻井液，各项性能指标与邻井油基钻井液基本一致，部分性能指标如剪切稀释性、黏度、润滑性优于常规油基钻井液。在工程应用方面采用生物合成基钻井液试验平台刷新了四川油气田“一趟钻”及钻井周期和井深记录，同时井下无垮塌、掉块现象。测井数据显示其井眼规则，井径扩大率小，为后续固井作业提供了良好的工程基础。在环保性能方面，经中国环境科学研究院固体废弃物污染控制技术研究所依据《固体废物鉴别标准通则》和《国家危险废物名录》鉴别，采用生物合成基钻井液所产生的钻井废弃物不具备危险特性，不属于危险废物。

## 六、钻井废弃钻井液和岩屑合理收集、处置

钻井以及带钻机的修井作业过程中产生的废弃钻井液、岩屑等实施不落地收集、实时处理。气体钻井、清水钻井产生的清洁岩屑单独收集，脱水后可直接用于井场修建材料或铺垫井场道路。水基岩屑进行资源化处置，油基岩屑均为处理后进行综合处置。

### 1. 水基岩屑处置

水基岩屑（含废弃钻井液）优先采取资源化利用方式进行处置。长宁、威远及涪陵页岩气田开发初期，水基岩屑（含废弃钻井液）采用无害化填埋，技术参数依据GB 18599—2001《一般工业固体废物贮存、处置场污染控制标准》、Q/SY XN0276—2007《四川油气田钻井废弃物无害化处理技术规范》执行。该处置方式潜在土壤污染的风险。这是因为钻井岩屑本身存在众多有机高分子聚合物、重金属离子等污染物，随时间的推移，固化池体可能出现渗漏，进而可能污染周边土壤。随着《土壤污染防治行动计划》和《中华人民共和国土壤污染防治法》的出台，水基岩屑的处置方式逐步向资源化利用转变。

目前，水基岩屑综合利用有两种途径：制备烧结砖或者烧制水泥（直接与水泥熟料掺混，作用类似于高炉矿渣或者粉煤灰）。依据GB 34330—2017《固体废物鉴别标准通则》要求，当固体废弃物（包括页岩气开采的水基岩屑、油基岩屑等）开展资源化利用时，应满足下列要求：接纳企业对原材料的质量和规格要求；生产的产品能满足产品质量标准；生产过程及产品符合国家相关污染物排放（控制）标准或技术规范要求；产品有稳定、合理的需求。因此，水基岩屑制备烧结砖时满足的要求为：砖块满足建筑材料中关于强度、硬度及放射性等要求；砖块烧结过程中砖厂尾气、砖块浸出液等满足环保标准，即二次污染达标；烧结出的砖块不能突破砖厂生产能力，间接证明满足市场需求。一般而言，烧结砖生产原料中岩屑掺混比控制在10%～30%。

### 2. 油基岩屑处置

油基岩屑的处置大致分为三个阶段，即在平台内的收集、贮存、处置，平台外集中处置及第三方终端处置等，油基段钻井的泥浆罐清掏物，也按油基岩屑管理。

油基岩屑同钻井过程中的废机油、洗件油等一样，应按照危险废物进行管理，其收集、贮存、运输满足GB18597—2001《危险废物贮存污染控制标准》、HJ 2025—2012《危险废物收集、贮存、运输技术规范》等相关要求。

油基岩屑在平台内的收集措施一般为岩屑罐，可实现不落地收集、实时收集，此时含油率一般介于15%～20%，然后在钻井现场通过离心机、甩干机进行脱水、脱油等预处理，处理后的岩屑含水率应小于70%，含油率介于8%～12%；预处理后的油基岩屑应在集中处理场站采用热解析、萃取等工艺回收矿物油，回收后含油率应小于2%，集中处置站一般由钻井公司或油田公司建设及运营，工艺一般多为低温萃取（即LRET，Liquid Oil-basedmud Reuse Environmental Technology，油基钻井液资源回收技术，图3-2）或热解吸（即TDU，Thermal-desorption-unit，油泥热解吸设备）。油基岩屑回收处理后的残渣，依据现行的《国家危险废物名录》和危险废物相关规章，仍应按照危险废物进行管理。

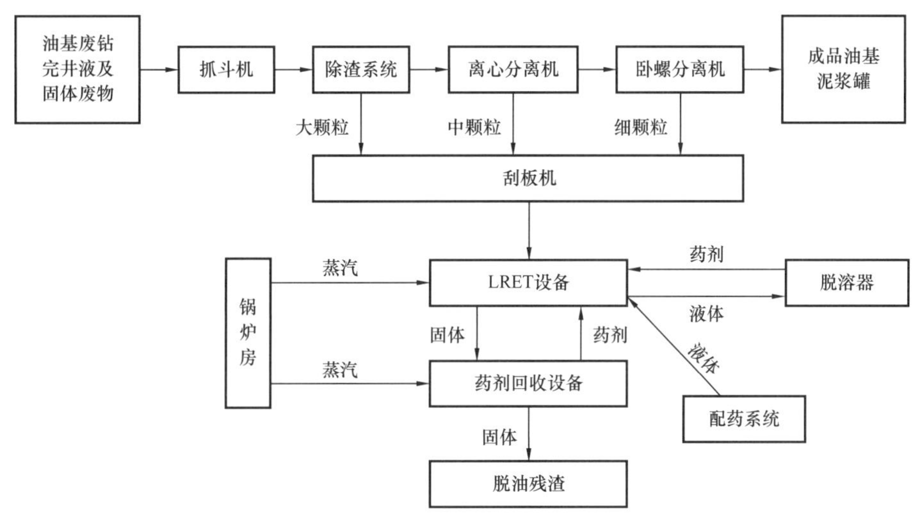


图3-2　油基岩屑集中脱油处理站工艺流程

在危险废物转运上，严格按照标准进行，例如：危险废物运输应由持有危险废物经营许可证的单位按照其许可证的经营范围组织实施；在危险废物的收集和转运过程中，采取相应的安全防护和污染防治措施，包括防爆、防火、防中毒、防感染、防泄漏、防飞扬、防雨或其他防止污染环境的措施。

随着我国页岩气进入大规模开发期，有关研究机构正对油基岩屑回收处理后的残渣的急性、慢性生态毒性等进行测试及评估，未来一定含油率以下的油基岩屑回收处理后的残渣有望从《国家危险废物名录》和危险废物相关规章制度中移除，届时可同水基岩屑一并开展综合利用。

# 第三节　压裂排液和地面集输过程清洁生产

## 一、压裂及排液过程清洁生产

### 1. 降低噪声和大气环境影响

压裂作业施工主要在昼间进行，降低压裂车噪声对周边居民的影响。测试放喷时，对测试天然气进行回收；不具备回收条件时，应进行点火燃烧。

### 2. 压裂返排液回收利用和处置

压裂液及压裂返排液采用地上移动式收集罐贮存回收，回收率达 100%。当确需采用池体贮存时，对池底及池壁进行防渗处理，防渗等级应满足 GB/T 50934—2013《石油化工工程防渗技术规范》、HJ 610—2016《环境影响评价技术导则 地下水环境》的要求。

回收的压裂返排液优先回用，处理满足 NB/T 14002.3—2015《页岩气　储层改造　第 3 部分：压裂返排液回收和处理方法》后回用于配制压裂液，开发井的压裂返排液回用率不低于 85%；无法回用时，按当地环保部门要求，采取深井灌注或处理达标排放等方式进行最终处置。采用深井灌注方式处置时，满足 SY/T 6596—2016《气田水注入技术要求》、Q/SY 01004—2016《气田水回注技术规范》要求。需外排的废水满足 GB 8978—1996《污水综合排放标准》水质指标要求，四川地区还应满足 DB 51/190—1993《四川省水污染物排放标准》要求。

压裂返排液逐渐开始综合利用，即生产结晶盐。如四川久大制盐有限责任公司舒坪制盐区建成了两套真空制盐装置，分别为 1# 真空制盐装置和 2# 真空制盐装置，产能达 $100 \times 10^4$t/a，生产原料为长山盐矿通过管道输送过来的饱和岩卤，产品为食用盐和工业盐。四川久大制盐有限责任公司曾实验性地采用中国石化天然气开采川西高氯废水处理项目和中国石油天然气开采磨溪园区废水替代卤水项目，利用其真空制盐装置产出了合格的冷凝水和盐制品。因此，2016 年建设《利用 60 万吨 / 年制盐装置综合利用页岩气及天然气开采废水》工程，其原理是：压裂返排液替代采卤白水（可减少原采卤白水的用量）注入地层，溶解盐矿后，再采出地层，采用蒸发罐进行蒸发制盐，母液生产的副产品石膏作为生产水泥和建材的原料外售。

## 二、地面集输过程清洁生产

### 1. 水环境污染控制措施

（1）页岩气采气、集输和脱水过程中产生的采出水、生产废水、检修废水等各类废水，优先回用于配置压裂液。无法回用时，采用回注、处理达标排放方式进行最终处理。采用回注方式处理时，满足 SY/T 6596—2016《气田水注入技术要求》、Q/SY 01004—2016《气田水回注技术规范》要求。需外排的废水应满足 GB 8978—1996《污水综合排放标准》水质指标要求，四川地区还应满足 DB 51/190—1993《四川省水污染物排放标准》要求。

（2）生活污水主要依托当地生活污水集中处理装置或自备生活污水处理设施进行处置。自备生活污水处理装置处理外排的生活污水，应满足 GB 8978—1996《污水综合排放标准》水质指标要求，四川地区还应满足 DB 51/190—1993《四川省水污染物排放标准》要求。

（3）增压站油品存放区、气田水罐区等应设置截流、事故排水措施；脱水站应设置截流、事故排水、清净下水系统防控、雨排水系统防控、生产废水系统防控等措施，满足 Q/SY 1190—2013《事故状态下水体污染的预防与控制技术要求》对事故废液三级防控的要求。

（4）页岩气井宜施行井筒完整性管理，废弃井、长停井应按照 SY/T 6646—2017《废弃井及长停井处置指南》进行封堵作业，保护地下水环境。

（5）回注井下游宜布设地下水监测井，对地下水水质变化情况进行跟踪监测，执行 HJ/T 164—2004《地下水环境监测技术规范》相关要求。

### 2. 大气环境影响控制措施

地面集输系统检修等作业时会进行放空，放空火炬前配备放空分液罐。脱水溶剂再生气向环境排放前宜进行灼烧；放空火炬、尾气烟囱不低于 15m。

### 3. 声环境影响控制措施

采用增压机增压时，增压机底采取减震处理，并置于隔声房内。

### 4. 生态环境影响控制措施

（1）清管废渣、检修废渣、分子筛应满足一般固体废弃物处置要求；列入《国家危险废物名录》的废机油、洗件油、活性炭等可进行资源化利用；按照危险废物处置时，其收集、贮存、运输满足 GB 18597—2001《危险废物贮存污染控制标准》、

HJ 2025—2012《危险废物收集贮存运输技术规范》等相关要求。

（2）污泥等固体废弃物宜资源化利用；无法资源化利用，且不具备 GB 5085.3—2007《危险废物鉴别标准　浸出毒性鉴别》、GB 5085.6—2007《危险废物鉴别标准　毒性物质含量鉴别》规定的危险特性或毒性物质应按照一般固体废弃物处置。

## 参考文献


[1] 夏玉强．页岩气开采的水资源挑战与环境影响［J］．科技导报，2010，28（18）：103–110.

[2] Satterfield，J.，Mantell，M.，Kathol，D.，et al. Managing Water Resource Resource Water Resourceepartment of Energy. Modern shale gas development in thound Water Protection Council Annual Forum［C］. Cincinnati，Ohio：Ground Water Protection Council，2008，Abstract 46.

[3] Rahm，B. and Riha，S. Toward strategic management of shale gas development：regional，collective impacts on water resources［J］. Environmental Science & Policy，2012，17：12–23.

[4] Rahm，B. and Riha，S. Evolving shale gas management：water resource risks，impacts，and lessons learned［J］. Environmental Science：Processes Impacts，2014，16：1400–141.

[5] 白璟，刘伟，黄崇君．四川页岩气旋转导向钻井技术应用［J］．钻采工艺，2016，39（2）：9–12.

[6] 罗整，李金和，温杰．无基坑气体钻井技术在页岩气区块的应用［J］．钻采工艺，2016，39（1）：13–15.

[7] 刘锰．页岩气钻完井技术［M］．上海：华东理工大学出版社，2016.

[8] 李茜，周代生，彭新侠，等．生物合成基钻井液在长宁页岩气水平井的应用［J］．钻井液与完井液，2018，35（4）：28–32.

# 第四章

# 页岩气开发废水处理处置技术

在页岩气开发过程中，废水主要产生在钻井和压裂两个环节。钻井过程中渗漏的钻井液、冲洗用水，以及场地雨水等会被统一收集，均被称为钻井废水。由于钻井废水并非页岩气开发过程中独有，所以有关钻井废水的研究开展较早，处置和管理方式也比较成熟。压裂废水主要是指在压裂施工结束后从井口逐步返回至地面的液体，称为压裂返排液。压裂施工是页岩气开发中的关键环节，压裂过程需要消耗大量的水，这些水在施工结束后又会从井口逐步返排出来，单口井废水量可达上万立方米。所以水力压裂中压裂废水的处理、回用和处置是页岩气开发中重点关注的问题。

## 第一节　页岩气钻井废水处理技术

### 一、钻井废水概况

钻井废水一般是指在钻井过程中所有统一收集的废水，钻井废水来源广泛，包括由于起下钻作业中流失的钻井液、在循环系统中渗漏的钻井液、冲洗地面设备及钻井工具上的钻井液和油污而形成的废水，以及井场设备设施周边的集污坑里收集的污水和雨水等[1]。由于各井队所使用的钻井液有所不同，所以废水成分非常复杂，污染物中含有重金属盐类、石油类、硫化物、无机盐和有机物等，其中的有机物可能还包含有防腐剂、杀菌剂和表面活性剂等多种有机处理剂。钻井废水具有高重金属、高含盐、高 COD 的水质特点。具体来说，钻井废水中污染物包括以下几大类。

（1）固相成分：钻井废水中固体颗粒包含随钻井液返回至地面的岩屑颗粒、钻井液中的固相密度调节剂和在钻井环节中引入废液池中的其他颗粒物[1]。

（2）无机盐：钻井过程中，会向地层中注入一系列的化学添加剂，所以钻井废水中可能含有铅、铬、锆等重金属阳离子，这些重金属阳离子对环境存在极大风险[2]。另外，钻井废液中也含有较高浓度的氯化钾、氯化钠、硫酸钙等无机盐。

（3）有机物：钻井废水中含多种天然的有机处理剂，包含石棉粉、改性纤维素等，还有人工合成的高分子化合物，如磺化酚醛树脂、聚丙烯酰胺、聚丙烯腈等。另外也含有钻井过程中用于改变钻井液润滑性能的各种油类成分和渗流进入其中的石油类成分等[3]。

由于钻井废水污染物复杂且浓度高，钻井废水对于环境污染的风险是多方面的，据文献介绍大致可分为以下几个方面[3]：

（1）废水中的重金属成分进入环境后，会在动植物体内富集，对人类身体健康造成威胁。

（2）高浓度的无机盐和 pH 值会降低植物在土壤中的吸水能力，影响植物的生长。

（3）高 COD、高油类特点都对周边水体和水生物影响显著，其中的毒性和减少水体中溶解氧的作用会对周边生态系统造成危害。

（4）废水中特定的有机添加剂，如聚丙烯酰胺钾盐、磺化酚醛树脂等，都对生物体有毒害作用。

## 二、页岩气钻井废水管理及处置现状

钻井废水来源多样且污染物复杂，从产生源头上开展节水、清污分流等措施往往比只进行末端治理更为有效。国内页岩气开采区多位于丘陵和山岭地区，年降雨量大，污水池和井场污染区汇水面积大，雨水进入污水池增加了废水总量[3]。目前页岩气钻井现场已形成了较统一的清污分流设计，主要是设置排污沟、废水池、排洪沟等，同时通过井场清污分流系统的建设和在循环罐、钻井液加料台、柴油机房和泵房等重污染区安装截雨棚的方式将天然雨水收集导入清水沟，实现清污分流，减少废水产生量和处理量。

钻井工程中各工序和工艺的废水产生量有所差异。据文献中对某口页岩气井钻井废水产生量的统计，钻井工程各工序段中，钻井冲洗废水约 150$m^3$，固井产生废水约 300$m^3$，空气钻井洗尘水约 100$m^3$，其他服务单位废弃、散落钻井液产生约 100$m^3$。而钻井工艺废水产生量中，聚合物无固相钻井废水约 56$m^3$，KCl 聚合物钻井液产生废水约 35$m^3$，油基钻井液产生废水约 12$m^3$。单井预计钻井废水产生量为 750$m^3$，通常每米钻井进尺废水产生量为 0.4～0.5$m^3$[3]。

钻井废水主要处置方式是在场内经过处理后回用，通常用于回配钻井液胶液的水质要求是氯离子低于 3000mg/L，膨润土含量 MBT 低于 15g/L。井队中其他用水情况在水质条件满足的情况下也尽量循环使用，如清洁用水、录井用水等。但总体而言，钻井过程中产生废水量大，回用占少部分，大部分废水运至污水处理厂进行处理。通过强化现场钻井废水处理技术，提高废水回用率是目前主要的技术发展方向。

## 三、页岩气钻井废水处理技术

国内对于钻井废水的研究较早，目前最主要的处理技术可分为沉降法、氧化法和生物处理法。

### 1. 混凝沉降法

钻井废水在收集后，其中大量污染物会呈现胶体状态，通过添加化学药剂使废水中主要胶粒发生凝聚和絮凝，脱稳后沉淀下来。对于混凝沉降的过程，关键是药剂的选用和投加量，由于钻井废水中大部分胶体颗粒带负电，所以一般选用阳离子型的药剂。无机絮凝剂可采用聚合氯化铝（PAC）、聚合硫酸铁（PFS）、聚磷硫酸铁（PFPS）等，这些絮凝剂已经广泛应用在油田及页岩气钻井的领域中，技术成熟[1]。也有许多相关研究倾向于合成新型的混凝剂，以增强处理效果，如以无机聚合混凝 PFC 与有机混凝剂 PDMDAAC 复合反应制备无机—有机复合混凝剂[2]等。

混凝沉降法工艺成熟、简单，费用也较低，对于钻井废水中多种污染物都有一定的去除效果。但对于高 COD、高含盐量的废水，仅采用混凝沉降处理，无法达到出水水质要求，所以一般将混凝沉降法作为钻井废水的预处理方法。

### 2. 氧化法

针对钻井废水中高 COD 的特点，依靠氧化过程的作用降解其中的有机物，多数采用投加氧化剂的方法进行处理。常用的氧化剂有臭氧、二氧化氯等。

臭氧的氧化能力强，反应速度快，不受污水中有机物的影响，也不会产生二次污染，臭氧还可同时对废水进行消毒，臭氧可以采用臭氧发生器经管路投加至废水中。

二氧化氯可与钻井废水中大部分的有机物发生反应，如酚类化合物、多环芳烃、有机硫化物等。同时钻井废水中重金属也会被氧化后生成沉淀去除，如 $Fe^{2+}$ 氧化成为 $Fe^{3+}$。以氢氧化铁的形式沉淀，$Mn^{2}$+ 氧化后生成 $Mn^{4+}$。以 $MnO_4$ 沉淀去除。二氧化氯的氧化法对钻井废水的处理也已应用多年。

芬顿氧化法也是常用的氧化工艺，双氧水与铁离子一起构成 Fenton 试剂后处理钻井废水，Fenton 试剂氧化已经是应用广泛的高级氧化工艺，能够有效地处理钻井废水中酚类、芳烃类等难降解的有机物。Fenton 氧化过程能够将有机污染物彻底地氧化分解为二氧化碳、水或矿物盐，过程中不会产生二次污染。

氧化处理工艺已经大量用于钻井废水的处理，基本成为钻井废水处理技术中重要的工艺组成。

### 3. 生物处理法

生物处理法是近年新兴的处理技术，是通过微生物的作用，逐步使钻井废水中呈溶解、胶体状态的有机物转化为稳定的无害物质。由于钻井废水中成分复杂，有机物浓度高，一般会经过预处理后再开展生物处理。钻井废水的可生化性是生物处理法的关键，可通过生化呼吸线法、相对耗氧速率法及二氧化碳生测定法进行确定。目前，生物处理的主要研究方向仍然是对微生物的培养和改良。

实际上，生物处理法运行成本较低，但由于微生物对其生存和繁殖环境中 pH 值、温度、基底物质等要求较高，而钻井废水成分复杂，生物降解周期长，生物处理法在现场的应用推广较低。

由于钻井过程中不同深度所采用的钻井液体系不同，实际上钻井废水的处理难度也不一样。在钻井表层阶段，主要采用清水及无固相钻井液，废水污染物含量相对较低，成分单一，经现场废水池简单的自然沉降沉砂后就可用于井队清洁、回用调配钻井液胶液。钻井中后期，主要采用了聚磺或油基体系钻井液钻井，钻井废水中污染物浓度开始升高、成分逐渐变复杂，同时污染物在水中较稳定，无法自然沉降，采用单一的处理单元难以将其进行有效处理，往往要通过多种方法的组合，发挥各方法的阶段性优势才能达到处理效果。

### 四、页岩气钻井废水处理发展趋势

对于钻井废水处理的研究开展较早，处理技术相对成熟，页岩气钻井过程与常规井相比钻井废水水质情况并没有本质变化。但页岩气单井产气量低，需要大量钻井工程才能形成产量规模，多采用井组“工厂化”作业，钻井数量多，整个井组钻井的时间长，这些特点使得钻井废水总量大大增加。另外，目前国内页岩气井区多位于丘陵地带，地处偏僻，距离回注井和污水处理厂都较远，废水的最终处置仍然需要大量运输，运输成本和风险都较高。

一方面，对于钻井废水的控制首先是源头上减少产生量，页岩气钻井现场逐步采用更加严格的清污分流、排污管改造、废物池分类管理、搭设雨棚等措施综合应用，使得钻井废水最终产生量较以往平均量减少了 67%～78%[3]。另一方面，页岩气钻井通过采用“工厂化”作业模式，各区块均修建有集中处理站、泥浆回收站等，方便了资源调配。可制定钻井废水循环利用控制指标，有针对性地对钻井废液进行简单地处理，可解决钻井废水的污染问题，同时降低钻井液使用成本，为绿色钻井提供重要方法和途径，是今后钻井废水综合处理的发展方向[2]。

## 第二节　页岩气压裂返排液概况

### 一、压裂返排液简介

水力压裂是页岩气开发的关键技术之一。压裂液是由水、支撑剂和化学添加剂组成的、用于水力压裂施工时传导高强水力压力并对储层进行造缝的混合液，主要有滑溜水、交联液、泡沫和线性胶等。压裂过程针对页岩气储层进行改造，其主要优点包

括经济成本低、对地层伤害小、造缝能力强等。目前在川南页岩气开发中，滑溜水体系压裂液应用最为广泛，其主要成分为水和支撑剂，含量达 99% 以上。此外，还含有降阻剂、杀菌剂、表面活性剂、黏土稳定剂和阻垢剂等，含量在 1% 以下。典型滑溜水压裂液组成如图 4-1 所示[5]。

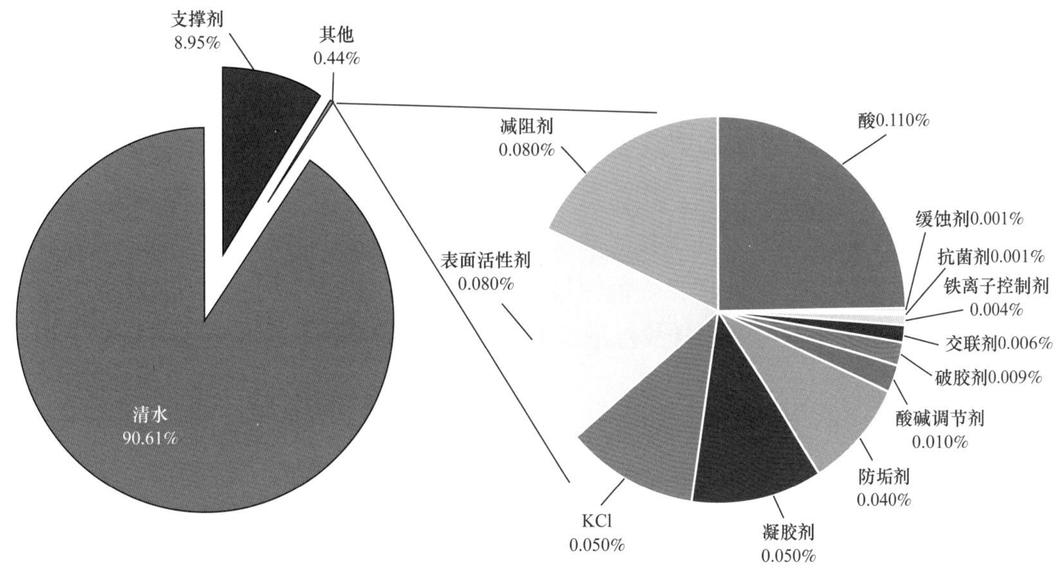


图 4-1 典型滑溜水压裂液组成

水力压裂施工结束后，液体将会通过井筒返排至地表，一般称为“压裂返排液”（Flowback Water）或“产出水”（Produced Water）。由于返排液水量和水质随时间变化很大，油气田企业通常以开发时间作为区分依据进行分别管理。比如“返排液”有时指完井阶段收集的废水，完井后进入生产阶段的称为“产出水”；也有定义“返排液”为返排 30 天内收集到的液体，之后即进入“产出水”阶段。“产出水”又被称为“生产水”或“气田水”，其产生一般会延续于整个气井生命周期。普遍的观点认为页岩层几乎不含水，在压裂未造成其他地层中地层水流至地面的情况下，返排液主要来源于施工时注入的压裂液，所以页岩气开发中的“产出水”（或“生产水”“气田水”）相较于常规天然气，从来源来说有较大的不同。在美国石油学会（American Petroleum Institute，API）的相关标准中，“压裂返排液”定义为水力压裂施工结束后返回至地面的所有液体[6]。在川渝地区开发过程中，随着管网的完善、技术的进步和施工组织的优化，压裂完成后接入供气管网开始生产的时间大大压缩，省去过去较长时间的放喷过程，所以单纯从操作阶段区分“压裂返排液”和“产出水”的意义不大。本书将水力压裂后在各个阶段由井口产生的废水均称为“压裂返排液”。

在页岩气平台或区域压裂返排液回用率一般可达到 85% 以上时，由于压裂液残余或溶解地层物质等原因，压裂返排液成分复杂，且具有高化学需氧量（COD）、高总悬浮物含量（TSS）和高总溶解性固体（TDS）的特点，同时水质波动大，处理难度高。在压裂返排液对环境影响的研究中发现，多种受试植物在各浓度返排液的暴露下发芽率均呈下降趋势，植物的生长被显著抑制[17]。目前页岩气开发重点区域位于长江经济带上游，人口密集、植被丰富、水系充沛，大部分处于农田区域，部分地区地下溶洞多、暗河多、裂缝多、漏失层多，压裂返排液若直接排放将对周围环境和人体健康造成不良影响。

我国在制定《页岩气发展规划（2011—2015年）》时，就明确对压裂返排液采取有针对性的措施，通过重复利用减少用水量，并提出加强环保检测实现压裂液无污染排放，防止土壤和地表水污染。在《页岩气发展规划（2016—2020年）》中，再次提出重点开展压裂返排液处理处置技术攻关研究，“增产改造过程中将返排的压裂液回收再利用，或进行无害化处理，降低污染物在环境中的排放”。目前，国家生态环境部正在制定页岩气开发污染物排放标准，而在地方层面四川省和重庆市已制定了相关政策。

（1）《四川省页岩气开采业污染防治技术政策》要求：“压裂返排液优先进行回用，平台或区域压裂返排液回用率应达到85%以上。无法回用的，应采取就近处理原则，减缓废水转输中的环境风险。区域有集中处理条件的，可纳入集中式污水处理厂处理，并确保进厂废水水质满足污水处理厂进水水质要求；区域无集中处理条件的，在确保区域地表水环境质量及用水安全的前提下，可自行处理达相关标准后排放。其中，对氯化物的处理可以参照GB 5084—2005《农田灌溉水质标准》中的有关规定。采取回注方式处理压裂返排液，应充分考虑其依托回注井的完整性，注入层的封闭性、隔离性、可注性，以及压裂返排液与注入层的相容性，确保环境安全。”

（2）《重庆市页岩气勘探开发行业环境保护指导意见（试行）》对废水处理处置除要求实施全过程监控外，明确压裂返排液回用于配置压裂液，回用不完的压裂返排液应处理达标后排放。

## 二、压裂返排液排量特征

通常情况下，压裂返排液的排出总量主要由泵入页岩气井液体的量决定，但由于压裂条件和地层情况等因素，液体返排的速率有所不同。事实上，返排率也是考察压裂效果的重要指标之一。

返排液排量随着持续时间呈现显著差异。一般情况下，在完成压裂后的30d内，返排液排量不断上升，直到达到某个最高值；在后续约3个月内，每日返排液量逐渐降低，最终进入较为稳定的低排液阶段。在调查的范围内，所有页岩气井压裂返排液排量基本呈现出上述趋势，但根据不同压裂规模、压裂缝网复杂程度等原因，该趋势中各阶段持续时间有所不同，返排液排量和返排率也呈现差异。图4-2和图4-3分别

统计了威远区块和长宁区块的部分页岩气井水量数据。可以看出，单井返排液前 30d 内平均日排量最高可达 400m$^3$，后期逐步降低，威远区块在约 200d 后日平均排量低于 10m$^3$，长宁区块在约 150d 后日平均排量在 5m$^3$ 以下。

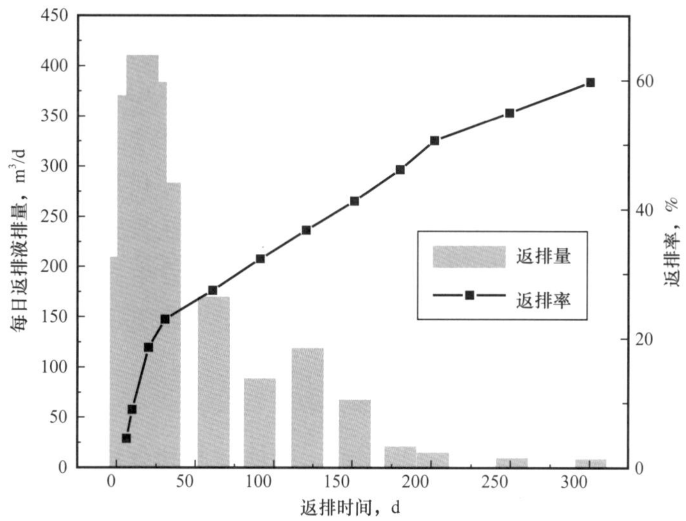


图 4-2　威远区块页岩气压裂返排液排量和返排率随返排时间变化

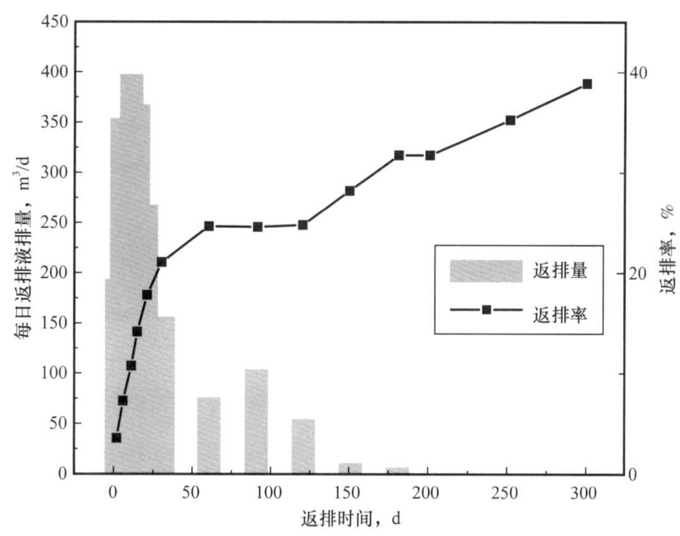


图 4-3　长宁区块页岩气压裂返排液排量和返排率随返排时间变化

## 三、压裂返排液水质特征

压裂液配制时需加入多种化学添加剂，以保证其黏度、降阻率、排出率等压裂性能。压裂液进入地层后，在高温高压作用下会发生反应，与地层中的物质进行交换，最终排出液体的物理化学性质有可能发生很大变化。由于不同作业所采用的压裂液类型和成分可能不同，进行压裂的地层矿物组分、压裂条件等也不完全一致，地层中发生的物理化学反应难以预测，导致压裂返排液水质呈现差异性和复杂性，给最终的处理处置带来难度。

总体来说，压裂液进入地层后会溶解其中的黄铁矿、黏土等矿物组分，导致返排液中多种组分含量增加，如氯离子、铁离子、钡离子、锶离子等。同时，压裂液中多种有机添加剂及降解产物可能是返排液中化学需氧量（COD）和总有机碳（TOC）的主要来源。此外，返排液中的氨氮、硫酸盐还原菌（SRB）、腐生菌（TGB）和铁细菌（FB）含量也较高。由于压裂返排液本身成分复杂，产排周期长，在生产和管理多个环节中也会发生一系列变化加大其水质复杂性。比如在长距离管道输送过程中，管道腐蚀使得压裂返排液中铁含量增大，存储过程则极易发生微生物滋生现象进而形成所谓的“黑水”。下面针对页岩气压裂返排液中主要污染物进行介绍。

### 1. 悬浮物

返排液中悬浮物包括地层物质、支撑剂、胶体物质和有机物等，受压裂地层、压裂条件、静止时间等因素影响较明显（图 4–4）。在压裂返排液进行回用过程中，为防止地层伤害，悬浮物指标的控制较为严格，在国内外页岩气开发中，至少会将机械过滤除杂质作为清水配液前的预处理单元。

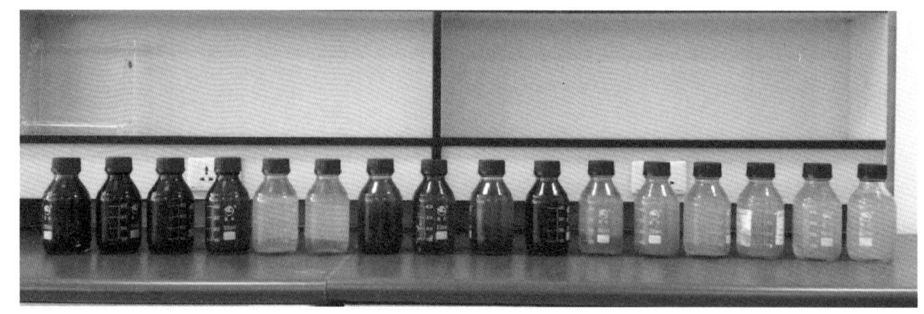

**图 4–4　返排液浊度对比**

国内外行业普遍采用总悬浮固体量（TSS）或悬浮物颗粒粒径作为压裂液配液对水中悬浮物的要求。页岩储层由于岩心极其致密，悬浮物不能随液体渗入基质，不会对页岩基质渗透率产生影响，但悬浮物可能会进入体积压裂形成的微细裂缝内部，造成堵塞，也可能在岩石表面或浅表部位附着、桥堵，降低岩石表层渗透率，影响压裂改造效果。中国石油西南油气田分公司天然气研究院曾参照 NB/T 14003.1—2015《页岩气　压裂液　第 1 部分：滑溜水性能指标及评价方法：滑溜水性能指标及评价方法》中返排率的测试方法，在填砂管中紧密充填 40～70 目陶粒砂（页岩加砂压裂主要采用 40～70 目粒径大小范围的陶粒），利用不同悬浮固体含量的返排液饱和填砂管，饱和后在 10kPa 的驱替压力下用氮气驱替，记录 5min 后液体流出质量，利用流出液质量与饱和液体

质量计算返排率，以此研究不同悬浮固体量下的返排率。结果显示，悬浮固体含量在1000mg/L以下时对返排率影响小于20%，超过1000mg/L时对返排率的影响加大，因此确定压裂液配液时水质TSS限值为1000mg/L。

一般来说，压裂返排液自井口收集后，自然沉降使得TSS含量很少超过800mg/L（一般在200mg/L以下）。长时间运输和存储使得返排液悬浮物总体呈现胶体状，均匀分散在液体中。从储层伤害角度，以悬浮物粒径作为回用标准限值。参照国外相关回用标准，一般认为应以悬浮固体颗粒粒径低于20μm作为回用配液悬浮固体限制标准。

经多次检测，悬浮物颗粒粒径主要在10～100μm之间分散在水体（图4-5和图4-6）。去除悬浮物是返排液回用处理的主要目标。

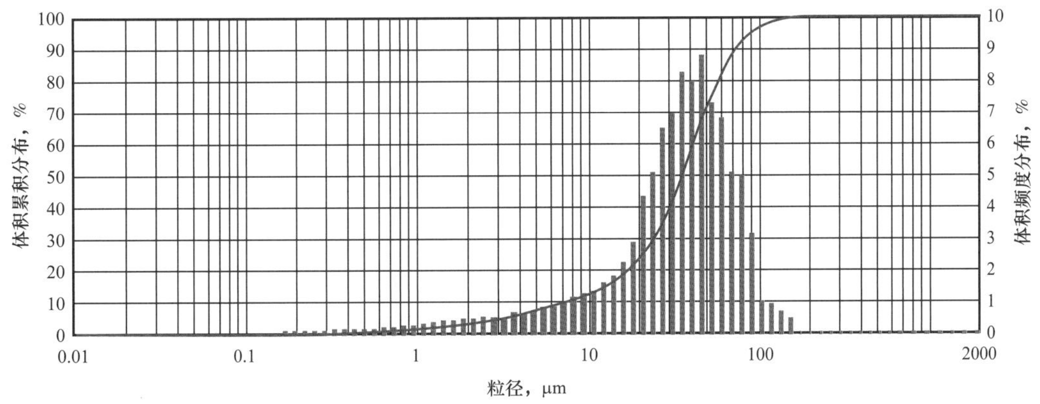


图4-5　威远区块某井压裂返排液悬浮固体粒径分布

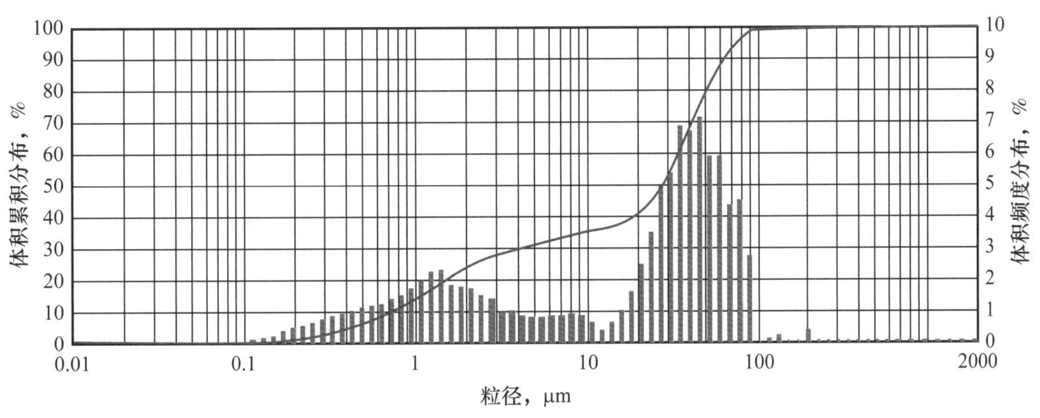


图4-6　长宁区块某井压裂返排液悬浮固体粒径分布

另外，返排液中悬浮物浓度与其中铁元素含量密切相关。铁元素主要来源地层中物质（如黄铁矿等）的溶解。在地层还原环境中，铁主要以溶解态$Fe^{2+}$存在，因此井口处收集到的返排液一般较澄清并略带浅绿色；在地面与空气充分接触后，$Fe^{2+}$氧化成$Fe(OH)_3$胶体分散于返排液中，使返排液外观上呈淡黄色。返排液在长期存储过

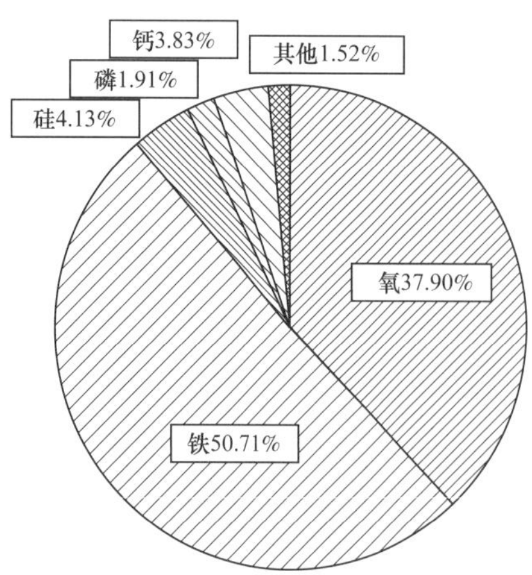


图 4-7　某页岩气井压裂返排液悬浮固体元素组成

程中，若缺少空气接触（如静置在密闭储罐中或者敞口水池上浮有油），还会在硫酸盐还原菌作用下生成 FeS 等黑色悬浮物，形成所谓“黑水”。

对长宁区块返排液存储池上清液进行取样，经 1μm 滤膜过滤后，采用 X 射线光谱（EDX）分析滤出物的元素组成（图 4-7）。结果显示悬浮固体主要由元素铁和氧组成，并含少量硅元素和钙元素。进一步研究发现，TSS、色度和总铁含量呈现正相关关系（图 4-8）。可见铁氧化物是返排液中悬浮固体的主要组成部分之一。硅可能主要来自返排液中地层中引入的其他杂质（如黏土矿物）。至于支撑剂石英砂颗粒，由于密度（约 2.7g/cm$^3$）大于水，大部分沉淀在采样瓶底部。

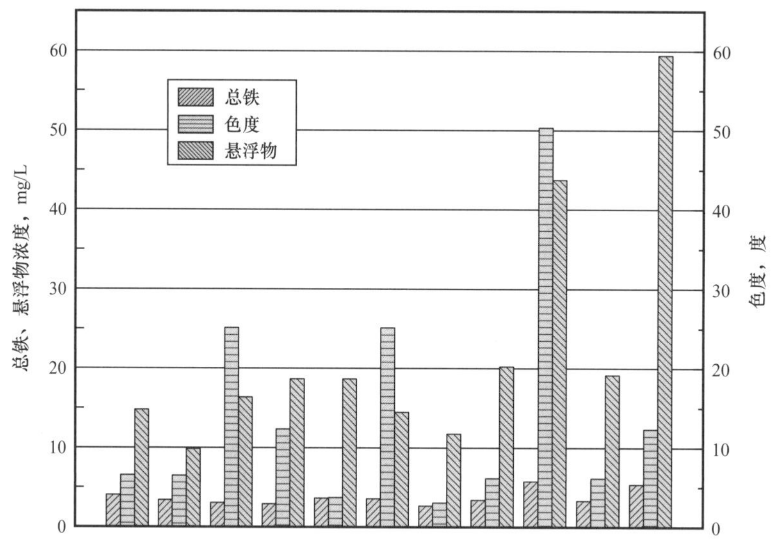


图 4-8　某 11 口页岩气井返排液悬浮物、色度、总铁含量情况

## 2. 有机物

压裂返排液中有机物很大一部分来源于配液添加的化学药剂，主要包括降阻剂、杀菌剂、表面活性剂（助排剂）、阻垢剂等。由于施工作业配液有所差异，在地层高温高压环境中还会发生变化，所以压裂返排液中的有机物成分非常复杂，难以准确分析和溯源。早期的研究主要从 COD 或 TOC 变化来对有机物进行笼统分析，随着研究的进一步深入，也逐步开始对有机物进行表征和定量分析，以开展返排液风险物质筛查，指导处理工艺设计。

1）压裂返排液 COD 变化情况

调查了长宁和威远区块压裂返排液中 COD 随返排时间变化的情况（图 4–9）。返排液中 COD 波动较大，区块间差异明显。对比威远和长宁区块 COD 的变化趋势发现，返排的前 30d 时 COD 的波动均较大，在 500～2500mg/L 时没有明显的规律可循；30～40d 时威远区块的 COD 逐渐趋于平稳，且维持在 100mg/L 左右；而长宁区域 COD 降低趋势存在延迟，30d 以后仍然维持在 500mg/L 左右，返排 800d 后基本降到 200mg/L 以下。其原因可能是长宁区块返排率普遍低于威远区块，有机物在返排过程中释放相对较缓慢。总体来说，COD 变化情况呈现前期高、后期低的趋势，表明前期返排液中有机物更多的来源于压裂液中有机添加剂及其降解产物，而后期返排液则主要体现为地层物质，所以趋于稳定。

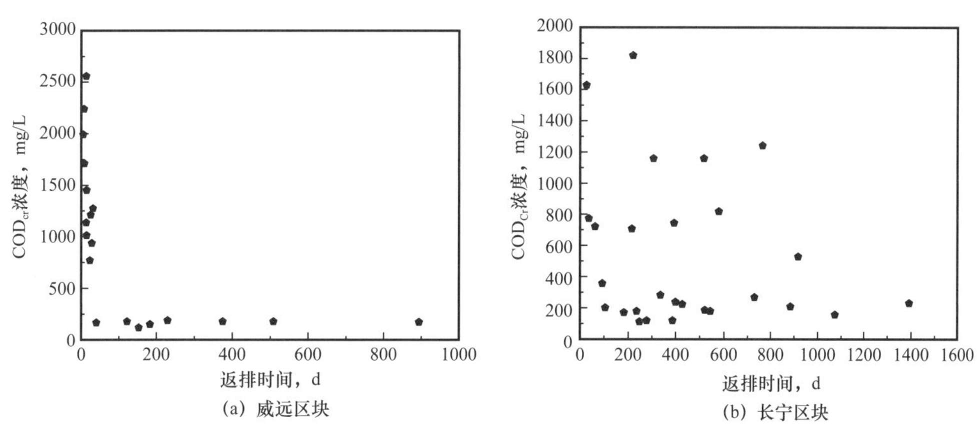


图 4–9　压裂返排液 $COD_{Cr}$ 浓度变化图

2）返排液有机物含量

通过多次对压裂返排液取样分析，压裂返排液中有机物类型主要为烷烃、醛类、醚类、醇类等，进一步研究发现返排液中有机物以 $C_8$～$C_{20}$ 直链、支链烷烃为主，占比达到 60% 以上。另外，乙二醇及其衍生物也有所发现，可能与加注表面活性剂有关。对于滑溜水体系，表面活性剂主要来源于降阻剂和助排剂，助排剂中包括一些表面活性剂和一些低分子醇。

对比添加剂含量与 COD 大小，压裂液添加剂中酰胺类聚合物降阻剂是返排液 COD 主要贡献源，其次是低分子醇类表面活性剂，这些物质在返排期间，极有可能优先排出，有机添加剂是返排初期 COD 较高的主要原因。

长宁和威远页岩气区块滑溜水压裂液体系一般加入少量酰胺类降阻剂或少量表面活性剂，基本不添加杀菌剂。以压裂液添加剂比例为基础，各添加剂对 COD 的贡献值：酰胺类聚合物 COD 贡献值为 39%～75%；低分子醇 COD 贡献值为 31%～60%。压裂液中各有机成分见表 4–1。

表 4-1 压裂液中有机组分表

| 添加剂类型 | 主要成分 | 用途 |
| --- | --- | --- |
| 生物杀菌剂 | 戊二醛 | 控制细菌 |
| 防蚀剂 | 二甲基甲酰胺 | 防止腐蚀 |
| 破胶剂 | 过硫酸铵 | 延迟凝胶聚合物的破裂 |
| 降阻剂 | 聚丙烯酰胺 | 减小管柱与流体间的摩擦 |
| 凝胶 | 瓜尔胶或羟乙基纤维素 | 稠化水来增加对砂的悬浮能力 |
| 阻垢剂 | 乙二醇 | 减少管柱结垢 |
| 表面活性剂 | 异丙醇 | 增加流体黏度 |

3）返排液有机物可生化性

从 BOD/COD（B/C）来看，返排液总体上生化性较差，在选择生物处理工艺时，需通过预处理提高可生化性，B/C 值同样呈现区块差异性，基本为 0.2～0.4。

TOC 变化规律与 COD 变化相似，但其值仅是 COD 的 0.2%～1%，说明中后期返排液水质中的 COD 仅有少量是有机物贡献的。COD 值不仅与有机物有关，还受到还原性离子含量影响，如氯离子、铁离子等。TOC 值更能客观表征有机物真实含量。统计 TOC 值随时间变化规律发现，TOC 仅在返排初期较高，最大可达 160mg/L；进入生产期，TOC 普遍在 20mg/L 以下，最低仅为 0.18mg/L。

### 3. 无机离子

返排液矿化度随返排时间变化总体呈“先快后慢”的递增趋势，区块间增长时段存在差异，主要受制于返排液在地层停留时间的影响。威远区块返排液矿化度增长迅速，返排 30d 已接近 30000mg/L，中期随时间缓慢增加，返排超过 200d 后增长非常缓慢。长宁区块返排液中氯离子含量普遍较高，随返排时间的增加趋势更加明显，且在返排的前 30d 增长迅速，随后趋于平稳，最高值接近 40000mg/L。从矿化度变化曲线可以看出，返排液矿化度随时间是一个逐步增加的过程，表明压裂液与储层的离子交换在持续进行。

压裂规模和压裂缝网复杂程度直接决定了压裂液与地层的接触面积，随压裂规模及压裂缝网复杂程度的增加，压裂液与地层离子交换强度增加，返排液矿化度增高。从跟踪研究的数据来看，返排时间最长的返排液矿化度已接近 60000mg/L。图 4-10 显示矿化度随返排时间变化的增长趋势。

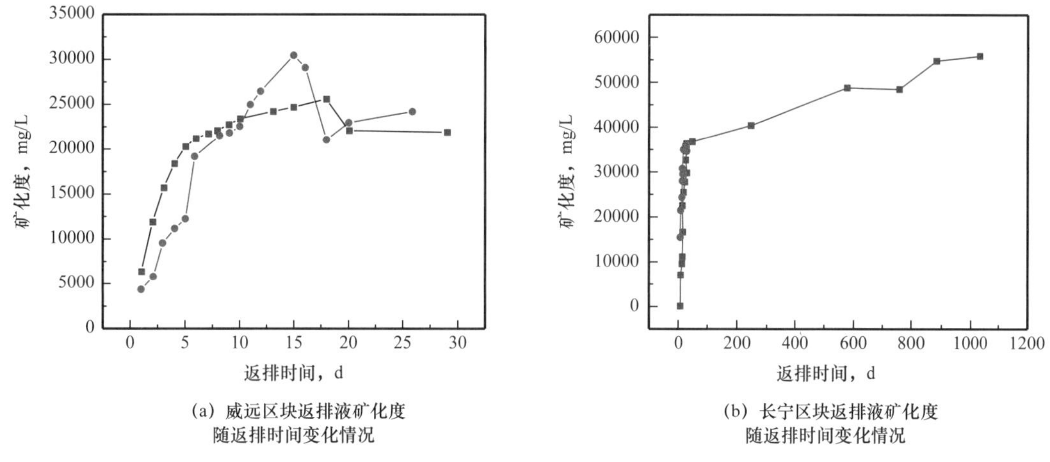


(a) 威远区块返排液矿化度随返排时间变化情况

(b) 长宁区块返排液矿化度随返排时间变化情况

**图 4-10 威远和长宁区块返排液矿化度随返排时间变化的增长趋势**

图 4-11 所示为威远和长宁区块返排液无机离子组成情况，从图 4-11 中可以看出，返排液是以 NaCl 为主的高盐水，氯离子和钠离子总和约占矿化度的 95%。矿化度主要包含 $Cl^-$、$Br^-$、$HCO_3^-$、$CO_3^{2-}$、$SO_4^{2-}$、$K^+$、$Na^+$、$Ca^{2+}$、$Mg^{2+}$、$Ba^{2+}$ 和 $Sr^{2+}$ 等离子。收集长宁区块和威远区块多口页岩气井返排液水样，实测得到各区块主要阴阳离子的含量，氯离子是构成矿化度的主要成分，其含量占矿化度的 60% 左右，其次是钠离子，占矿化度的 30% 左右。

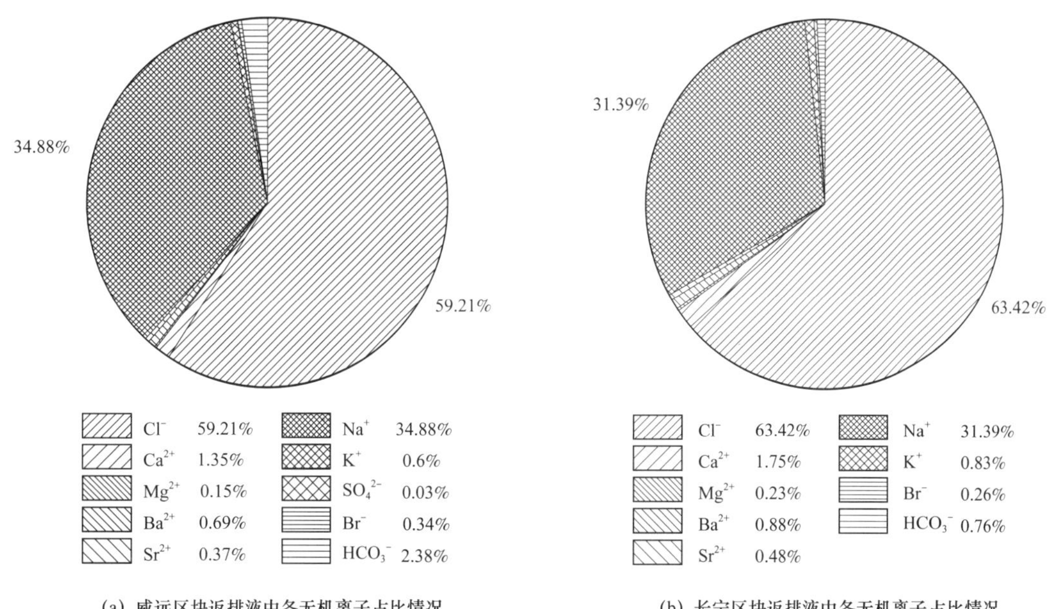


(a) 威远区块返排液中各无机离子占比情况

(b) 长宁区块返排液中各无机离子占比情况

**图 4-11 威远和长宁区块返排液无机离子组成**

从检测数据来看，返排液中成垢离子（钙、镁、锶、钡）稳定后保持在 1%~4%，在后续处理中，成垢离子须严格控制。由于钡离子的存在，硫酸根含量很低，所以返排液中大部分二价和三价金属离子主要以氯盐的形式存在，往往有较高的溶解度。当返排液返回地面后，在储存过程中由于雨水等自然水体引入，往往会增加其硫酸根含量，所以存储时间较长的返排液，其钡离子含量会有降低的情况。同时，还可能发生硫酸盐还原菌滋生。钾离子和溴离子含量稳定，一般低于 1%。

1）阳离子变化趋势

返排液中无机离子含量会随着返排时间而发生变化，图 4-12 是长宁区块某平台压裂返排液随时间的变化情况。整体上，$K^+$、$Na^+$、$Ca^{2+}$、$Mg^{2+}$、$Ba^{2+}$ 和 $Sr^{2+}$ 浓度随返排时间的延长不断增加，说明地层矿物质溶解过程在持续发生。在压裂完成的返排初期，返排液中主要金属离子的含量会随着时间的延长快速上升。

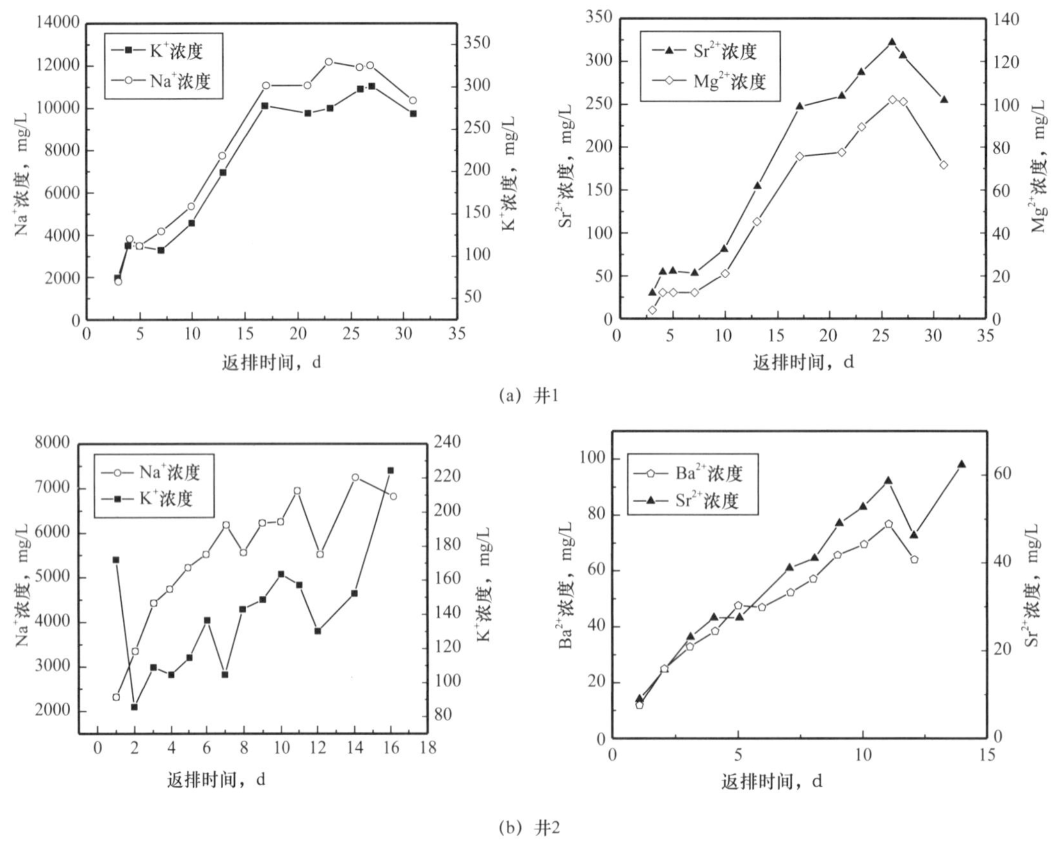


**图 4-12 某 2 口页岩气井返排液中阳离子随返排时间变化情况**

2）阴离子变化趋势

返排液中氯离子浓度随返排时间变化趋势与矿化度、主要阳离子变化情况基本一致（图 4-13）。但硫酸根浓度呈先增后减趋势，除返排初期浓度有所增长外，后期呈现逐渐下降趋势，且与钡离子浓度趋势基本相反。此类相应的变化趋势显示返排液存在硫酸盐（如硫酸钡等）结垢的风险。

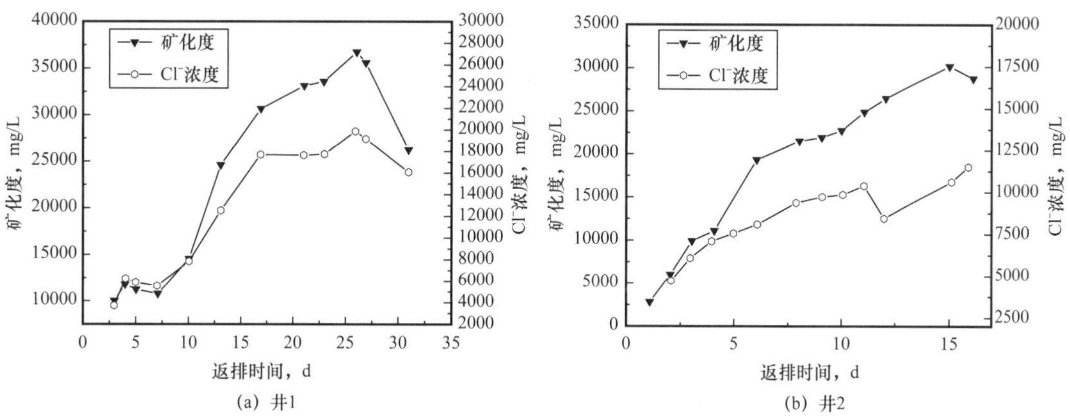


**图 4-13　某 2 口页岩气井返排液矿化度及氯离子浓度随返排时间变化情况**

对于单井来说，返排过程溴离子呈逐渐上升的趋势，大约到 160mg/L 时趋势变缓。这一趋势对于整个区块也同样适用，返排 20～30d 的时候，溴离子含量较低，保持在 60～80mg/L，随着返排天数的增加呈上升趋势，中间有波动，但最终稳定在 160mg/L 左右。

### 4. 石油类

一般情况下，页岩气压裂返排液中石油类物质含量很低，在压裂液配制和地层物质溶解中基本都不会向返排液中引入石油类。对各区块情况的总结分析显示，返排液石油类物质平均含量低于 10mg/L。但有的前期返排液水样（前 20d）中，石油类物质含量最高可达到 140mg/L，后期总体上稳定在较低水平（图 4-14）。石油类物质主要来源于钻完井结束后残留在井筒、管道等的油基钻井液残余，在返排前期被带出导致前期返排液中石油类物质含量较高。随着返排液不断冲刷井筒、管路，石油类物质会不断被带出，后期的返排液中石油类物质含量普遍较低。在作业现场，有时候钻井废水也会被引入返排液池，导致石油类物质含量增加。

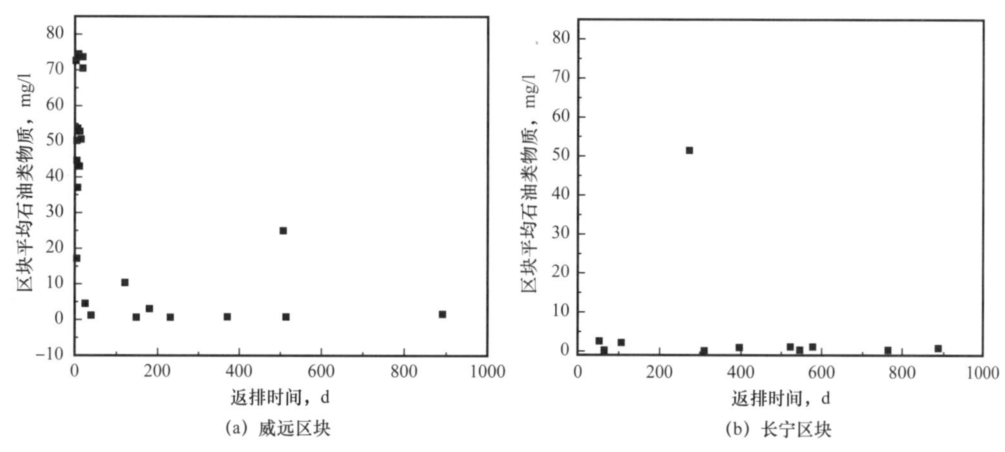


**图 4-14　返排液石油类物质随时间变化图**

压裂返排液水质因地层因素、压裂液配方、地层停留时间甚至存储条件等呈现差异性和复杂性。不同地区的压裂返排液水质可能截然不同，如美国 Marcellus 页岩区压裂返排液矿化度最高接近 300000mg/L，几乎为饱和盐水，而长宁区块和威远区块返排液矿化度普遍在 30000mg/L 以下。即便是同一区块同一层位的压裂返排液，因分析者取样时间不同，水质数据也可能呈现显著差异。这种差异性和复杂性给后续的处理处置带来挑战，也造成一个区块的返排液处理设计经验不能简单复制到其他区块。尽管返排液的水质水量特点看起来繁杂，但通过大量的数据收集，还是能总结出规律性特征，甚至建立水质指标的相互关联性，为相关标准制定和处理技术研发提供基础。

## 四、压裂返排液水质对标分析

按照 GB 8978—1996《污水综合排放标准》、DB 51/190—1993《四川省水污染物排放标准》和 GB 3838—2002《地表水环境质量标准》的规定指标，对威远某平台和长宁某平台返排液水质进行分析（见表 4–2）。根据现行污水排放控制指标，页岩气压裂返排液中存在色度、悬浮物含量、$BOD_5$、COD、氨氮、总锰、可吸附有机卤化物（AOX）、总有机碳（TOC）、氯化物和钡离子等超标的情况。研究中也对进入生产阶段的返排液进行了类似的分析，结论类似。

表 4–2　威远某平台和长宁某平台前期压裂返排液水质分析

| 指标 | 威远某平台 | 长宁某平台 | 国家污水排放标准（一级） | 四川省水污染物排放标准 | 地表水环境质量标准（Ⅲ类）基本项目标准限值 |
|---|---|---|---|---|---|
| 第一类污染物 | | | | | |
| 总汞 | 0.0999 | $6.6 \times 10^{-5}$ | 0.05 | 0.05 | 0.0001 |
| 烷基汞 | 未检出 | 未检出 | 不得检出 | 不得检出 | — |
| 总镉 | $8.5 \times 10^{-5}$ | $1.2 \times 10^{-4}$ | 0.1 | 0.1 | 0.005 |
| 总铬 | 0.0516 | 0.0144 | 1.5 | 1.5 | 0.05 |
| 六价铬 | 0.005 | 0.006 | 0.5 | 0.5 | 0.05 |
| 总砷 | $5.92 \times 10^{-3}$ | $2.38 \times 10^{-3}$ | 0.5 | 0.5 | 0.05 |
| 总铅 | $4.2 \times 10^{-4}$ | $4.77 \times 10^{-3}$ | 1.0 | 1.0 | 0.05 |
| 总镍 | $9.5 \times 10^{-4}$ | $1.49 \times 10^{-3}$ | 1.0 | 1.0 | — |
| 苯并（a）芘 | 未检出 | 未检出 | 0.00003 | 0.00003 | — |
| 总铍 | 未检出 | 未检出 | 0.005 | 0.01 | — |

续表

| 指标 | 威远某平台 | 长宁某平台 | 国家污水排放标准（一级） | 四川省水污染物排放标准 | 地表水环境质量标准（Ⅲ类）基本项目标准限值 |
|---|---|---|---|---|---|
| 总银 | 未检出 | 未检出 | 0.5 | — | — |
| 第二类污染物 | | | | | |
| pH | 6.91 | 7.61 | 6～9 | 6～9 | 6～9 |
| 色度（倍） | 128 | 64 | 50 | 50 | — |
| 悬浮物 | 632 | 193 | 70 | 70 | — |
| $BOD_5$ | 618 | 1020 | 20 | 30 | 4 |
| COD | 3680 | 3520 | 100 | 100 | 20 |
| 石油类物质 | 4.31 | 61.6 | 5 | 10 | 0.05 |
| 动植物油 | 0.56 | 0.35 | 10 | 20 | — |
| 挥发酚 | 未检出 | 未检出 | 0.5 | 0.5 | 0.005 |
| 总氰化物 | 未检出 | 未检出 | 0.5 | 0.5 | 0.2 |
| 硫化物 | 未检出 | 未检出 | 1.0 | 1.0 | 0.2 |
| 氨氮 | 93.4 | 61.3 | 15 | 15 | 1 |
| 氟化物 | 未检出 | 未检出 | 10 | 10 | 1 |
| 磷酸盐（以 P 计） | 未检出 | 0.081 | 0.5 | 0.5 | — |
| 甲醛 | 0.45 | 0.166 | 1.0 | 5 | — |
| 苯胺类 | 未检出 | 未检出 | 1.0 | 1.0 | — |
| 硝基苯类 | 未检出 | 未检出 | 2.0 | 2.0 | — |
| 阴离子表面活性剂（LAS） | 1.7 | 1.26 | 5.0 | 5.0 | 0.2 |
| 总铜 | 0.0024 | 0.00408 | 0.5 | 0.5 | 1 |
| 总锌 | 0.0457 | 0.125 | 2.0 | 2.0 | 1 |
| 总锰 | 3.06 | 0.57 | 2.0 | 2.0 | — |
| 元素磷 | 0.047 | 未检出 | 0.1 | — | 0.2 |
| 乐果 | 未检出 | 未检出 | 不得检出 | — | — |
| 对硫磷 | 未检出 | 未检出 | 不得检出 | — | — |
| 甲基对硫磷 | 未检出 | 未检出 | 不得检出 | — | — |

续表

| 指标 | 威远某平台 | 长宁某平台 | 国家污水排放标准（一级） | 四川省水污染物排放标准 | 地表水环境质量标准（Ⅲ类）基本项目标准限值 |
|---|---|---|---|---|---|
| 马拉硫磷 | 未检出 | 未检出 | 不得检出 | — | — |
| 五氯酚及五氯酚钠（以五氯酚计） | 0.0192 | 未检出 | 5.0 | — | — |
| 可吸附有机卤化物（AOX）（以Cl计） | 2.218 | 未分析 | 1.0 | — | — |
| 三氯甲烷 | 0.0131 | 未检出 | 0.3 | — | — |
| 四氯化碳 | 未检出 | 未检出 | 0.03 | — | — |
| 三氯乙烯 | 0.00192 | 未检出 | 0.3 | — | — |
| 四氯乙烯 | 未检出 | 未检出 | 0.1 | — | — |
| 苯 | 未检出 | 未检出 | 0.1 | — | — |
| 甲苯 | 0.0249 | 0.00128 | 0.1 | — | — |
| 邻—二甲苯 | 未检出 | 0.0012 | 0.4 | — | — |
| 对—二甲苯 | 未检出 | 0.0014 | 0.4 | — | — |
| 间—二甲苯 | 未检出 | | 0.4 | — | — |
| 氯苯 | 未检出 | 未检出 | 0.2 | — | — |
| 邻—二氯苯 | 未检出 | 未检出 | 0.4 | — | — |
| 对—二氯苯 | 未检出 | 未检出 | 0.4 | — | — |
| 对硝基氯苯 | 未检出 | 未检出 | 0.5 | — | — |
| 2，4—二硝基氯苯 | 未检出 | 未检出 | 0.5 | — | — |
| 苯酚 | 0.0232 | 未分析 | 0.3 | — | — |
| 间—甲酚 | 0.0187 | 未分析 | 0.1 | — | — |
| 2，4—二氯酚 | 未检出 | 未检出 | 0.6 | — | — |
| 2，4，6—三氯酚 | 未检出 | 未检出 | 0.6 | — | — |
| 邻苯二甲酸二丁酯 | 0.0328 | 未检出 | 0.2 | — | — |
| 邻苯二甲酸二辛酯 | 未检出 | 未检出 | 0.3 | — | — |
| 丙烯腈 | 未检出 | 未检出 | 2.0 | — | — |
| 总硒 | $8.1\times10^{-4}$ | $5.3\times10^{-4}$ | 0.1 | — | — |
| 总有机碳（TOC） | 78.3 | 94.7 | 20 | — | — |

续表

| 指标 | 威远某平台 | 长宁某平台 | 国家污水排放标准（一级） | 四川省水污染物排放标准 | 地表水环境质量标准（Ⅲ类）基本项目标准限值 |
|---|---|---|---|---|---|
| 其他 | | | | | |
| 氯化物 | 19000 | 16000 | — | 300 | — |
| 黄磷 | 0.027 | 未检出 | — | 0.1 | — |
| 甲醇 | 未检出 | 未检出 | — | 5 | — |
| 水合肼 | 0.19 | 0.003 | — | 0.1 | — |
| 吡啶 | 未检出 | 未检出 | — | 1.0 | — |
| 钒 | 未检出 | 未检出 | — | 1.0 | — |
| 钡 | 204 | 180 | — | 2.0 | — |
| 矿化度 | 31900 | 27500 | — | — | — |
| 硼 | 29.4 | 39.6 | — | — | — |
| 溴 | 116 | 67.4 | — | — | — |

注：除 pH 和色度外，其余项目单位均为“mg/L”，“—”表示标准未作规定。

尽管当前国家污水综合排放标准中尚无“总矿化度”或“氯离子”方面的规定，但 DB 51/190—1993《四川省水污染物排放标准》限定氯化物的最高允许排放浓度一级至五级分别为 300mg/L、350mg/L、400mg/L、500mg/L 和 600mg/L。根据四川省环境保护厅 2013 年 12 月《关于〈四川省水污染物排放标准〉（DB 51/190—1993）执行原则的通知》，“氯化物、黄磷、甲醇、水合肼、吡啶、钒、钡、云母渣 8 项污染物排放标准包含在本标准中”。实际上，在四川省内建成或在建的返排液达标处理工程，其排放水质均是按照《地表水环境质量标准》Ⅲ类标准进行要求。可见，氯化物或与之关联的矿化度（或总盐量、总溶解固体等）是气田水处理的重点污染物之一，从技术手段来说更是难点。

国外在页岩气压裂返排液环境风险管理中，还提出应关注对页岩气开发区域水域溴离子浓度进行监测和关注。就国内外的水处理现状，目前及今后很长一段时间内，饮用水进入用户终端的消毒处理工艺仍然以加氯为主。氯不仅能起到杀灭细菌作用，还会与水中天然存在的有机物起取代或加成反应而生成各种卤代物（或称氯代消毒副产物）。近年来，氯代消毒副产物对人体的毒副作用得到了广泛的研究和认识，而溴代消毒副产物的致癌性和遗传毒性则是氯代消毒副产物的几十倍甚至上百倍。一般来说，溴离子是导致水中溴代副产物形成的重要无机前驱物。由表 4-2 可以看出，返排液中 $Br^-$ 浓度达到了约 29mg/L，进入生产阶段浓度更会上升至 120mg/L 以上。如果不经控制排至地表水系统，或仅仅稀释外排至地表水系统，再通过饮用水厂进入用户终端，可能存在一定的环境风险。

此外，返排液中硼含量较高，硼是人和动物、植物所必须的营养元素，微量的硼能促进碳水化合物的运输和代谢，促进细胞生长和分裂，但过量的硼会对农作物和人体产生不利影响，世界卫生组织（WHO）推荐饮用水中硼的最高含量值为0.5mg/L。根据表4–2中的分析，页岩气压裂返排液中的硼含量在29～50mg/L，在管理措施不到位造成溅失或泄漏时也可能存在一定的环境风险。

## 第三节　北美页岩气压裂返排液处置方式和处理技术

### 一、美国主要页岩区压裂返排液的处置方式

据统计，在美国页岩气开发中，涉及水管理的费用往往占整个钻完井成本的5%～15%[8]，主要用于购买清水、废水运输、存储、处理和处置等。合理的废水管理方案建立在对返排液性质、区域地理、法律规范、开发计划等的综合分析上，是结合开发现状对深井回注、回用和达标外排等最终处置去向的技术经济比较。有效的返排液管理策略不仅能节省成本、保障生产，而且还能平衡开发方、监管方、社区和环境的需求。

Barnett页岩区是美国最早规模化开发页岩气的区域。该页岩气区返排液总悬浮固体（TSS）较低；矿化度和氯离子含量会随返排时间不断增加，可分别从初期的50000mg/L和25000mg/L增加到气井寿命晚期的140000mg/L和80000mg/L[8]。出于经济性和可利用性考虑，回注是Barnett页岩区压裂返排液主要的处置方式。但是，得克萨斯州石油和天然气行业管理部门——得克萨斯州铁路委员会（Railroad Commission of Texas）鼓励油气开发企业进行压裂返排液回用实践以减少水资源的消耗[9]。

Marcellus页岩区拥有北美资源量最大的页岩气藏，截至2016年10月，其主要开发区域宾夕法尼亚州共有7109口页岩气井[10]。就水质情况，压裂施工完成后收集的返排液矿化度为40000～90000mg/L，生产过程中返排液则高达120000mg/L以上。从2009年到2013年几种主要处置方式的变化趋势见表4–3。这段时间内，返排液回用比例从15%～20%增加到约90%，主要应用于新井的钻、完井[11]。由于宾夕法尼亚州仅有7口符合要求的回注井，运送到外州的费用提高了Marcellus页岩区压裂返排液的回注成本，因此回注不是该地区返排液处置的主要方式。市政污水厂处理后外排（由于市政污水处理厂对矿化度几乎没有处理效果，实质上是稀释外排）从78%～85%迅速降低到1%以下，主要是该州应对页岩气开发下的水环境

管理形势出台了更为严重的污水排放标准，如要求矿化度低于 500mg/L，氯离子浓度低于 250mg/L，硫酸根离子浓度低于 250mg/L，钡离子低于 10mg/L，锶离子低于 10mg/L 等。

表 4-3 Marcellus 页岩区压裂返排液和产出水处置方式（2009—2013 年）[11]

| 处置方式 | 返排液，% | | 产出水，% | |
|---|---|---|---|---|
| | 2009 年 | 2013 年 | 2009 年 | 2013 年 |
| 回用 | 21.3 | 26.8 | 15.3 | 75.1 |
| 集中处理后回用 | 0.0 | 70.1 | 0.0 | 12.8 |
| 回注 | 0.2 | 2.7 | 0.7 | 12 |
| 市政污水处理后排放（稀释外排） | 78.5 | 0.4 | 84 | 0.1 |

Fayetteville 页岩区的产量从 2009 年开始稳步增长，至 2010 年共完井 3017 口[13]。相比较其他页岩区，该区域压裂返排液矿化度较低，一般在 10000～20000mg/L。尽管如此，该区压裂返排液主要通过回注处置。

Haynesville 页岩区位于路易斯安那州北部和得克萨斯州东部。该区压裂返排液呈现高矿化度、高氯离子、高总悬浮固体的特点，化学结垢趋势也很高。较差的水质使返排液不适合处理后回用，因此主要采用回注处置。

## 二、美国页岩气压裂返排液主要处理技术

压裂返排液处置途径是基于返排液水质水量特征、地理位置、环境条件、法律法规、经济社会发展水平等的综合选择，处理技术则是从处置途径出发确定的处理目标和工艺流程。由于返排液回注仅需要少量甚至几乎不需要处理，这里从处理回用和处理外排角度对主要处理技术进行介绍。

压裂返排液水质中通常含有一系列影响回用的成分，其主要技术障碍是化学添加剂（例如减阻剂、交联剂等）效果、结垢、微生物活动、储层伤害等。对于不同的油服公司和开发实际，压裂配液最低水质要求存在一定的区别，主要是因为压裂液体系和采用的化学添加剂的不同。对于滑溜水体系，返排液中的氯离子、金属离子（如钙、镁、铁）等对减阻剂效果存在影响，所采用的减阻剂耐盐耐硬度能力的水平直接决定了一些配液水质要求[10]；交联冻胶压裂时，由于瓜尔胶交联要求配液中金属离子浓度更低，并且当采用硼酸盐做交联剂时还需控制总硼含量和压裂液碱度等。此外，微生物例如硫酸盐还原菌的活动不仅会产生生物结垢，加剧腐蚀风险，在瓜尔胶压裂中还会消耗瓜尔胶而影响压裂液体系稳定性。因此，返排液回用水质标准必须紧

密结合生产中压裂液体系而定，其中研发耐盐耐硬度的减阻剂是返排液回用技术的重要组成部分。

返排液处理回用技术取决于返排液水质水量特点和压裂液配液水质要求。表4–4列出了国内外部分油气田企业的滑溜水最低配液水质标准。哈里伯顿[11]总结在Marcellus页岩区的实践，在井场现场处理回用情况下，一般需去除总悬浮颗粒，建议化学沉淀去除总钡和总锶，然后与清水混合稀释配液即可满足压裂要求；而在Haynesville页岩气区，常采用以下处理回用流程[13]：

（1）双氧水或次氯酸盐等氧化去除铁、细菌和高分子有机物；

（2）混凝絮凝沉降去除悬浮固体或化学软化；

（3）过滤使悬浮固体粒径小于25μm；

（4）投加阻垢剂。

**表4–4 国内外部分油气公司滑溜水配液水质标准**

| 水质指标 | Range Resources公司 | Chesapeake Energy公司 | Shell 四川公司 | 中国石化涪陵页岩气田 |
|---|---|---|---|---|
| 总钙、镁、钡、锶（mg/L） | 总钙＜4200<br>总镁＜488<br>总钡＜39 | ＜10000 | 总钙＜100<br>总镁＜4100 | 总钙＋总镁为500 |
| 矿化度（mg/L） | ＜26000 | ＜30000 | $Cl^-$＜30000 | — |
| 总铁（mg/L） | — | ＜10 | ＜8 | — |
| pH | 6～9 | — | — | 5.5～8.5 |
| TSS（mg/L） | ＜1500 | — | 浊度＜100NTU | 50 |
| 细菌（个/mL） | ＜$10^4$ | ＜$10^3$ | ＜$10^3$ | 硫酸盐还原菌为0；<br>腐生菌为25；<br>铁细菌为25 |
| $SO_4^{2-}$（mg/L） | ＜124 | ＜200 | ＜500 | — |
| $HCO_3^-$（mg/L） | — | ＜400 | ＜600 | — |
| 总硅（mg/L） | — | ＜1 | — | — |
| $S^{2-}$（mg/L） | — | — | ＜0.5 | — |
| 石油类物质（mg/L） | ＜4.6 | — | — | 0 |

注：“—”表示暂无规定或信息不明；Shell四川公司数据为洞202井压裂施工资料；中国石化数据来源于中国石化江汉油田在涪陵页岩气田开发资料。

对于处理回用技术和装置方面，目前进入商业化推广阶段的技术装置有哈里伯顿公司开发的移动式CleanWave™水处理系统，采用水质调节—电絮凝工艺—精细过滤

等工艺流程，处理流量可达 $4m^3$/min，可去除 99% 的总悬浮固体和 99% 的总铁含量，适应总溶解固体含量在 100～300000mg/L 的进水水质，与该公司 CleanStream™ 紫外杀菌工艺设备联用，可形成页岩气压裂返排液处理回用的全套技术解决方案，已在 Haynesville 页岩区等进行了工程应用。威立雅公司提供的 Multiflo 技术可同时完成悬浮颗粒去除和化学软化，处理流量可达 $4.5m^3$/min，出水硬度小于 20mg/L，浊度小于 10NTU，符合大多数处理回用实际需求，该公司一直致力于在 Marcellus 等页岩区推广应用。

在页岩气规模化开发的背景下，回用压裂返排液一方面可通过减少废水运输和处置降低企业生产运营成本，另一方面加强了水资源的高效利用，对区域水资源和水环境有正面效应，实现企业利益和社会责任双赢的废水管理路线。作为油公司，往往需要在选用耐盐耐硬度减阻剂或处理返排液以降低硬度等不利于回用的水质因素间选择。近年来，由于油田化学领域的进步使得耐盐耐硬度减阻剂更廉价易得，实际上在开发中油公司很少选择处理返排液的技术方案，尤其是在滑溜水作为主要的压裂液体系时。根据美国能源部阿贡国家实验室（Argonne National Laboratory，ANL）2011 年对 Marcellus 页岩区部分开发公司的调研，以 Range Resources 为例：该公司以 100% 回用压裂返排液为目标，返排液经澄清和简单过滤去除悬浮颗粒后用清水稀释可达到压裂施工要求（图 4–15）；从产气情况来看，回用返排液压裂效果和清水压裂相当，没有出现压裂液体系不稳定和结垢、细菌影响产气的情况；2009 年全年该公司回用压裂液累计节省 320 万美元，17% 以上的页岩气井施工回用返排液，其中包含 25 口高产井中的近一半。另有一些油气开发水服务公司，如 HydroRecovery 公司，在宾夕法尼亚州中部等地建立了集中处理站，接纳各油气公司的返排液，通过“混凝 / 絮凝—沉淀—过滤”的流程去除总悬浮颗粒后，储存于防腐水罐，再提供给各油气公司回用压裂施工，处理设施如图 4–16 所示。

返排液处理外排的主要技术难点在于去除氯离子（即脱盐工艺）。一般来说，脱盐处理的难度和成本随着 TDS 含量的增加而增加。反渗透工艺是一种广泛用于高纯工业用水制备和海水淡化等的脱盐技术，也在压裂返排液脱盐处理中得到了应用。早在 2008 年，美国 Newfield Exploration Mid–Continent Inc. 在 Woodford 页岩区进行了现场试验，采用自然沉降、过滤、高级氧化法、电沉降法等去除颗粒物、有机物和部分二价金属阳离子后进入橇装式反渗透处理装置（处理量约 $11.9m^3$/h）；经处理后返排液的矿化度从 13833mg/L 降至 128mg/L，淡水回收率达到 75%，单位进水量的处理成本低于该区域返排液回注总成本[14]。但是，一般认为，当进水矿化度超过 40000mg/L 时，由于膜组件耐压限制等因素，反渗透技术并不适用或者经济性较差[14]。也有研究指出，由于返排液水质随时间变化较大，而反渗透工艺更适合水质较稳定的情况，在运行上将会有很高要求[16]。

图 4-15　压裂返排液回用前的过滤预处理

(a) 注入并计量

(b) 处理构筑物

图 4-16　HydroRecovery 公司在 Marcellus 页岩区的返排液集中处理中转站

经过长期的工艺比选，当矿化度在 40000～120000mg/L 时，机械蒸汽再压缩蒸发（Mechanical vapor recompression，MVR）脱盐工艺表现出了较好的处理效果和稳定性。该技术将需要冷凝的二次蒸汽通过压缩机压缩再次利用以替代新鲜蒸汽作加热源，回收了潜热，提高了热利用效率，降低了蒸发成本。此外，该工艺不需另设冷却塔，减少了占地面积，能进行橇装式运行；与结晶器联用时能做到盐水零排放，并回收氯化钠以节省工艺成本。美国 Aqua-pure 公司的 NOMAD 2000 蒸发装置使用该项技术，已在一些压裂液处理工程中推广应用，提供同类型产品的还有 GE Water & Process，Aquatech 等公司。2010 年，美国燃气技术研究院（Gas Technology Institute，GTI）联合戴文能源公司（Devon Energy Corporation）等在 Maggie Spain 水处理厂以 MVR 蒸发脱盐工艺为核心进行了页岩气压裂返排液处理外排现场试验，其主要工艺流程如图 4-17 所示，解析如下：

（1）快混池：投加 NaOH 溶液提升进水 pH 至 10 以上，促进 $Mg^{2+}$、$Fe^{2+}$ 和 $Ca^{2+}$

形成沉淀物，间或投加高分子聚合物（助凝剂，如聚丙烯酰胺等）加速颗粒聚集长大。

（2）斜板沉降池：去除快混池出水中的悬浮颗粒（或絮体），石油类物质通过絮体裹挟而除去。试验中，快混池和斜板沉降能去除约 90% 的悬浮颗粒、超过 90% 的总铁和超过 90% 的石油类物质。

（3）pH 调节池：调节 pH 至 4，稳定 $Ca^{2+}$ 等不在 MVR 蒸发器中形成晶体垢。

（4）MVR 蒸发器：MVR 蒸发器前置防沫剂和缓蚀剂投加装置，进入蒸发器前还须通过袋式过滤器精滤。

在 60d 稳定运行中，3 台 MVR 蒸发器总处理量为 954～1194m³/d，淡水回收率达到 72.5%，进水综合处理成本约 25.2 美元 /m³，返排液矿化度从约 50000mg/L 降低至出水约 171mg/L，其他主要污染物如苯系物去除率为 95% 以上，钡离子和硼离子去除率超过 99%。但是，TOC 和氨氮平均值分别达到 22mg/L 和 68mg/L，高于 GB 8978—1996《污水综合排放标准》中的相应限值（分别为 20mg/L 和 15mg/L）。可见，即便是行业先驱——美国燃气技术研究院的这部分工作也未能实现页岩气产出水的处理达标外排。

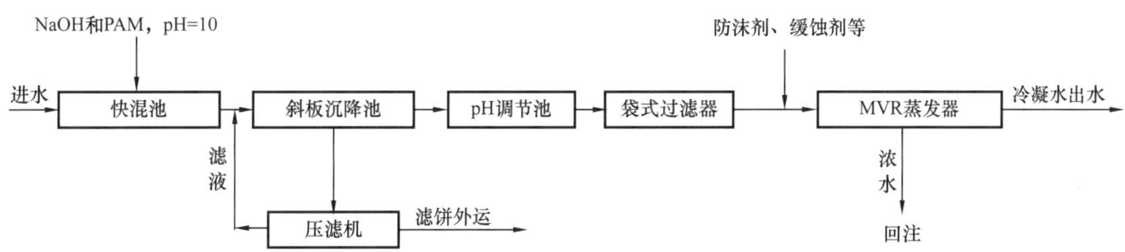


图 4–17 Maggie Spain 水处理厂处理页岩气压裂返排液外排工艺流程

此外，低能耗、高效率的正渗透膜（Forward Osmosis，FO）技术越来越得到学术界和工业界的重视，北美已有研究开始探索其应用于页岩气后期返排液脱盐处理的可行性[17]；膜蒸馏技术（Membrane distillation，MD）作为近十年来迅速发展的一种新型高效膜分离技术，应用于 TDS 含量在 120000mg/L 以上的高盐水脱盐处理时被认为具有显著优势，但目前尚未有工程应用报道。

北美的工业实践表明，废水处理的理论和技术是系统成熟的，返排液处理的关键在于结合实际合理选择经济有效、占地面积小、处理速度快的工艺流程和技术。

## 三、结论

通过以上分析，可以明确：

（1）在美国页岩气开发中，回注和回用是压裂返排液主要的处置方式，没有处理达标外排的成功工业实践。具体到某一区域或者某一平台，处置方式需要结合包括回注距离、回注容量、回用压裂需求、环保监管等多方面因素进行合理选择。

（2）废水处理的理论和技术是系统的，并在不断进步中，返排液处理的关键在于结合处理对象和最终处置去向选择经济有效、占地面积小、处理速度快的工艺流程和技术。

# 第四节　返排液回用处理技术

## 一、压裂返排液回用现状

页岩气压裂过程中需要消耗大量水，在川南页岩气开发初期，返排液大部分重新回用于压裂液配制，但返排液中部分污染物会对压裂液性能产生影响。表 4–5 列出了回用控制指标的主要影响以及常用的去除工艺。为避免引起堵塞，返排液中悬浮物须尽可能去除。同样，$Ca^{2+}$、$Mg^{2+}$、$Ba^{2+}$ 和 $Sr^{2+}$ 在返排液中含量较高，为防止结垢应引起注意。此外，若铁细菌和硫酸盐还原菌大量繁殖也会严重影响压裂液性能。

表 4–5　压裂返排液回用主要污染物的影响及去除方式

| 污染物 | 主要影响 | 去除方式 |
| --- | --- | --- |
| 悬浮物 | 引起堵塞 | 沉降或过滤 |
| 钙离子 | 结垢 | 水质软化 |
| 镁离子 | | |
| 锶离子 | | |
| 钡离子 | | |
| 硫酸根 | 结垢和微生物滋生 | 氧化、沉降或过滤 |
| 含铁胶体 | 堵塞和微生物滋生 | 氧化、沉降或过滤 |

压裂返排液的回用水质主要需要保证压裂液的性能并防止堵塞，不同的压裂液公司对于回用水质的要求不同，往往难以完全统一。针对这一问题，2015 年国家能源局页岩气标准化技术委员会发布了行业标准 NB/T 14002.3—2015《页岩气　储层改造　第 3 部分：压裂返排液回收和处理方法》（表 4–6），对回用配液水质作出了统一推荐。

表 4–6　回用水推荐水质主要控制指标

| 项目 | 水质要求 |
| --- | --- |
| 总矿化度，mg/L | ≤20000 |
| 总硬度，mg/L | ≤800 |

续表

| 项目 | 水质要求 |
| --- | --- |
| 总铁，mg/L | ≤10 |
| 悬浮固体含量，mg/L | ≤1000 |
| pH 值 | 6～9 |
| SRB，个 /mL | ≤25 |
| IB，个 /mL | $\leqslant 10^4$ |
| TGB，个 /mL | $\leqslant 10^4$ |
| 结垢趋势 | 无 |
| 配伍性 | 无沉淀，无絮凝 |

回用返排液时，为达到水质标准，在返排初期一般通过大量新鲜水稀释的方法改善返排液回用的水质（图 4–18），整个回用流程中并未引入水处理环节。但随着页岩气开发过程的不断深入，返排液量越来越大，处于返排阶段的页岩气井数量越来越多，这种粗放的页岩气返排液再利用模式逐渐显现出其弊端：首先，不断回用的返排液中，由于影响因子未进行有效去除，水质条件越来越差，导致重新回用时可能需要引入更多的新鲜水进行稀释，或需要采用更耐盐耐硬度的压裂液配方；其次，返排井数量和返排液量越来越多，难以及时回用或有效处置，需建造更多返排液暂存池。但大规模暂存给环保管控和协调管理都带来挑战。

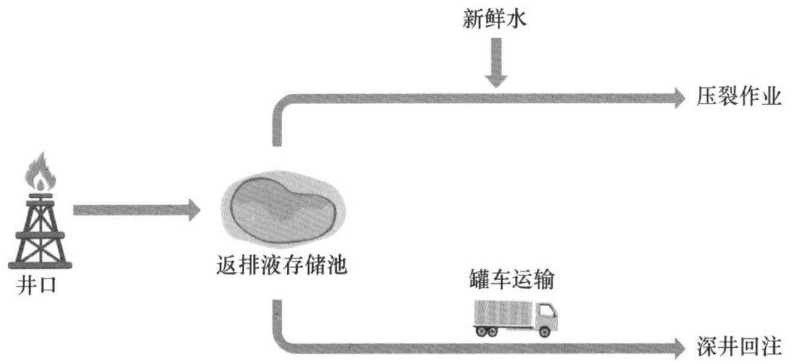


图 4–18　以稀释为主返排液利用模式

页岩气开发企业逐渐意识到以新鲜水稀释返排液回用模式的弊端，要从根本上优化水管理模式，应引入水处理环节，既能保证返排液回用水质，也能减少资源消耗。优化后的返排液处置模式应该是在引入经济高效的水处理环节基础上，通过回用、回注和达标外排合理结合所形成的技术和管理方式。图 4–19 所示为以水处理为主返排液处理模式。

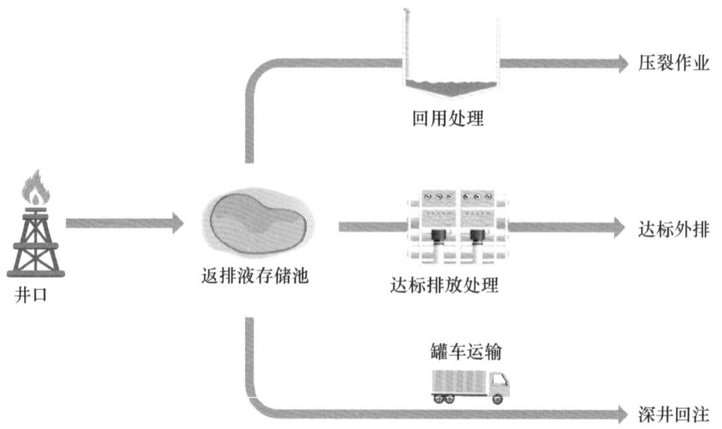


图 4-19　以水处理为主返排液处置模式

## 二、压裂返排液回用处理工艺

压裂返排液回用处理依照推荐水质标准，其处理工艺一般由氧化—固液分离—软化—脱盐四个环节构成，根据具体水质情况和回用要进行取舍和选择。川南页岩气压裂返排液一般通过氧化、过滤处理后直接进行回用，少数情况会对返排液进行软化处理，一般不需要进行脱盐处理（图 4-20）。

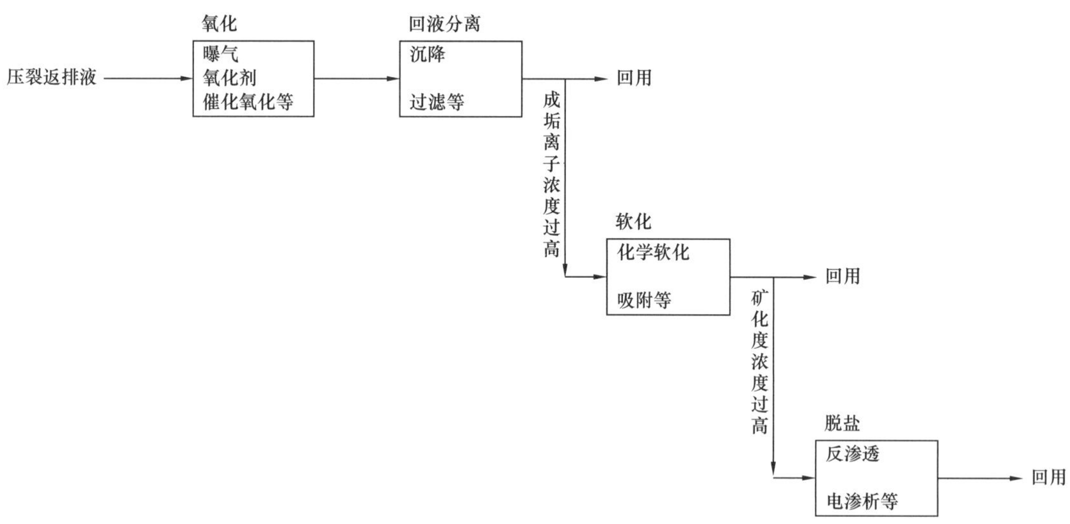


图 4-20　压裂返排液回用工艺设计思路

### 1. 氧化

溶解态的亚铁离子和微生物直接回用会对压裂液的性能产生影响，通过氧化工艺能够快速有效地将其去除，所以回用处理模式中，常常将氧化单元作为预处理的首要环节。氧化过程能够转化返排液中还原性物质，同时抑制细菌滋生。如“黑水”主要由硫化亚铁分散于液相形成的，防治措施可从氧化其中亚铁离子入手，压裂返排液从地下缺氧环境回到地面，在与氧气充分接触的情况下，$Fe^{2+}$ 会通过以下反应逐渐氧化并生成 $Fe(OH)_3$ 胶体：

$$4Fe^{2+}+O_2+8OH^-+2H_2O \rightarrow 4Fe(OH)_3$$

Morgan 等人[15]研究指出，当 pH 在 5～8 时，$Fe^{2+}$ 氧化过程可近似用以下公式来描述：

$$-\frac{d\left[Fe^{2+}\right]}{dt}=k\left[Fe^{2+}\right]\left\{OH^-\right\}^2 P_{o_2} \tag{4-1}$$

式中　$[Fe^{2+}]$——亚铁离子浓度，mg/L；

$t$——时间，min；

$\left\{OH^-\right\}$——$OH^-$ 活度，mg/L，可根据 $\left\{OH^-\right\}\approx 10^{-(14-pH)}$ 估算；

$k$——动力学常数，$L^2 \cdot mol^{-2} \cdot atm^{-1} \cdot min^{-1}$；

$P_{o_2}$——氧气分压，atm。

同一时间和地点，氧气分压（$P_{o_2}$）为定值；现场监测结果显示，$Fe^{2+}$ 氧化过程中 pH 几乎没有变化，即 $\left\{OH^-\right\}$ 也可认为不变。因此同一时间和地点下，上述公式可表示为：

$$-\frac{d\left[Fe^{2+}\right]}{dt}=k'\left[Fe^{2+}\right] \tag{4-2}$$

即 $Fe^{2+}$ 的氧化可近似认为为一级反应。进一步推导，

$$\frac{d\left[Fe^{2+}\right]}{\left[Fe^{2+}\right]}=-k'dt \tag{4-3}$$

$$\left[Fe^{2+}\right]_t=\left[Fe^{2+}\right]_0 e^{-k't} \tag{4-4}$$

式中　$[Fe^{2+}]_t$——时间 $t$ 状态下的 $Fe^{2+}$ 浓度（或总铁浓度）；

$[Fe^{2+}]_0$——初始状态下的 $Fe^{2+}$ 浓度（或总铁浓度）。

为验证上述动力学过程，取不定积分形式：

$$\ln\left[Fe^{2+}\right]=-k't+C \tag{4-5}$$

在气温约 30℃条件下进行搅拌供氧，采用 0.45μm 滤膜过滤后，测量返排液中溶解态总铁含量。试验过程中返排液 pH 稳定在 6.8 左右，根据公式，反应过程以溶解

态 $Fe^{2+}$ 为主。溶解态 $Fe^{2+}$ 含量随时间的变化情况，以及 ln［$Fe^{2+}$］随 $t$ 拟合的拟合曲线如图 4–21 所示。

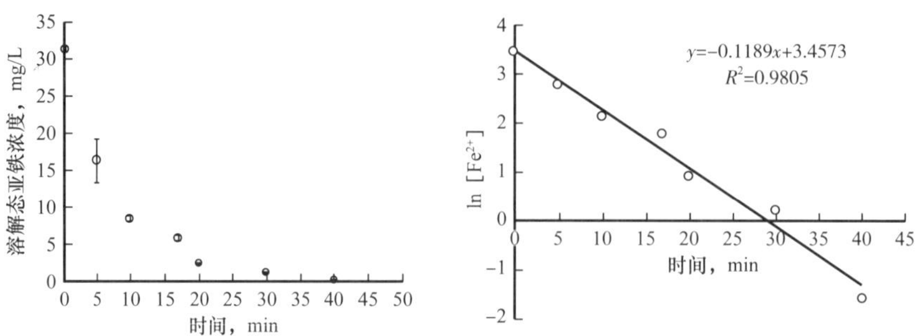


图 4–21　氧化过程中溶解态亚铁浓度随时间变化及压裂返排液氧化过程中拟合图

试验结果显示，当地试验条件下，供氧充足时，20min 内约 92% 的 $Fe^{2+}$ 氧化成非溶解态的 $Fe(OH)_3$，40min 后即可反应至检测线以下。对于返排液中亚铁离子，通过曝气即可达到氧化的效果，在实际应用中，可将曝气作为回用处理的前端环节。但由于返排液本身水质波动较大，可能含有更为复杂的有机物等污染物，为提高氧化效率，也有在工艺中通过投放氧化剂或催化氧化等其他氧化单元。

### 2. 固液分离

固液分离环节主要是去除返排液中悬浮物，返排液中悬浮颗粒除各种杂质外，主要是含铁胶体。在管路运输、液相存储过程中，液体中较重的部分会自然沉降，如压裂过程添加的支撑剂，而直径小于 1μm 的悬浮颗粒具有“分散颗粒的稳定性”，在返排液中长期处于分散悬浮的状态，形成稳定的胶体，该部分胶体是重新配制压裂液过程中最易影响压裂效果的杂质。在返排液水质较好的情况下，可通过低于 10μm 的过滤单元去除其中主要悬浮物后，进行回用。更为广泛的处理工艺是采用传统的混凝沉降单元，悬浮物的去除率能达到 90% 以上。

混凝沉降工艺在返排液回用处理中应用较多，累计了大量和实际运行的数据。混凝沉降能够有效地降低返排液中的浊度、色度等，处理过程是在水流搅动下，将混凝剂均匀地分散到返排液中，其中的胶体与混凝剂发生凝聚反应，返排液中混凝剂的加量一般为 40～80mg/L，水流速度梯度控制在 400～800$s^{-1}$。混凝剂和返排液混合后进入絮凝反应池，絮凝剂加量一般在 0.2～1mg/L，应控制水流的平均速度梯度约为 40$s^{-1}$，小试中反应过程和沉降过程均可在 10min 内完成，但在实际运行中反应时间和沉降时间大大增加。

返排液中的悬浮颗粒经过混凝处理后，形成较大的絮体，这些絮体在重力作用下与液相分离，通常采用斜板沉降工艺进行处理。由于川渝地区页岩气产区多在丘陵

地带，无法使用大面积的沉降池，一般使用橇装上流式斜板沉淀池。最终沉降后返排液的固体悬浮物小于10mg/L，浊度小于10NTU。此外，硫酸盐还原菌经分析在检测限以下，从源头降低了返排液储存期间变黑的情况。实际验证，经处理后返排液放置30d之后，仍保持澄清状态，未发生“变黑发臭”现象。粒径分析出水悬浮固体颗粒粒径均在10μm以下（图4–22）。

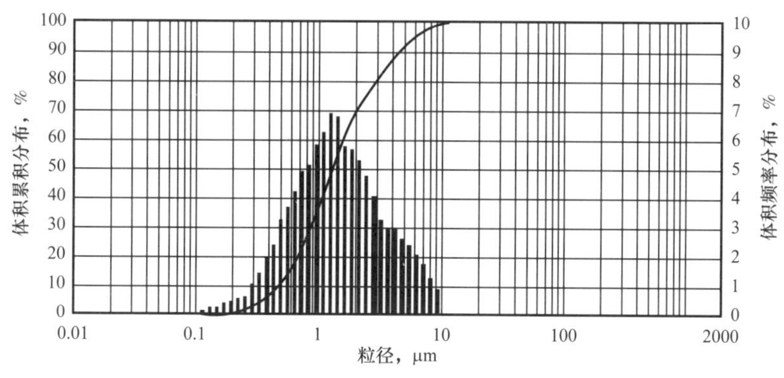


图4–22 混凝处理后粒径分布

此外，一般的处理过程通常采用化学混凝脱稳，但也有采用电混凝替代化学混凝的研究和应用。同时，为进一步减少水力停留时间以减小装置占地面积，可采用“磁分离”技术，增加絮体密实度，以实现高效固液分离。但目前，这些工艺还未在国内页岩气行业大规模推广。

### 3. 软化

压裂返排液中成垢离子对压裂液性能影响较大，且容易发生结垢。返排液回用推荐水质标准对总硬度作出了限制，并要求水质无结垢趋势，所以根据返排液原水水质，在需要的情况下回用处理应设置软化单元。水质软化处理方法包括化学软化、离子交换法、纳滤法等，但对于返排液，目前化学软化应用较为广泛。

采用依次投加碱液和苏打的方式软化处理返排液，常规软化过程主要将$Mg^{2+}$转化为$Mg(OH)_2$沉淀而去除，同时将水中的$HCO_3^-$转化为$CO_3^{2-}$进而沉淀去除水中$Ca^{2+}$，投加苏打（$Na_2CO_3$）的主要目的在于去除返排液中剩余的$Ca^{2+}$。压裂返排液中由于还存在大量的$Ba^{2+}$和$Sr^{2+}$，在化学软化过程中，各二价阳离子的沉淀过程将会比地表水或地下水软化过程更为复杂。通过数据分析投加化学药剂过程中$Ca^{2+}$、$Mg^{2+}$、$Ba^{2+}$和$Sr^{2+}$沉淀情况如图4–23所示。

通过加入碱液，pH达到10以上，返排液中$Mg^{2+}$通过形成氢氧化镁沉淀逐渐被去除，其化学反应式为：

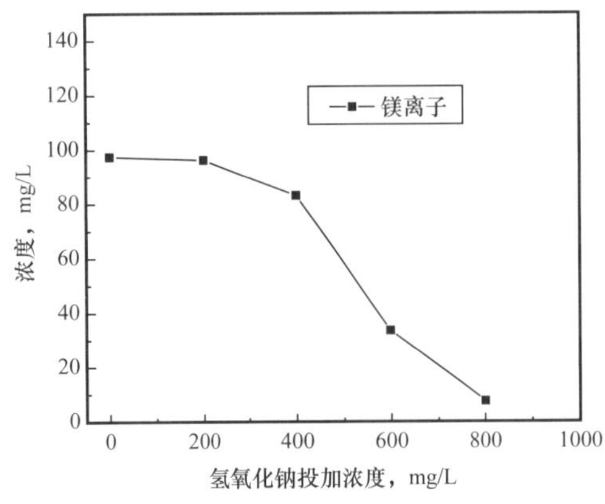

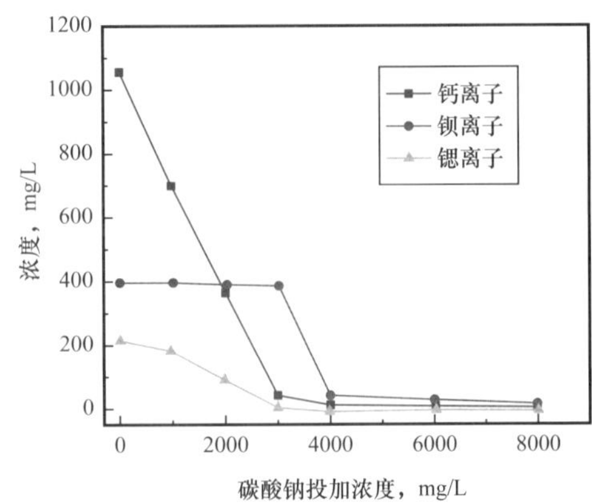


图 4-23　硬度离子浓度随碱液或碳酸钠投加量的变化

$$MgCl_2+2NaOH═Mg(OH)_2↓+2NaCl$$

后续苏打的加入过程中，钙离子、锶离子、钡离子逐渐被碳酸根沉淀去除。

$$CaCl_2+Na_2CO_3═CaCO_3↓+2NaCl$$

$$SrCl_2+Na_2CO_3═SrCO_3↓+2NaCl$$

$$BaCl_2+Na_2CO_3═BaCO_3↓+2NaCl$$

经过试验研究，所投加的 $Na_2CO_3$ 首先与 $Sr^{2+}$ 和 $Ca^{2+}$ 进行反应，其中 $Sr^{2+}$ 除直接的化学沉淀外，在水溶液中 $Sr^{2+}$ 能替代 $Ca^{2+}$ 嵌入 $CaCO_3$ 晶格，通过这种“同晶替代”的机制 $Sr^{2+}$ 进一步沉淀，从沉淀试验中发现，$Sr^{2+}$ 略微低于 $Ca^{2+}$ 开始沉淀。当 $Ca^{2+}$ 和 $Sr^{2+}$ 反应到一定程度后，$Ba^{2+}$ 会与 $Na_2CO_3$ 进行反应，最终达到软化效果。通过对返排液沉淀反应的中间沉淀固相进行分析也证实了整个沉淀过程。图 4-24 所示为返排液中化学软化形成沉淀物的 SEM/EDS 分析结果。

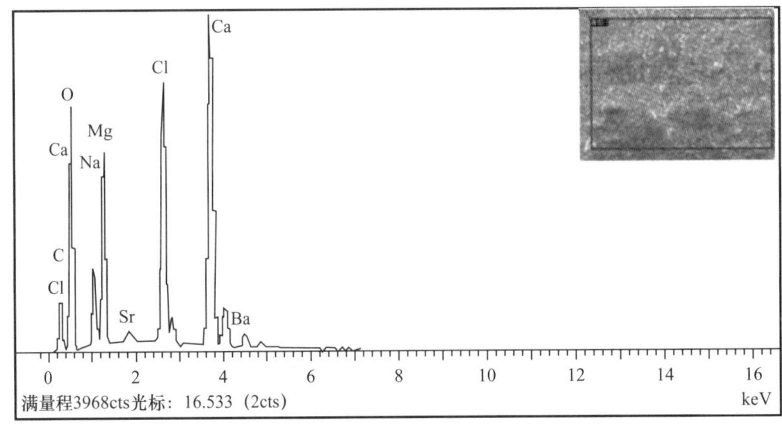


图 4-24　返排液中化学软化形成沉淀物的 SEM/EDS 分析结果

除化学软化方法外，部分工艺会选择纳滤和离子交换作为软化单元，纳滤膜能截留分子量大于200的有机物以及多价离子，允许小分子有机物和单价离子透过，可作为返排液软化技术。离子交换通常用钠离子、氢离子等阳离子交换树脂，通过阳离子交换反应去除水中的硬度离子。

与化学软化相比，这两种软化方法对进水水质要求更高。实际上在返排液回用处理软化中，较少使用该类软化方式，更多的是在高硬度的页岩气压裂返排液深度处理时，作为化学软化的补充，进一步去除硬度离子，保证后续脱盐单元的稳定运行。

压裂返排液回用处理技术主要通过氧化、澄清和软化三个环节构成。川南区域页岩气返排液总溶解固体的含量通常满足回用水质要求，一般不需要设置运行成本较高的脱盐单元。

## 三、回用处理研究及应用实例

在设计压裂返排液处理回用工艺时，需通过原水水质和配液标准限值进行比较分析确定。近年来，随着国内页岩气产业的发展，页岩气压裂返排液处理回用工艺成为行业研究热点，在各开采区域根据其返排液水质特点进行了回用处理的研究和应用。

### 1. 长宁页岩气勘探开发区返排液回用处理应用

长宁页岩气勘探开发区是国内较早的开展页岩气开发的区域。目前，返排液在回用处理方面推广应用的两套系统由中国石油西南油气田分公司安全环保与技术监督研究院和天然气研究院设计制造。

所设计的回用处理装置（图4–25）主体工艺为“曝气氧化＋（化学软化）＋混凝沉降＋过滤”（图4–26），从井口返排的液体经氧化过程，溶解态的$Fe^{2+}$能够被氧化为$Fe(OH)_3$，利于在后续单元中进行絮凝沉降。软化单元采用化学软化，与混凝单元耦合运行，在硬度离子不高的情况下未开启运行，再通过混凝沉降和过滤实现固液分离。稳定运行中，出水水质总铁含量基本小于1mg/L、固体悬浮物小于10mg/L、石油类物质小于2mg/L。该工艺流程较短，适于橇装一体化成套装置，目前已有多套装置在长宁地区进行工程应用，能够达到压裂返排液的回用水质要求。

长宁区块建设完成两个小型压裂返排液处理站（图4–27）用于试验研究，整体采用“预处理＋反渗透＋蒸发结晶”工艺，预处理主体工艺为“化学软化＋混凝沉降＋过滤”，预处理单元可有效降低返排液中悬浮物，并开展了返排液回用处理的实际应用。

### 2. 涪陵页岩气勘探开发区返排液回用处理应用[9]

涪陵页岩气田压裂规模较大，单井压裂液用水量为（3～4）$\times 10^4 m^3$，为了践行绿色清洁低碳的发展理念，构建环境友好型社会，针对返排液量较大的特点，开展

图 4-25 返排液回用处理装置

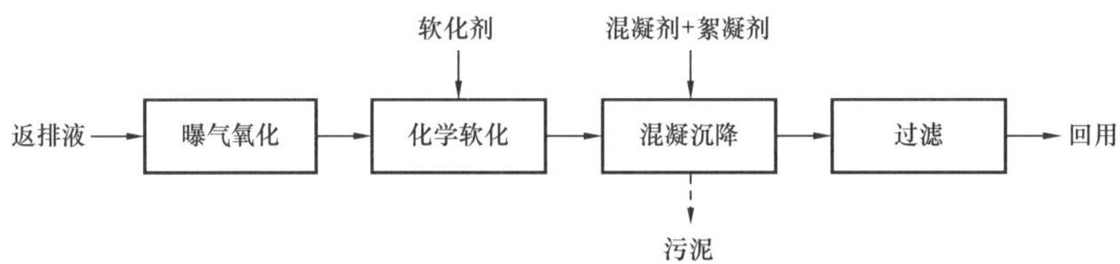


图 4-26 返排液回用工艺流程

图 4-27 压裂返排液处理站

了包括水型、矿化度、悬浮物等返排液特征，以及矿化度、pH 值、细菌等重复配液影响因素研究。建立了以 pH 值调节、絮凝沉降和杀菌的三级综合化学处理流程和标准，如图 4-28 所示。返排液处理后的核心参数为 pH 值调至 8 左右，絮凝剂浓度为 20～50mg/L，助凝剂 CPAM 加量为 3～5mg/L，杀菌剂为 100mg/L，处理时间大于 2d，该方法已在气田全面推广应用。

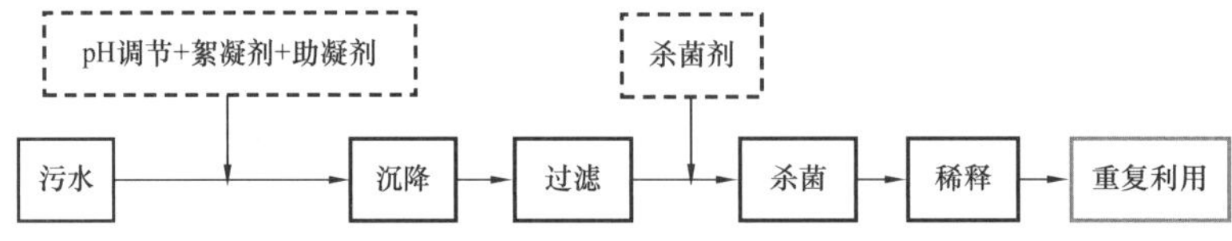


图 4-28 涪陵页岩气田开发废液三级处理流程

由于涪陵页岩气田地处山区、交通不便，为了提高废液处理效率，减少转运过程中可能出现的跑冒滴漏情况，研制了国内首套模块化压裂返排液处理装置，如图 4-29 所示。该装置采用一体化处理工艺流程，将处理工艺流程中的加药、絮凝、沉淀、过滤等工序组合在同一装置内，每小时处理水量为 20～35$m^3$。该套装置材料对水质无污染、对人体无害，处理后液体性能满足环保要求。同时，将处理后返排液用清水进行稀释后用于压裂现场重复利用，各项施工参数平稳，能够满足重复利用要求。截至 2018 年年底，已处理并重复利用钻井、压裂、采气过程中废液 $300\times10^4m^3$ 以上，重复利用率达 100%，实现了零污染、零排放。

图 4-29　涪陵页岩气田开发废液模块化处理装置

## 第五节　返排液外排处理技术

### 一、返排液外排处理工艺

在所建立的页岩气压裂返排液处理系统中，达标外排处理是最具技术难度的一个环节。在页岩气开发过程中，当需要压裂的页岩气井数量逐渐减少，同时返排液量不断增大，将面临压裂返排液的最终处置的难题。深井回注是北美地区普遍采用的处置方式，回注所需的处理要求比较简单，主要是去除悬浮物防止堵塞。根据国内页岩气开发实际情况，页岩气区块附近往往缺少足够的回注井，压裂返排液只能通过罐车远距离运输进行回注，增加了成本和安全风险，所以返排液处理外排成为重要的处置途径。目前在四川，环保监管部门正在积极制定返排液达标排放的相关标准和规范，开发企业和研究机构正在探索合理高效的返排液处理外排技术和处置模式。

返排液处理外排的技术核心是通过脱盐工艺去除液相中的盐分，脱盐技术的选择与水中盐含量密切相关，如美国 Marcellus 页岩区压裂返排液矿化度在 100000mg/L 以上甚至接近 300000mg/L，脱盐工艺偏向以蒸发技术为主，而川南地区返排液矿化度一般在 30000mg/L 以下，直接蒸发成本太高，所以脱盐工艺的选择范围更广，但工艺流程也更复杂。同时，为保证返排液脱盐工艺单元的稳定运行，在预处理中应尽可能去除对脱盐单元有影响的污染物，而返排液水质的波动性和复杂性给整个达标处理工艺流程带来了挑战。

技术难点在于如何经济有效地去除返排液盐分（即脱盐过程），同时设计可保证脱盐单元稳定运行的预处理流程，再比较脱盐后出水与排放标准要求完善后处理工艺。压裂返排液的处理外排工艺设计和运行方案确定是一项系统工程。若只着重于出水效果，或者是单项污染物去除单元的简单堆砌，或者直接膜过滤或蒸发结晶，应用时往往会出现运行不稳定、技术经济性不佳等问题，甚至有时也达不到出水要求。

在长时间的研究过程中，最终所形成的处理工艺流程一般符合三段式工艺思路，该三段处理是一个整体，从顺序上来说分为预处理、脱盐处理和出水深度处理三个部分（图 4–30）。但返排液的水质特殊性，同时建立了优化运行评价方法，能根据返排液水质的变化调整运行参数，以达到最优化的处理效果。

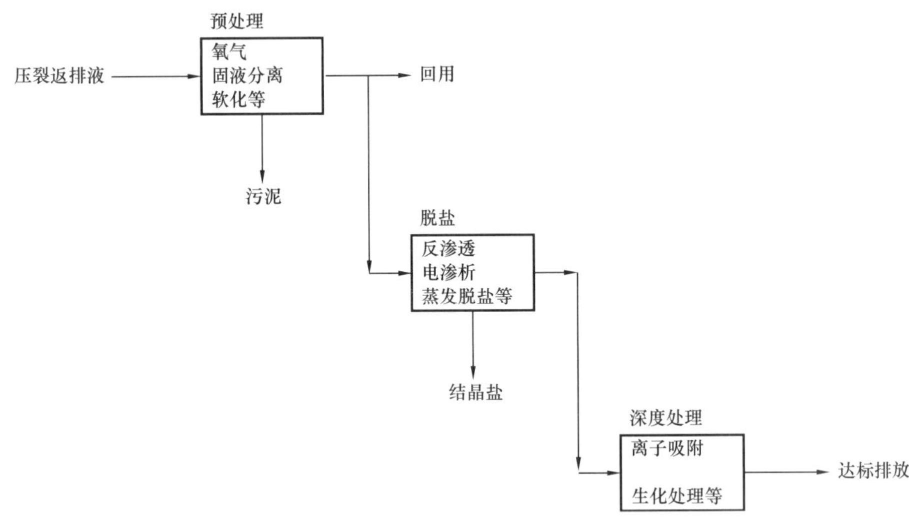


图 4–30　返排液外排处理工艺思路

## 1. 预处理

预处理主要参考返排液水质和脱盐单元进水水质要求进行设计，一般可包含氧化、软化、混凝 / 絮凝、多介质过滤、活性炭过滤、超滤等单元，从而降低返排液中的悬浮物、胶体、硬度组分、石油类物质、有机物等的含量，使返排液经处理后达到脱盐单元的进水要求。

部分预处理单元与返排液回用处理单元相同，但与实际运行要求比较，脱盐工艺进水水质要求往往高于返排液回用水质标准。这就需要预处理对关键污染物的去除率更高，设备运行更稳定。许多达标处理工艺流程借鉴海水淡化，选择反渗透作为脱盐单元，但返排液的预处理较海水淡化更为复杂。

氧化单元可有效去除返排液中化学需氧量（COD），由于压裂返排液中有机物和还原性物质复杂多样且水质波动，所以处理工艺对氧化单元的选择更加广泛，除较为简单的曝气氧化，也有工艺选择高级氧化法（如臭氧催化氧化、Fenton 氧化等）[14]。需要注意的是，后续反渗透膜对于水体中氧化性物质较为敏感，所以在进入膜之前需

加入还原剂去除氧化性物质。但因返排液水质波动较大，对药剂添加等工艺控制要求很高，特别是小规模的处理装置，更需加强水体中氧化还原电位（ORP）的监控。

固液分离普遍是以混凝沉降为主。但作为脱盐单元的前处理，其对水质要求更高，一般在沉降后会增加超滤单元，保证出水淤泥密度指数（SDI）值可稳定低于 5。同时，化学软化同样最终通过沉淀等固液分离单元去除。虽然多采用较为成熟的沉降和过滤技术，但从返排液的实际情况来看，对微小颗粒的去除效果往往难以保证，一般在超滤和反渗透前端还会设置小孔径过滤器。此外，虽然页岩气井位分散，但将返排液集中后设置大容积的水质调节池，有利于缓解页岩气压裂返排液水质变化对处理的影响，从而更好地做到稳定运行。

预处理中往往也包含对细菌、石油类物质的去除工艺，这类污染物在返排液中含量更不稳定，但成熟的工艺流程仍会设计该类处理单元，如气浮、紫外线杀菌等。

## 2. 脱盐

脱盐处理作为核心工艺主要是根据返排液矿化度浓度决定的，从处理工艺来看，主要是以反渗透、电渗析等膜处理工艺浓缩后，再通过蒸发单元得到固体结晶盐。整体来看，脱盐系统运行的关键是在运行成本、出水水质和淡水回收率之间实现最优化的平衡。

川南地区页岩气压裂返排液矿化度接近于海水，使得传统反渗透海水淡化膜技术在川南页岩气压裂返排液处理应用成为可能。在流程设计时，为保证反渗透出水能够到达预定标准，往往采用二级反渗透膜，另外将浓水再进一步进行高压浓缩。

一般来说，反渗透技术包含卷式和碟管式两种膜组件。卷式膜由于填充密度高，生产成本低等优势，是水处理中最为常用的组件，而碟管式膜组件是一片一片安装于膜管内，虽然成本更高，但抗污染能力强。

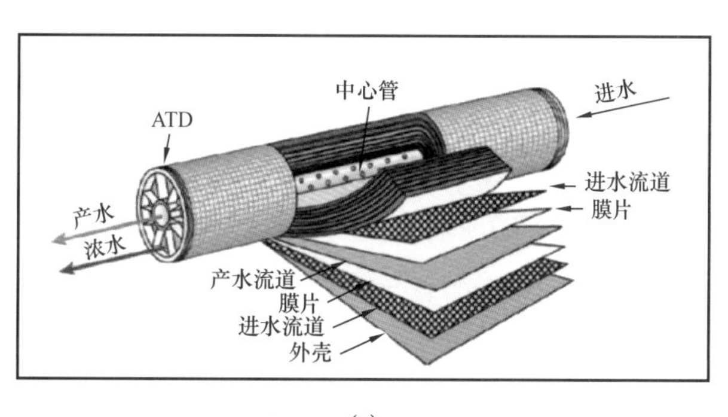


(a)

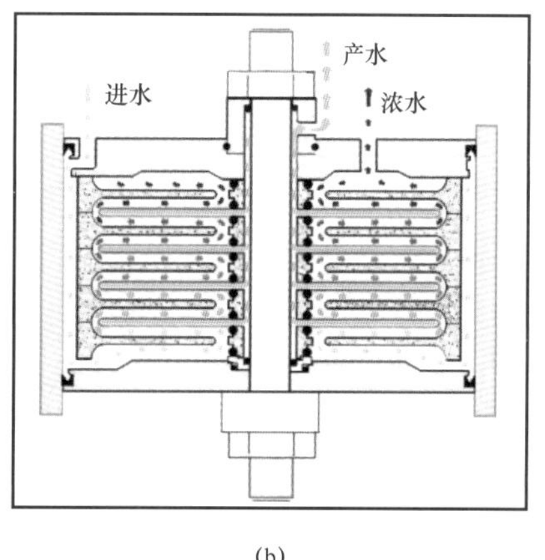


(b)

图 4-31　卷式反渗透膜（a）及碟管式反渗透膜组件结构（b）

在返排液处理研究初期，由于考虑返排液的杂质含量高，且水质波动更大，前期中试试验中许多研究机构采用碟管式反渗透组件，随着现场试验加强工艺流程中预处理单元的效率，有工程项目则应用卷式反渗透进行脱盐。

电渗析也是返排液用于脱盐或浓缩的处理技术，电渗析是通过在直流电场的作用下，使返排液中离子透过选择性离子交换膜进行定向移动，达到脱盐的目的。电渗析器的主要部件为阴阳离子交换膜、隔板和电极三部分。隔板构成的隔室为液流经过的通道。淡水经过脱盐室，而浓水则经过浓缩室达到分离效果。若返排液中成垢离子含量仍然较高，则容易在电渗析膜表面结垢，所以电渗析对预处理的要求比较严格，有的工艺流程在电渗析前端的预处理添加离子吸附工艺保证进水硬度离子满足进水要求。

在北美地区的页岩气开采区，由于大部分压裂返排液的总溶解性固体较高（部分可到 100000mg/L）。所以在进行达标处理工艺设计时，蒸发脱盐成为主要的应用技术。目前应用较广泛的蒸发技术主要包括多效蒸馏和机械蒸馏再压缩。多效蒸馏是典型的废水脱盐蒸发单元，其特点是需要持续不断地使用蒸汽进行废水蒸发。多数采用顺流流程，一般设计为三效或四效，废水和加热蒸汽都是按照第一效到第二效、第三效、第四效的次序进料，最终产生母液和蒸发淡水。机械蒸馏再压缩（MVR）（图 4-32）则是将蒸发过程所产生的二次蒸汽，经压缩提高温度，再作为加热蒸汽使用的废水蒸发过程，其主要目的是充分利用二次蒸汽中的焓值。蒸发过程所产生的二次蒸汽具有较高的焓值，通过机械压缩机将其稍加压缩，提高压力后再输入系统中，从而构成一个闭路循环，大量的热量在系统内循环，与多效蒸馏不同的是，MVR 不需外部提供热源，仅仅消耗电能，不需冷凝器和冷却水。

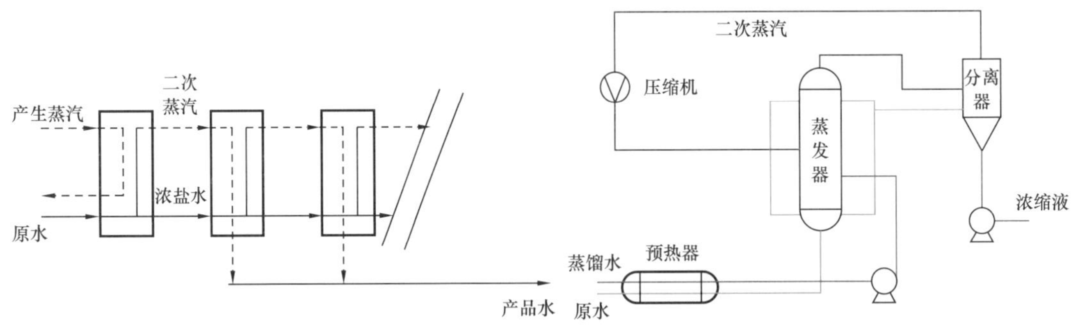


图 4-32 多效蒸发及 MVR 工艺流程

返排液蒸发结晶的选择应针对具体开发环境，若靠近工厂能够获得生蒸汽，则可选择多效蒸发作为结晶处理单元。但若页岩气开采区域集中在山地丘陵地带，井场所能提供的占地面积有限。同时，难以提供稳定的生蒸汽用于蒸馏过程，机械蒸馏再压缩则更加适合实际应用。不管哪种工艺技术，对于蒸发容器的材质都应重点考虑防

腐，宜采用钛材质以保证设备的使用寿命。另外，在实际应用中，返排液由于其复杂性，虽然在前端已进行了严格的预处理，在化学需氧量（COD）不高的情况下，仍然有可能出现大量起泡、高雾沫夹带的情况，所以在蒸发器设计时应优化捕雾设备，同时安装消泡剂加药系统。

### 3. 深度处理

返排液的深度处理主要针对脱盐单元后产水的进一步处理，目前国内页岩气开发区域多位于长江上游等环境敏感区域，对排放水质要求严格。返排液在经过反渗透或蒸发脱盐后，可能仍然残留部分污染物，如反渗透淡水中含有的硼或者蒸发冷凝水中残留的氨氮、有机物等。这些污染物可能是由于工艺本身对该类物质的去除率不够，或者是在长期运行过程中由于水质变化可能出现超标的污染物。

在反渗透淡水后端一般会添加去除氨氮的处理单元，氨氮在反渗透处理后可能出现未达标的情况。即使将淡水中氨氮分离至浓水中，在后续蒸发过程，氨氮也可能进入冷凝水中，所以后端工艺会选择离子吸附或者膜生物反应器（MBR）用于氨氮的去除。另外，在部分试验研究中，会在反渗透后端加入硼的去除单元。虽然硼元素并未在排放水质标准中作出明确规定，但由于返排液中硼含量较高，可能达到 10～30mg/L，在经过反渗透处理后含量可能仍然较高，从风险角度可进行深度处理。

## 二、压裂返排液达标外排处理工程应用实例

### 1. 长宁页岩气田返排液处理配套工程

长宁页岩气田返排液处理配套工程建设于宜宾市珙县曹营镇，长宁页岩气田由四川长宁天然气开发有限责任公司进行开发，根据该气田建产期施工及投产进度安排，页岩气井将逐步完成压裂及投产，届时将产生大量压裂返排液。该配套返排液处理工程将同时进行回用和达标外排处理，大部分压裂返排液经处理后回用于压裂液配制，剩余部分将处理为达到排放水质要求的净水，作为新鲜补充水回用，不能回用的部分在达到环境质量标准的前提下进行外排，该处置方式目的是加强压返液的回用效率，使地表水资源得到更有效的利用。

所建设的压裂返排液处理站既可用于返排液回用处理，又将对返排液进行达标排放处理。处理站总处理能力为 7500$m^3$/d，考虑到水量波动运营成本等因素，该处理站共建设两套处理装置，两个装置处理工艺和处理能力均有差别。其中 5500$m^3$/d 处理装置选用“气浮 + 催化氧化耦合化学软化除硬 + 超滤 + 树脂软化 + 电渗析 + MBR+ 反渗透 + 多效蒸发结晶”工艺，预计其中 4000$m^3$/d 返排液处理后将进行回用，1500$m^3$/d 将处理为净水。2000$m^3$/d 工艺装置选用“均值调节 + 絮凝气浮 + 臭氧催化氧化 + 软化 + 管式膜过滤 + 纳滤 + 反渗透 +MVR”工艺，其中 1500$m^3$/d 将达到回用水质标准，

$500m^3/d$达到净水标准。该处理站所处置的废水主要来自于长宁页岩气田各采气平台的压裂返排液，其返排液池内水质组分见表4–7。

**表4–7 返排液水质情况**

| 指标 | pH值 | COD | 石油类物质 | 钙 | 镁 | 钡 | 铁 | 锶 | 锰 | 氯离子 | 悬浮物 | 氨氮 |
|---|---|---|---|---|---|---|---|---|---|---|---|---|
| 进水水质 | 6～9 | 628 | 3 | 1080 | 91.2 | 295 | 24.4 | 169 | 3 | 21700 | 80 | 80 |

注：除pH外，其余项目单位均为“mg/L”。

根据环评要求，该处理站项目最终处理后的净水需达到GB 3838—2002《地表水环境质量标准》Ⅲ类标准（表4–8），净水可作为新鲜水补充回用，不能回用部分将排入当地河流中。

**表4–8 地表水环境质量标准**

| 指标 | pH值 | COD | $BOD_5$ | 氨氮 | 硫化物 | 石油类物质 | 挥发酚 |
|---|---|---|---|---|---|---|---|
| 进水水质 | 6～9 | ≤20 | ≤4 | ≤1.0 | ≤0.2 | ≤0.05 | ≤0.005 |

注：除pH外，其余项目单位均为“mg/L”。

返排液进水氯化物含量较高，规模达$5500m^3/d$的处理装置选择以电渗析作为脱盐主要单元的处理工艺，其工艺流程如图4–33所示。

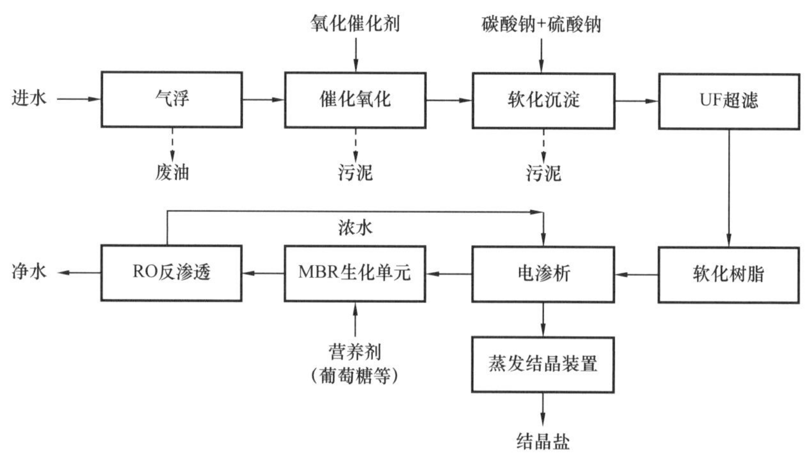


图4–33 返排液外排处理工艺流程一

预处理阶段中，返排液经过调节池后进入高效旋流气浮系统去除石油类物质。催化氧化单元用于氧化分解返排液中的有机物，主要是通过活性组分和复合载体对返排液中污染物吸附后进行氧化分解。软化沉淀是针对返排液中成垢阳离子（$Ba^{2+}$、$Ca^{2+}$、$Mg^{2+}$、$Sr^{2+}$），由于返排液中钡离子含量较高，所以在软化剂中加入硫酸钠，将硬度离

子以碳酸盐或硫酸盐沉淀后进行去除，最终进入污泥中。超滤作为精度更高的过滤单元，用以去除粒径更小的悬浮颗粒，有效保障后续膜系统运行。从工业中的试运行情况来看，由于返排液水质波动，仅仅依靠软化沉淀难以完全去除成垢硬度离子，所以该工艺在预处理中设置软化树脂，将原水中钙、镁离子进行树脂离子交换，进一步降低水中的硬度，以保证后续膜系统正常运行。

该工艺中返排液脱盐主要由电渗析和蒸发结晶完成，电渗析处理系统采用均相膜电渗析工艺，在直流电场的作用下，利用离子交换膜的选择透过性，脱盐室中的离子会向浓缩室迁移，达到盐分浓缩的目的。电渗析浓水会经过蒸发单元最终得到结晶盐，该工艺的蒸发单元选用了多效蒸发系统，设计为四效蒸发，现场装备蒸汽发生装置，在前段返排液蒸发过程采用逆流式，原液首先进入第四效蒸发罐中，再逐步进入前三效蒸发罐中，最终在第二效、第三效蒸发罐中逐步析出结晶盐。电渗析处理后的淡水要达到排放标准，需进行深度处理。淡水首先进入 MBR 生化处理单元，电渗析处理后的淡水盐分已大大降低，MBR 生化单元可通过耐盐菌对有机物进行分解、转化，同时，去除水中大部分的氨氮。之后在好氧段去除水中的大部分 COD，由于电渗析后水中营养物缺少，MBR 单元往往需要投加营养剂以保证其中微生物的生存。RO 反渗透单元作为末端单元，会将返排液中残留的 TDS、少量 COD 和氨氮完全分离，浓水回流至电渗析单元，产生的淡水则进入淡水池，水质能够达到 GB 3838—2002《地表水环境质量标准》Ⅲ类水标准。

而规模为 2000$m^3$/d 的处理装置在工艺选择上偏向于以多级反渗透作为返排液脱盐的核心单元，其工艺流程如图 4–34 所示。

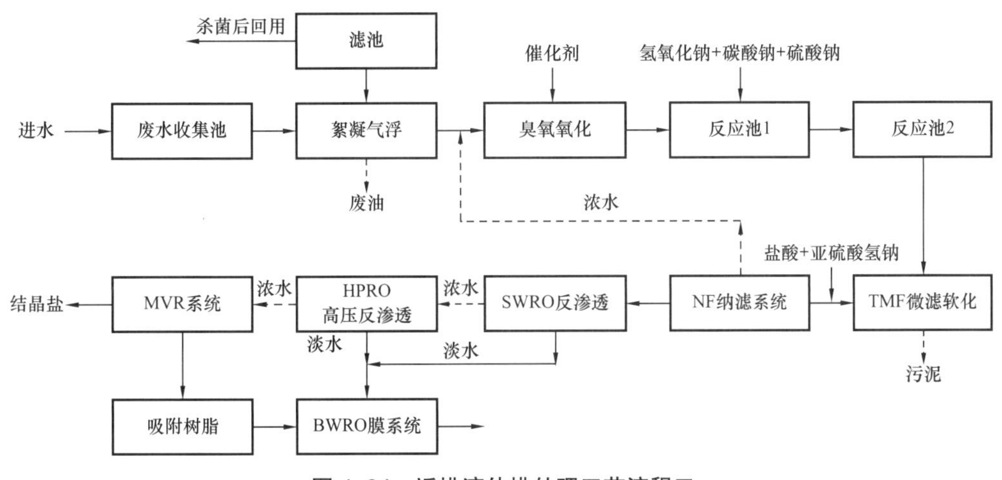


**图 4–34　返排液外排处理工艺流程二**

预处理部分：首先返排液通过絮凝和气浮后，去除主要的悬浮物和石油类物质，在滤池中存放，等待杀菌后进行回用。之后通过臭氧氧化单元充分降解、改性有机物及毒性物质，同时，也有效缓解后续膜的有机污堵情况。臭氧催化氧化系统出水将在反应池中依次再加入氢氧化钠、硫酸钠、碳酸钠用于软化，去除其中硬度离子（$Ba^{2+}$、$Ca^{2+}$、$Mg^{2+}$、$Sr^{2+}$）。在软化过程中，pH 值将调至 10 以上，返排液中二氧化硅将被氢氧化镁沉淀物所吸附。工艺中预处理采用管式微滤作为核心的固液分离单元，管式微滤在最近的水处理工艺中被广泛应用，其在一定程度上可以替代斜板沉降和超滤单元，返排液进入管式微滤去除液体中固相，浓缩污水则返回浓缩池，悬浮颗粒累积一定浓度后送往污泥脱水系统。返排液在完成软化后，需通过盐酸将 pH 调回 7 左右，同时，通过还原剂去除残留的氧化性物质，防止后续对膜的伤害。之后返排液将通过纳滤系统，纳滤膜的主要功能是截留液相中的二价离子，其主要作用仍然是保证进入反渗透系统的液相没有成垢阳离子的残留。

脱盐单元采用的是海水淡化膜，在预处理运行良好的情况下，第一级膜系统能够完成主要的脱盐功能，其浓水电导率能够达到 60～70ms/cm，浓水将通过高压反渗透单元进一步浓缩。完成浓缩后，浓液进入蒸发单元进行结晶处理，工艺中选用 MVR 蒸发系统并最终形成结晶盐。在脱盐过程中，鉴于其工艺特点，主要的氨氮可能通过浓水，最终在 MVR 蒸发过程进入冷凝水中，为保证冷凝水在氨氮上达到排放标准，利用氨氮的吸附树脂将其去除，吸附树脂的去除方式更为节省设备空间，同时不用考虑微生物的培养。工艺流程中去除氨氮的冷凝水、高压反渗透淡水和海水淡化反渗透淡水混合后进入 BWRO 反渗透装置，作为处理的最终单元，经过 BWRO 膜进一步对盐分进行脱除，保证产水经检测达到 GB 3838—2002《地表水环境质量标准》Ⅲ类标准，进入周边清水管网系统和排水管线排放。

### 2. 浙江油田西南采气厂太阳—大寨气田水处理工程

中国石油浙江油田昭通页岩气区西南采气厂太阳—大寨气田水处理工程建设于泸州市叙永县落卜镇，针对西南采气厂太阳—大寨区块在排采、生产过程中产生的部分气田水（压裂返排液、钻井废水、洗井废水、酸化作业废水）进行达标处理，处理站采用 BOO 模式（建设—拥有—经营）运行，处理规模为 400$m^3$/d，最大处理能力可达 480$m^3$/d。未来太阳—大寨区块产水量预计达到 1300～1500$m^3$/d，部分将运至回注井回注，剩余部分产水通过该水处理站处理后达标排放。

处理站进水水质经测定见表 4–9。

**表 4–9　污水处理站设计进水水质**

| 指标 | pH | COD | $BOD_5$ | 悬浮物 | 氨氮 | 总氮 | 总磷 | 石油类物质 | 氯化物 |
|---|---|---|---|---|---|---|---|---|---|
| 进水水质 | 6～9 | 570 | 180 | 40 | 30 | 60 | 3 | 30 | 8200 |

注：除 pH 外，其余项目单位均为“mg/L”。

由于废水最终排放至东门河右岸支流岩湾沟，外环境水体东门河为 III 类水体，为满足地表水环境质量管理及安全余量要求，该工程项目废水排放执行 GB 3838—2002《地表水环境质量标准》Ⅲ类标准，具体指标要求参见表 4–8。

该处理项目中，进水除压裂返排液外，还包括钻井废水、洗井废水、酸化作业废水，有机物含量会更加复杂,COD 也较高，预处理系统中设计两级氧化去除其有机物，同时，通过气浮沉淀、脱硬沉淀和混凝沉淀确保预处理后液体中悬浮物、硬度离子浓度得到控制，达到进入后续脱盐系统的水质要求。

对废水中盐分的脱除，主要采用了二级 MVR 蒸发系统，第一级低温升 MVR 系统对废水进行浓缩。第二级高温升 MVR 系统则是对废水进行结晶。两级 MVR 冷凝水混合后进入后续 A/O+MBR 膜系统单元，第二级母液则回流至前段预处理系统中。采用两级 MVR 既能达到处理效果，也减少了能源的消耗。

深度处理系统首先采用生化法 A/O+MBR 膜系统去除废水中氨氮和总氮，后续设置了三级反渗透膜系统和离子交换树脂单元，一级 RO 膜浓水进入二级 RO 膜继续浓缩，一级和二级 RO 膜淡水则进入三级 RO 膜，离子交换树脂对 COD 进行去除。由于排放标准中氯化物、氨氮等指标要求都比较严格，三级反渗透可进一步确保其中的污染物达到水质要求（图 14–35）。

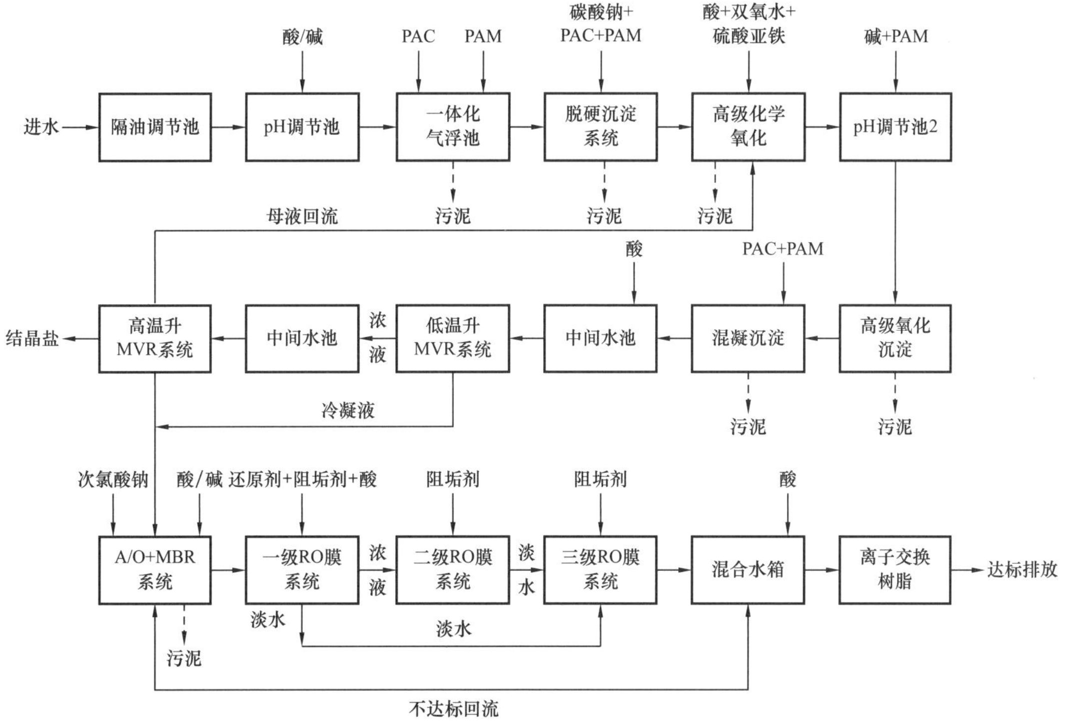


图 4–35　返排液外排处理工艺流程三

## 参考文献


［1］张擎翰，蒋文举．钻井废水处理技术研究进展［J］．四川化工，2011，14（1）：45-48.

［2］余云海．石油钻井废水的处理与回用方法探讨［J］．石化技术，2015，22（8）：103-104.

［3］舒畅，曾文强，周露．钻井废液处理技术研究进展［J］．中国石油和化工标准与质量，2020，40（3）：253-254.

［4］李盛林，蒋学彬，张敏，等．页岩气钻井废水减量化及回用技术［J］．油气田环境保护，2017，27（3）：32-35，48. DOI：10.3969/j.issn.1005-3158.2017.03.010.

［5］宋磊，张晓飞，王毅琳，等．美国页岩气压裂返排液处理技术进展及前景展望［J］．环境工程学报，2014，11：4721-4725.

［6］American Petroleum Institute. Water Management Associated with Hydraulic Fracturing First Edition. Washington，D.C，2010.

［7］田冬梅．页岩气井场区域土壤无机污染调查与压裂返排液的土壤生态毒性研究［D］．成都：四川农业大学，2018.

［8］Slutz，J，Andeson，J，Broderick R，Horner P. Key shale gas water management strategies：an economic assessment tool［C］.// paper 157532-MS presented at the SPE/APPEA International Conference on Health，Safety，and Environment in Oil and Gas Exploration and Production，11-13 September，Perth，Australia. SPE，2012.

［9］Railroad Commission of Texas. Water use in association with oil and gas activities［R］. 2013.

［10］Amico，C，DeBelius，D，Detrow，S，Stiles，M. Shale play natural gas drilling in Pennsylvania. < http：//stateimpact.npr.org/pennsylvania/drilling/>

［11］Veil，J A. Shale gas water management – experiences from north America. Lecture for the Society of Petroleum Engineers.

［12］Acharya，H R，Henderson，C，Matis，H，et al. Cost effective recovery of low-TDS frac flowback water for re-use［R］. Final report to United States Department of Energy National Energy Technology Laboratory，2011.

［13］Ma G，Geza M，Xu P. Review of flowback and produced water management，treatment and beneficial use for major shale gas development basins［J］. Shale Energy Engineering 2014：53-62.

［14］Butkovskyi，Andrii，Faber，et al. Removal of organic compounds from shale gas flowback water［J］. Water research：A journal of the international water association，2018.

［15］Morgan B，Lahav O. The effect of pH on the kinetics of spontaneous Fe（II）oxidation by O2 in aqueous solution–basic principles and a simple heuristic description［J］. Chemosphere，2007，68（11）：2080-2084.

［16］Horner，P，Halldorson，B，Slutz，J. Shale gas water treatment value chain – a review of Technologies，including case studies［C］.// paper 147264-MS presented at the SPE Annual Technical Conference and Exhibition，30 October- 2 November，Denver，CO，USA. SPE，2011.

［17］Shaffer，D L，Chavez L H A，Ben-Sasson，M，et al. Desalination and reuse of high-salinity shale gas produced water：drivers，technologies，and future directions［J］. Environmental Science and Technology，2013，47（13）：9569-9583.

［18］胡文瑞，等．中国页岩气示范区典型案例［M］．北京：石油工业出版社，2020.

# 第五章
# 页岩气开发钻井固体废弃物处理技术

页岩气钻井固体废弃物主要是钻井岩屑，是页岩气开发过程中产生的主要固体污染物之一，是石油烃类、胶质、沥青质、泥沙、无机絮体、有机絮体，以及水和其他有机物、无机物牢固黏结在一起的固体废物。其中油基岩屑作为石油工业中所产生的最显著的固体废弃物中的一种，含有数百种有毒有害化合物，某些化合物（如苯、多环芳烃等）具有致突变、致癌、致畸的“三致”效应，美国环保署将其列为优先污染物[1]，并对其排放有严格限制，我国也将油基钻井岩屑列入《国家危险废物名录》。

## 第一节　国内外页岩气钻井固体废弃物类型及管理政策

### 一、页岩气钻井固体废弃物类型

钻井过程固控系统中所排出的固体废弃物，统称钻井固体废弃物，其主要包括岩屑、废钻井液、加重材料、黏土、化学添加剂、无机盐、油类等。

为了区分钻井废物种类，了解其性质，认识其危害，研究其处理措施，通常进行钻井废物分类，一般按钻井液介质进行划分。

页岩气开发过程中，根据不同地质特征及井下工况，会采用不同的钻井液体系。API及国际钻井承包商协会（International Association of Drilling Contractors，IADC）把钻井液体系共分为十类，前七类为水基型钻井液，第八类为油基型钻井液，第九类为合成基钻井液体系，第十类以气体为基本介质钻井流体。目前常用于页岩气开发的钻井液为水基钻井液、油基钻井液、空气钻井液、雾化钻井液、泡沫钻井液和充气钻井液。钻井岩屑按钻井液介质可分为空钻岩屑、水基岩屑和油基岩屑，详见表5-1。

表 5-1 钻井液介质分类

| 序号 | 钻井液体系 | 钻井液介质 | 岩屑类型 |
| --- | --- | --- | --- |
| 1 | 气体体系 | 气体 | 空钻岩屑 |
| 2 | 淡水体系 | 清水 | 水基岩屑 |
|  | 钾基聚合物体系 | 清水 |  |
|  | 聚合物体系 | 清水 |  |
| 3 | 油基体系 | 白油 / 柴油 / 生物油 | 油基岩屑 |

## 二、国内外页岩气钻井固体废弃物管理政策

### 1. 美国

1）联邦层面

1976 年 10 月，美国国会通过了《资源保护和回收法》(《Resources Conservation and Recovery Act》, RCRA)，要求美国环保署制定规范危险废物鉴别和管理的规程。随后，在 1978 年 12 月 18 日的联邦公报（43 FR 58946）中，美国环保署公布了第一批危险废物管理标准草案，拟将包括“石油天然气钻井液和高盐产出水”在内的 6 项“特殊废物”从 RCRA Subtitle C 危险废物管理废物类型和鉴别法则中豁免，直到完成进一步研究。1980 年 10 月，美国国会颁布了《固体废物处置法修正案》，其中 Section 3001（b）(2)(A）短期豁免了“与原油和天然气勘探、开发和生产过程相关的钻井液、产出水和其他废物”；同时，该修正案的 Section 8002（m）要求美国环保署对这些废物进行研究，并在 1982 年 10 月前向国会递交报告评估目前这些废物的管理状态，以及对人类健康和环境的潜在风险。

直到 1987 年 12 月，美国环保署才向国会递交研究报告[1]。基于该研究结果，美国环保署于 1988 年 6 月发布命令，认为油气勘探、开发和生产所产生的废物可不按 RCRA Subtitle C 进行管理。同时，针对这些废物，美国环保署计划从三方面规范：在联邦层面结合现有的法规，包括关于非危险废物的 RCRA Subtitle D、《清洁水法》和《安全饮用水法》，与各州合作在法规和执行方面鼓励改变和提升，以及与国会合作制定更多需要的法规。2002 年 10 月，美国环保署发布报告，即《联邦危险废物管理中油气勘探生产废物的豁免》(“Exemption of oil and gas exploration and production wastes from federal hazardous waste regulations”)，对应按 RCRA Subtitle C 管理和可豁免的废物进行了明确规定，介绍了判定是否可豁免的基本规则，说明了豁免和不可豁免废物混合后的管理要求，并推荐了油气开发废物管理的原则性作法。在这一报告中，明确

了油气开发产出水、钻井液和岩屑、设备冲洗水、修井废物、落地原油等在豁免之列，但没有使用的钻井液和酸等化学品、油漆废物和废溶剂，以及使用过的设备润滑油等则不在豁免之列。

这一规定并不意味所有勘探开发场所产生的废物都可以豁免。作为豁免考虑的废物必须来源于原油和天然气勘探、开发和生产中直接（uniquely）的材料或者过程。比如同样一种溶剂，如果用于清洗地面设备时被认为不可豁免，但如果用于井下作业则可能在豁免之列，因为此时它直接产生于生产过程。进入 RCRA Subtitle C 豁免之列也并不是说该废物对人类健康和环境完全无害可随意处置，其处理处置仍应符合其他法律规范，如 RCRA Subtitle D、《清洁空气法》《清洁水法》《安全饮用水法》，以及各州和州以下层面的法律规范。此外，一些 RCRA Subtitle C 豁免的废物在州层面的法规或者其他联邦法规中仍可能被要求按危险废物进行管理，须根据具体情景结合法律规范体系分析。

在钻井废弃物管理方面，首先，美国并没有针对页岩气开发制定专门的政策法规，其管理要求仍应从石油和天然气开发废弃物管理法规体系来明确。其次，由于页岩气开采有其地域性，页岩气钻井废弃物的管理还必须遵循所在州甚至更低层面发布的法律规范。

2）得克萨斯州

在巴奈特（Barnett）页岩区所在的得克萨斯州，油气开发废弃物（包括豁免和非豁免）主要按照州铁路委员会（Railroad Commission of Texas，RRC）制定的规则和指南管理。作为 RCRA Subtitle C 豁免的废物，油气资源包括页岩气开发钻井废弃物在该区域不认为是危险废物，其运输、存储和处置（深井灌注除外）应符合 RRC 的 Statewide Rule 8 的相关规定，深井灌注则在 Statewide Rule 9 等法规中规范和要求。根据 Statewide Rule 8，钻井废弃物的存储坑和处置坑在使用前应满足选址、容量和防渗等方面的技术要求并获得许可证。Statewide Rule 8 同时明确了认可的钻井废弃物处置方式，见表 5-2。需要指出的是，表中所列处置方式并不是对应废物的唯一允许处置途径。比如，也可以采用土地耕作法集中建站处理油基岩屑，但必须提前向 RRC 申请并获得许可。

表 5-2 得克萨斯州铁路委员会 Statewide Rule 8 认可的钻井废弃物处置方式

| 废物 | 处置方式 | 特别要求 |
| --- | --- | --- |
| 低氯根含量水基废钻井液<br>（氯根含量在 3000mg/L 以下） | 土地耕作 | 应得到土地所有者的书面同意 |
| | 填埋 | 必须脱水处理 |
| 其他钻井废弃物 | 填埋 | 必须脱水处理。油基岩屑也可以通过填埋处置 |

Statewide Rule 9 主要适用灌注盐水或者其他油气开发废物至不再生产石油、天然气和地热资源的多孔地层。该规则和德卡萨斯州水法案（Texas Water Code）第 27 章以及自然资源法案（the Natural Resources Code）的第 3 章节共同构成了该州深井灌注处置油气行业废弃物的技术要求和环境监管体系。其中“油气开发废物”由德卡萨斯州水法案（Texas Water Code）第 27 章所定义，指“产生于或者附属于石油、天然气或地热资源钻井或者生产过程，产生于或者附属于人工罐或其他容器以外的地下烃类储存，产生或者附属于汽油厂、天然气处理厂、压力保持或者增压设施”，“包括且不限于盐水、卤水、污泥、钻井液以及其他液态或者半液态的废物”。根据上述内容，在得克萨斯州，油气开发钻井固体废弃物，包括页岩气开发钻井固体废弃物，是可以通过深井灌注进行处置的，当然灌注井应该满足相应的要求并获得 RRC 的许可。

3）宾夕法尼亚州

在宾夕法尼亚州，废弃物分为危险废物（Hazardous waste）、市政废物（Municipal waste）和残余废物（Residual waste）进行管理。残余废物是指“工业、采矿业和农业活动中产生的无害废料和废物，以及其他丢弃材料或其他废物，包括固态的、液态的、半固态的或受污染的气态材料；工业、采矿业和农业活动中给水设施、废水处理设施和大气污染控制设施中产生的无害污泥，但不包括煤矸石和煤矿矿井水处理产生的污泥”。该州对残余废物分配了代码，其中“钻井液废物”代码为 803，“油气开发压裂液 / 储层改造工作液废物，水力压裂后 30d 内返排的液体和砂子”代码为 805，“地层水和水力压裂后 30d 后的返排液”代码为 802。由此可见，在宾夕法尼亚州，油气开发以及页岩气钻井固体废弃物不按危险废物进行管理。

根据《宾夕法尼亚州法典》第 25 卷，残余废物的处置可采用填埋、土地利用、堆肥和焚烧等途径；油气井的所有者或运营者不得直接排放废弃物至水体；在去除和合理处置游离液相后，满足一系列条件下，油气井所有者或运营者可通过在产生废弃物的井场挖坑填埋和土地利用处置钻井废弃物，包括油基钻井岩屑。该法典对钻井废弃物的不同处置技术和管理要求规定如下：

（1）套管座以上钻屑的处理处置要求。

填埋处置：

① 钻屑由井场中的井产生。

② 钻屑未被除表层水、淡水、气体以外的卤水、钻井液、增产液、钻井液、石油等污染物污染。

③ 处置区域不小于 30.48m，除非被石油天然气法案［58 P.S. § 601.205（b）］豁免。

④ 处置区域应距水源供给地的距离大于 60.96m。

⑤ 处置坑应保证被良好设计、建造和维护。

⑥ 废弃物的液体部分应按照上述宾夕法尼亚州环保法规定的废水排放标准进行处

理和处置。

⑦ 处置坑需被回填至地表并有梯度以保证顺畅的地表径流行泄通道，使其不在表面积聚形成水塘，回填土应与周围土地匹配。

⑧ 处置坑回填后，应根据水土流失和泥沙控制要求在表面种植多样的、有效的、可自我再生和演替的永久性植被以稳定土壤。

土地处置（依照井场当地土地利用要求）：

① 钻屑由井场中的井产生。

② 钻屑未被除表层水、淡水、气体以外的卤水、钻井液、增产液、钻井液、石油等污染物污染。

③ 处置区域不小于 30.48m，除非被石油天然气法案［58 P.S. § 601.205（b）］豁免。

④ 处置区域应距水源供给地的距离大于 60.96m。

⑤ 所选土壤从表面到基岩的最小深度为 50.8cm。

⑥ 钻屑被混入土壤后，在饱和、冰雪覆盖或者冰冻环境下不能扩散。

⑦ 钻屑量大时不能采用土地处理，否则会污染径流、地表水体和地下水等。

⑧ 废弃物的液体部分应根据上述宾夕法尼亚州环保法规定的废水排放标准进行处理和处置。

⑨ 土地处理后应根据水土流失和泥沙控制要求在表面种植多样的、有效的、可自我再生和演替的永久性植被以稳定土壤。

（2）套管座以下钻屑的处理处置要求（去除液体部分，液体部分应根据上述宾夕法尼亚州环保法规定的废水排放标准进行处理和处置）。

填埋处置（残留废弃物处理——坑处理）：

① 处置区域水平方向距离建筑物不少于 60.96m，除非所有者已提供书面的弃权书同意距离可以小于 60.96m。

② 处置区域距离径流、水体或湿地 30.48m 以上。

③ 处置区域距水源供给地的距离应大于 60.96m。

④ 处置坑底部应高于季节性的地下水高水位 0.51m 以上。

⑤ 处置坑应保证被良好设计、建造和维护。

⑥ 凹坑衬有可与废物相容的合成挠性衬里，其渗透系数不大于 $1\times10^{-7}$cm/s。衬里应具有足够的强度和厚度，以保持衬里的完整性。衬里厚度至少应为 30mm。衬管的相邻部分应按照制造商的说明密封在一起，以防止泄漏。如果要使用的材料和安装程序得到部门的批准，则操作员可以使用其他衬板或天然材料。美国商务部将在宾夕法尼亚州公告中公布批准的衬管和安装程序的通知。

⑦ 衬套层应保证良好设计、建造和维护，使其理化性能不会被废弃物影响且可

以抵抗转运、处理、安装和使用过程中的物理、化学及其他冲击，其兼容性应通过美国环保局 EPA Method 9090 的废物和膜衬套的兼容性试验或获得其他经该部门批准的文件。

⑧ 处置坑应被建造至衬套层，基底光滑均匀且不含碎片、石头及其他材料，否则容易造成刺穿、撕裂、割破、开裂等破损而使衬套失效；衬套基底和底基层应可承受上部材料重量而不发生沉降；如果坑底部或边壁由岩石、页岩或其他会引起衬套失效或开裂的材料组成，需在衬套层之下建造厚约 0.15m 的由泥土、沙土、光滑砂砾或其他类似等量材料组成的底基层。

⑨ 在放置废弃物前，检查衬套层的均一性，以及任何会引起其渗漏的损害并及时调整，在坑封闭前应保持维护。

⑩ 衬套层可被折叠或另加入衬套层，使其完全覆盖废弃物，使得废弃物不再局限于衬套层上部，并可以成型且水不会渗入衬套层。

⑪ 禁止对衬套层穿孔。

⑫ 处置坑须被回填，回填深度应至少高于衬套层底部 5.48m，并有梯度以保证顺畅的地表径流行泄通道，使其不在表面积聚形成水塘，回填土应与周围土地匹配。

⑬ 处置坑回填后，应根据水土流失和泥沙控制要求在表面种植多样的、有效的、可自我再生和演替的永久性植被以稳定土壤。

⑭ 对于残留废弃物包括污染钻屑的处理处置应满足以下要求：

a. 沥出液的污染物浓度不能超过表 5-3 中最大浓度的 50%；

b. 沥出液的污染物浓度不能超过宾夕法尼亚州 MCLs、MRDLs 和处理技术要求的主要污染物最大污染水平的 50 倍；

c. 对于其他健康相关污染物，其在沥出液中的浓度不能超过安全应用水相关规定的 50 倍。

**表 5-3 毒性表征的最大浓度**

| EPA HW No. | 污染物 | CAS No. | 监管水平，mg/L |
|---|---|---|---|
| D004 | Arsenic 砷 | 7440-38-2 | 5.0 |
| D005 | Barium 钡 | 7440-39-3 | 100.0 |
| D018 | Benzene 苯 | 71-43-2 | 0.5 |
| D006 | Cadmium 镉 | 7440-43-9 | 1.0 |
| D019 | Carbon tetrachloride 四氯化碳 | 56-23-5 | 0.5 |
| D020 | Chlordane 氯丹 | 57-74-9 | 0.03 |
| D021 | Chlorobenzene 氯苯 | 108-90-7 | 100.0 |

续表

| EPA HW No. | 污染物 | CAS No. | 监管水平，mg/L |
|---|---|---|---|
| D022 | Chloroform 氯仿 | 67–66–3 | 6.0 |
| D007 | Chromium 铬 | 7440–47–3 | 5.0 |
| D023 | o–Cresol o– 甲酚 | 95–48–7 | 4200.0 |
| D024 | m–Cresol m– 甲酚 | 108–39–4 | 4200.0 |
| D025 | p–Cresol p– 甲酚 | 106–44–5 | 4200.0 |
| D026 | Cresol 甲酚 | | 4200.0 |
| D016 | 2，4–D | 94–75–7 | 10.0 |
| D027 | 1，4–Dichlorobenzene 二氯苯 | 106–46–7 | 7.5 |
| D028 | 1，2–Dichloroethane 二氯乙烷 | 107–06–2 | 0.5 |
| D029 | 1，1–Dichloroethylene 二氯乙烯 | 75–35–4 | 0.7 |
| D030 | 2，4–Dinitrotoluene 二硝基甲苯 | 121–14–2 | 30.13 |
| D012 | Endrin 异狄氏剂 | 72–20–8 | 0.02 |
| D031 | Heptachlor（and its epoxide）七氯 | 76–44–8 | 0.008 |
| D032 | Hexachlorobenzene 六氯苯 | 118–74–1 | 30.13 |
| D033 | Hexachlorobutadiene 六氯丁二烯 | 87–68–3 | 0.5 |
| D034 | Hexachloroethane 六氯乙烷 | 67–72–1 | 3.0 |
| D008 | Lead 铅 | 7439–92–1 | 5.0 |
| D013 | Lindane 林丹 | 58–89–9 | 0.4 |
| D009 | Mercury 汞 | 7439–97–6 | 0.2 |
| D014 | Methoxychlor 甲氧氯 | 72–43–5 | 10.0 |
| D035 | Methyl ethyl ketone 甲基乙基酮 | 78–93–3 | 200.0 |
| D036 | Nitrobenzene 硝基苯 | 98–95–3 | 2.0 |
| D037 | Pentachlorophenol 五氯酚 | 87–86–5 | 100.0 |
| D038 | Pyridine 吡啶 | 110–86–1 | 35.0 |
| D010 | Selenium 硒 | 7782–49–2 | 1.0 |
| D011 | Silver 银 | 7440–22–4 | 5.0 |
| D039 | Tetrachloroethylene 四氯乙烯 | 127–18–4 | 0.7 |
| D015 | Toxaphene 毒杀芬 | 8001–35–2 | 0.5 |
| D040 | Trichloroethylene 三氯乙烯 | 79–01–6 | 0.5 |

续表

| EPA HW No. | 污染物 | CAS No. | 监管水平，mg/L |
|---|---|---|---|
| D041 | 2，4，5–Trichlorophenol<br>2，4，5- 三氯苯酚 | 95–95–4 | 400.0 |
| D042 | 2，4，6–Trichlorophenol<br>2，4，6- 三氯苯酚 | 88–06–2 | 2.0 |
| D017 | 2，4，5–TP（Silvex）<br>2，4，5- 涕丙酸 | 93–72–1 | 1.0 |
| D043 | Vinyl chloride 氯乙烯 | 75–01–4 | 0.2 |

土地处置（残留废弃物处置—土地处置）：

① 土地处置开始前，提前三个工作日通知有关部门。

② 处置区域水平方向距离建筑物不少于 60.96m，除非所有者已提供书面的弃权书同意距离可以小于 60.96m。

③ 处置区域距离径流、水体或湿地 30.48m 以上。

④ 处置区域应距水源供给地的距离大于 60.96m，距离用作水源地的外露井或泉水不低于 304.8m。

⑤ 坑底部应高于季节性的地下水高水位 0.51m 以上。

⑥ 处置区域内或周边土壤应属于美国农业部规定的砂质壤土、壤土、砂土壤土、粉砂质黏壤土或粉砂壤土。

⑦ 所选土壤从表面到基岩的最小深度为 0.51m。

⑧ 所选的处置区域的地面坡度不超过 25%。

⑨ 钻屑被混入土壤后，在饱和、冰雪覆盖或者冰冻环境下不能扩散。

⑩ 废弃物的液体部分应根据上述宾夕法尼亚州环保法规定的废水排放标准进行处理和处置。

⑪ 采用土地处理的钻屑量不能污染地表水体和地下水等。

⑫ 采用土地处理的钻屑量不能影响随后植被的种植。

⑬ 废弃物与土壤表层的混合深度至少 0.15m。

⑭ 废弃物的装填量和处理速率应满足相关要求，废弃物：土壤最大不能超过 1∶1。

⑮ 运行单位应对土壤进行调查、监控和化学分析。

⑯ 土地处理后应根据水土流失和泥沙控制要求在表面种植多样的、有效的、可自我再生和演替的永久性植被以稳定土壤。

⑰ 对于残留废弃物包括污染钻屑的处理处置应满足其沥出液的污染物浓度不能超

过表 5-3 中的最大浓度。

Malobey 和 Yoxtheimer 的研究显示[2]，2011 年宾夕法尼亚州的页岩气开发产生的岩屑中，400661t 通过填埋场处置，仅 405t 被综合利用。根据宾夕法尼亚州废物管理局 Michael Texter 的统计[3]，2014 年 1 月至 6 月，该州共产生约 $1.14\times10^5m^3$ 钻井废水，其中直接或处理后回用的约占 95%，进入填埋场处置的约占 2%，处理后排放约占 2%，深井灌注约占 1%；处理回用产生的污泥和岩屑则主要通过填埋处置。除在本州外，该州还运送了大量的钻井废弃物至邻州填埋场，2017 年仅纽约州位于 Angelica 和 Lowman 的两个垃圾填埋场就接受了 27456t 页岩气行业固体废弃物（其中约 92% 为钻井岩屑，约 8% 为污染土壤）和 17.6t 废液处理产生的污泥。

## 2. 加拿大

加拿大的页岩气主要产自不列颠哥伦比亚省（British Columbia）东北部和阿尔伯塔省（Alberta）。根据 SOR/2009—315《加拿大石油和天然气钻井和生产法规》，作业者应该确保钻井液、钻井岩屑和废材料等在处理处置过程中不会对安全和环境形成危害。

1）不列颠哥伦比亚省

与美国不一样，不列颠哥伦比亚省《危险废物条例》（Hazardous regulation）将精制矿物油含量在 3% 以上并且由于不纯物或者失去原有性质使得油分不再适合原用途的的废物（包括污染土壤或溢油事故清理用吸附剂等）定义为“废油”（waste oil），列为危险废物。在“废油”类别内，该省《危险废物条例》继续定义了“石油烃污染土壤”（hydrocarbon contaminated soil），指“仅被石油产品污染的土壤、砂子、碎石、岩石或其他类似的天然形成材料”。针对石油烃污染土壤，当满足一定条件下，《危险废物条例》允许相对不严格的处置方式，如该土壤危险废物仅仅来源于苯、乙苯、甲苯、二甲苯和石油类物质中的一种或多种，并且上述物质的干重含量分别低于 25mg/kg、150mg/kg、150mg/kg、250mg/kg 和 10%，该石油烃污染土壤可用于制作沥青，但每日掺入沥青厂的原料比必须低于 10%；经过处理后不再为危险废物时，经填埋场和环境管理部门同意，可通过填埋处置。

根据不列颠哥伦比亚省石油天然气委员会（British Columbia Oil and Gas Commission）发布的《不列颠哥伦比亚省石油天然气手册》（British Columbia Oil and Gas Handbook），水基钻井废弃物可在现场或非现场进行处置，现场处置的途径包括“混合—填埋—覆盖”法和土地利用法，非现场处置则包括清液排放和土地喷洒等；油基钻井岩屑处理后不含油或者达不到危险废物的限定要求时，可在一定要求下排放至土壤环境，否则应严格按照《危险废物条例》送至经批准的设施处理处置。对于石油烃污染的土壤经焚烧、热法或生物法处理后的残渣，环境管理部门已公布了详细的鉴定程序，根据鉴定结果可按填充土或非危险废物进行处置。

2）阿尔伯塔省

在阿尔伯塔省，油田废物排除《废物控制条例》（Waste Control Regulation）所定义的“危险废物”（Hazardous waste），但被原能源资源保护委员会（Energy Resources Conservation Board）分为“危险油田废物”（Dangerous oilfield waste）和“非危险油田废物”（Non-dangerous oilfield waste），“危险油田废物”的管理要求同样严格。2013年，阿尔伯塔能源监管机构（Albert Energy Regulator）成立，该机构整合了原能源资源保护委员会所有的油气监管职责，以及环境保护和资源可持续发展部（Environment and Sustainable Resources Development）在公有土地、水资源和环境方面的监管职责，对油气开发实行全方位和全生命周期监管。根据该机构（包括前身机构）发布的系列指令（Directive），“危险油田废物”定义为“具有可燃性、自燃倾向性、水不相容性、氧化性、毒性、腐蚀性、浸出毒性或多氯联苯含量不小于 50mg/kg 的油田废物或者列入相关名录的废物和产品”。经鉴定为“危险油田废物”的钻井废弃物，其运输和保存都必须符合严格的规范，并运送至经批准的设施处理处置。

2016 年 7 月，阿尔伯塔能源监管机构发布 50 号指令，即《钻井废弃物管理》，针对钻井废弃物的处理处置提出了要求，总结钻井废弃物处理方法包括“混合—填埋—覆盖”、土地利用或抛洒、生物降解、热处理、填埋等，并归纳了每种处理处置方法的适用性和要求。

比如，危险油田废物只能送至 Class I 填埋场且要满足接受的标准，并通过涂料过滤测试（paint filter test）；热处理的颗粒物、一氧化碳、氯化氢、二氧化硫，以及氮氧化物等排放量必须分别在 20mg/Rm$^3$、57 mg/Rm$^3$、75mg/Rm$^3$、260mg/Rm$^3$ 和 400mg/Rm$^3$ 以下，固相残留物在满足相应的标准时可用作现场填充材料或填埋场封盖材料或填埋处置，液相残留物应该尽可能回收利用。

比如在土地处置方面，受纳土地的质量和接收钻井废物的盐度的考量指标见表 5–4。

**表 5–4　受纳土壤盐度的考量指标**

| 处置方法 | 受纳土壤层位 / 类别 / 初始盐度标准 | 电导率（EC）改变量 | 钠离子吸附比（SAR）改变量 | 最大 Na（kg/ha）和 N（mg/kg）浓度 | 当钻井废物以下指标超标则对处置后土壤混合物需持续采样检测 |
|---|---|---|---|---|---|
| 直接泵出处理 | 表层土 | 混合后的 EC 不得超出土壤背景值 1 个单位，同时不得超过 2 dS/m | 混合后的 SAR 不得超出土壤背景值 1 个单位，同时不得超过 4 | Na：250 | EC＞5dS/m |
| | 良好 | | | | N＞20kg/ha |
| | EC＜2dS/m | | | N：25 | Na＞150kg/ha |
| | SAR＜4 | | | | |

续表

<table>
<tr><th>处置方法</th><th>受纳土壤层位 / 类别 / 初始盐度标准</th><th>电导率（EC）改变量</th><th>钠离子吸附比（SAR）改变量</th><th>最大 Na（kg/ha）和 N（mg/kg）浓度</th><th>当钻井废物以下指标超标则对处置后土壤混合物需持续采样检测</th></tr>
<tr><td rowspan="4">森林公共土地处置</td><td>表层土</td><td rowspan="4">混合后的 EC 不得超出土壤背景值 1 个单位，同时不得超过 2dS/m</td><td rowspan="4">混合后的 SAR 不得超出土壤背景值 1 个单位，同时不得超过 4</td><td rowspan="2">Na：250</td><td>EC＞8dS/m</td></tr>
<tr><td>良好</td><td>N＞20kg/ha</td></tr>
<tr><td>EC＜2dS/m</td><td rowspan="2">N：25</td><td>Na＞150kg/ha</td></tr>
<tr><td>SAR＜4</td><td></td></tr>
<tr><td rowspan="4">钻井时喷洒至土地上</td><td>表层土</td><td rowspan="4">混合后的 EC 不得超出土壤背景值 1 个单位，同时不得超过 2dS/m</td><td rowspan="4">混合后的 SAR 不得超出土壤背景值 1 个单位，同时不得超过 4</td><td rowspan="2">Na：250</td><td>EC＞10dS/m</td></tr>
<tr><td>良好</td><td>N＞20kg/ha</td></tr>
<tr><td>EC＜2dS/m</td><td rowspan="2">N：25</td><td>Na＞150kg/ha</td></tr>
<tr><td>SAR＜4</td><td></td></tr>
<tr><td rowspan="4">土壤铺开覆盖处理</td><td>0～1m 深土层</td><td rowspan="4">混合后的 EC 不得超出土壤背景值 2 个单位，同时不得超过 3dS/m</td><td rowspan="4">混合后的 SAR 不得超出土壤背景值 3 个单位，同时不得超过 6</td><td rowspan="2">Na：500</td><td rowspan="4">仅用于土壤覆盖：EC＞8dS/m，或［Na］＞2000mg/L，或 N＞300kg/ha</td></tr>
<tr><td>良好</td></tr>
<tr><td>EC＜3dS/m</td><td rowspan="2">N：400</td></tr>
<tr><td>SAR＜4</td></tr>
<tr><td rowspan="4">土壤铺开覆盖处理</td><td>0～1m 深土层</td><td rowspan="4">混合后的 EC 不得超出土壤背景值 1 个单位</td><td rowspan="4">混合后的 SAR 不得超出土壤背景值 2 个单位</td><td rowspan="2">Na 无适用数据</td><td rowspan="4">仅用于土壤覆盖：EC＞8dS/m，或［Na］＞2000mg/L，或 N＞300kg/ha</td></tr>
<tr><td>一般</td></tr>
<tr><td>EC 3～5dS/m</td><td rowspan="2">N：400</td></tr>
<tr><td>SAR：4～8</td></tr>
<tr><td rowspan="4">混合—填埋—覆盖处理</td><td>1～1.5m 深土层</td><td rowspan="4">混合后的 EC 不得超出土壤背景值 2 个单位</td><td rowspan="4">混合后的 SAR 不得超出土壤背景值 4 个单位</td><td>Na：无适用数据</td><td rowspan="4">EC＞10dS/m，或［Na］＞3000mg/L，或［N］（湿重）用于粗土处置≥6mg/kg 或精细土壤处置≥120mg/kg</td></tr>
<tr><td>良好或一般</td><td rowspan="3">N：粗颗粒土 10mg/kg，细颗粒土 40mg/kg</td></tr>
<tr><td>EC＜5dS/m</td></tr>
<tr><td>SAR＜8</td></tr>
<tr><td rowspan="2">混合—填埋—覆盖处理</td><td>＞1.5m 深土层</td><td rowspan="2">混合后的 EC 不得超出土壤背景值 3 个单位</td><td rowspan="2">混合后的 SAR 不得超出土壤背景值 6 个单位</td><td>Na：无适用数据</td><td rowspan="2">EC＞10dS/m，或［Na］＞3000mg/L，或［N］（湿重）用于粗土处置≥6mg/kg 或精细土壤处置≥120mg/kg</td></tr>
<tr><td>良好、一般、不好或不适合</td><td>N：粗颗粒土 10mg/kg，细颗粒土 40mg/kg</td></tr>
</table>

对三种不同用地类型（自然土地、农用土地、居住 / 公园用地）、两种土壤类型（粗粒土，平均粒径＞75μm；细颗粒土，平均粒径＜75μm），接纳钻井废物后烃类浓度的规定见表 5–5。

表 5–5　土壤烃类总量（mg/kg 干重）

| 烃类组分 | 自然用地 | | 农业用地 | | 居住 / 公园用地 | |
|---|---|---|---|---|---|---|
| | 细颗粒土 | 粗颗粒土 | 细颗粒土 | 粗颗粒土 | 细颗粒土 | 粗颗粒土 |
| C6～C10（包括苯系物） | 210 | 210 | 210 | 24 | 210 | 24 |
| C10～C16 | 150 | 150 | 150 | 130 | 150 | 130 |
| C16～C34 | 1300 | 300 | 1300 | 300 | 1300 | 300 |
| C34 | 5600 | 2800 | 5600 | 2800 | 5600 | 2800 |
| 苯 | 0.046 | 0.078 | 0.046 | 0.073 | 0.046 | 0.073 |
| 甲苯 | 0.52 | 0.12 | 0.52 | 0.12 | 0.52 | 0.12 |
| 乙苯 | 0.073 | 0.14 | 0.073 | 0.14 | 0.073 | 0.14 |
| 二甲苯 | 0.99 | 1.9 | 0.99 | 1.9 | 0.99 | 1.9 |

对三种不同用地类型（自然土地、农用土地、居住 / 公园用地）接纳钻井废物后总的金属浓度的规定见表 5–6。

表 5–6　土壤重金属总量（mg/kg 干重，硼除外）

| 金属组分 | 农业用地 | 自然用地 | 居住 / 公园用地 |
|---|---|---|---|
| 锑 | 20 | 20 | 20 |
| 砷 | 17 | 17 | 17 |
| 钡 | 750 | 750 | 500 |
| 硫酸钡 | 10000 | 10000 | 10000 |
| 铍 | 5 | 5 | 5 |
| 硼（mg/L，饱和提取液） | 3.3 | 3.3 | 3.3 |
| 镉 | 1.4 | 3.8 | 10 |
| 总铬 | 64 | 64 | 64 |
| 六价铬 | 0.4 | 0.4 | 0.4 |
| 钴 | 20 | 20 | 20 |
| 铜 | 63 | 63 | 63 |
| 铅 | 70 | 70 | 140 |

续表

| 金属组分 | 农业用地 | 自然用地 | 居住 / 公园用地 |
| --- | --- | --- | --- |
| 汞 | 6.6 | 12 | 6.6 |
| 钼 | 4 | 4 | 4 |
| 镍 | 45 | 45 | 45 |
| 硒 | 1 | 1 | 1 |
| 银 | 20 | 20 | 20 |
| 铊 | 1 | 1 | 1 |
| 锡 | 5 | 5 | 5 |
| 铀 | 23 | 33 | 23 |
| 钒 | 130 | 130 | 130 |
| 锌 | 200 | 200 | 200 |

阿尔伯塔省制定的钻井废物管理办法《Drilling Waste Management》能为油气井或管道公司有效地提供钻井废物的管理方法，确保接纳钻井废物的场地恢复到同等的土地能力，并通过监测和报告，确保钻井废物管理实际操作中满足 AER 的规定，实现环境保护，且与其他废物管理规定的要求一致。

### 3. 中国

“十二五”期间，我国页岩气勘探开发取得重要突破，已分别设立“涪陵”“昭通”“长宁—威远”3 个国家级海相页岩气示范区和延安陆相国家级页岩气示范区，并在“十三五”期间加大富顺—永川勘探开发区、重庆宣汉—巫溪勘探开发区、湖北荆门勘探开发区、四川荣昌—永川勘探开发区、四川威远—荣县勘探开发区、川东南勘探开发区、美姑—五指山勘探开发区等 8 个勘探区评价突破及建产工作。

为保障页岩气环保可持续开发，国家、地方政府就钻井岩屑等固体废物处置分别制定相应的法律、法规，确保页岩气开发过程钻井固废处置按照“减量化、无害化、资源化”方式进行。

*1）国家层面*

首先，针对页岩气钻井岩屑，国家目前并没有发布相应的法律法规，其管理要求仍按照国家相关的环保法规来执行。其次，由于页岩气开采有其地域性，页岩气钻井废弃物的管理还必须遵循所在省市发布的法律规范。

针对天然气开发产生的钻井岩屑，其目前按固体废弃物进行管理。固体废物管理方面，国家先后发布的《中华人民共和国固体废物污染环境防治法》《中华人民共和国循环经济促进法》等确立了我国固体废物处理处置的“减量化”“无害化”“资源化”原则，在贮存和处置方面也有 GB 18599—2001《一般工业固体废物贮存、处置场污染控制标准》、GB 18597—2001《危险废物贮存污染控制标准》、GB 18598—2019《危险废物填埋污染控制标准》、GB 18484—2001《危险废物焚烧污染控制标准》等标准。针对固体废物鉴别，国家发布《固体废物鉴别标准通则》《危险废物鉴别标准》和《国家危险废物名录》等。针对固体废物资源化利用，可参考的技术标准有《水泥生产原料中废渣用量的测定方法》《水泥窑协同处置固体废物环境保护技术规范》《水泥窑协同处置固体废物污染防治技术政策》《水泥窑协同处置固体废物污染控制标准》《水泥窑协同处置固体废物技术规范》《废矿物油回收利用污染控制技术规范》等技术标准和规范。石油天然气行业也制定了 SY/T 7298—2016《陆上石油天然气开采钻井废物处置污染控制技术要求》、SY/T 7300—2016《陆上石油天然气开采含油污泥处置及污染控制技术规范》、SY/T 7301—2016《陆上石油天然气开采含油污泥资源化综合利用及污染控制技术要求》等系列标准。

2）四川省

2018 年 2 月，四川省环保厅发布《四川省页岩气开采业污染防治技术政策》，该政策分别针对水基岩屑、油基岩屑等固体废物从收集、储存、贮存、处理、处置等方面提出了明确的要求，并鼓励企业研发环境友好型新技术、新工艺，以减少页岩气开采业对环境所造成的影响。

该政策提出页岩气开采产生的固体废物应实行全过程管理，并按照“减量化、资源化、无害化”的原则，减少固体废物的产生量，并对其进行资源化利用和无害化处理处置。对页岩气开采产生的固体废物可采用集中或橇装化的处理方式，并按相关要求办理环保手续。集中处理设施的数量、服务半径、处理能力等应根据区域开发建设情况合理规划布局。气体钻井、水基钻井液钻井、油基钻井液钻井等钻井作业应全程采用岩屑不落地工艺对钻屑进行分类收集、储存和转运。水基岩屑应首先进行固液分离，降低含水率，回收其中的液相并重复利用，剩余固相优先考虑资源化利用，同时加强其暂存、预处理、转运等过程的环境管理，避免二次污染。外送加工利用水基岩屑，应符合接纳企业对原材料的质量和规格要求，同时接纳企业应具有相关环保手续；企业自身加工利用水基岩屑，应符合国家行业技术政策和相关环保要求；利用水基岩屑加工制作成产品外售，应符合产品质量标准。无害化填埋水基岩屑，其填埋场所应符合《土地污染防治行动计划》《一般工业固体废弃物贮存、处置场污染控制标准》的相关规定。针对油基岩屑，该政策也明确提出应对油基岩屑首先进行再生利用，回收其中的基础油和油基钻井液并重复使用，并提出可采用离心、热脱附、萃取、洗净分离等工艺技术。针对处理后的油基岩屑固相残渣，该政策提出若符合相关国家污染物排放（控制）标准或技术规范要求，且符合国家、地方制定或行业通行的

被替代原料生产的产品质量标准的，不作为固体废物管理，按照相应的产品管理。除此之外，均按危险废物进行管理；鼓励研发环境友好型新技术，如钻井液替代技术、钻井废弃物不落地实时收集和处理技术、油基岩屑回收利用技术、钻井岩屑资源化高效利用技术等。

3）重庆市

重庆市为促进页岩气勘探开发行业健康持续发展，维护生态环境，保障环境安全，于 2016 年 9 月正式发布《重庆市页岩气勘探开发行业环境保护指导意见（试行）》。该文件针对钻井固体岩屑明确指出应按照“减量化、资源化、无害化”处理处置原则，除油基岩屑外的水基钻井岩屑优先实施资源化利用，不能资源化利用的，完钻后在废水池无害化填埋处理，并做好台账记录；油基岩屑通过不落地收集后运至油基岩屑回收利用站进行回收利用。转换钻井液、完井液尽可能回收利用。针对油基岩屑回收利用，区县为单位的开采区域内建设单位配套建设油基岩屑回收利用站，油基岩屑收集、运输过程按《危险废物收集、贮存、运输技术规范》要求执行，贮存场所按《危险废物贮存污染控制标准》要求设置。企业回收利用油基岩屑执行申报登记和转运联单制度。若区县开采区域内建设单位不具备油基岩屑回收能力，应交由有资质的单位进行处置。油基岩屑回收利用应采用先进、成熟工艺，并符合环境保护有关要求。回收的矿物油尽可能回收利用，若不能自行利用，则必须按照危险废物进行管理。油基钻屑脱油后的灰渣优先资源化利用，若不能资源化利用，则将岩屑含油率处理低于 2% 后运至井场废水池与普通水基钻屑分开无害化填埋处理，运输车辆采取防散落和防扬撒措施，做好台账记录，严禁随意抛撒、掩埋。用作无害化填埋的废水池应采取钢筋混凝土结构，并满足《固体废物处理处置工程技术导则》和《一般工业固体废物贮存、处置场污染控制标准》两类固废处置要求。填埋池周边设置导流渠，确保排水畅通，避免外界径流和雨水流入池内造成池面覆土层积水。无害化填埋作业完成后建设单位对填埋池周边地下水和土壤开展跟踪监测，并将检测结果上报所在地方环保部门。

## 第二节　国内页岩气钻井固体废弃物产生情况及主要处理处置方式

### 一、国内页岩气钻井固体废弃物产生数量

钻井岩屑是页岩气开发过程中主要的钻井废弃物，在严格执行清洁生产相关规范、优化生产工艺、确保废弃钻井液转运回用等方式的情况下，3500m 以浅海相页岩

气开发钻井固体废弃物单井产生量（含清掏罐及后续清除废物产生量）详见表 5–7。钻井岩屑的产生数量与钻井井眼尺寸密切相关，目前页岩气钻井井身结构，一般采用四开四完，每开钻井岩屑产生量详见表 5–8。截至 2018 年年底，中国石化涪陵页岩气田累计钻井 452 口、完井 418 口，累计产生钻井固体废弃物约 $65 \times 10^4 m^3$。中国石油西南油气田已在四川南部建成长宁—威远国家级页岩气示范区，2019—2020 年，累计产生钻井固体废弃物 $120 \times 10^4 m^3$。

表 5–7　3500m 以浅海相页岩气单井固体废弃物产生量统计表

| 序号 | 井深，m | 理论岩屑产生量，$m^3$ | 实际产生量，$m^3$ |
|---|---|---|---|
| 1 | 4000～4500 | 1200～1350 | 1000 |
| 2 | 4500～5000 | 1350～1500 | 1200 |
| 3 | 5000～5500 | 1500～1650 | 1500 |

注：所统计固体废弃物产生量不包含因复杂地层造成的事故，如井壁坍塌、井漏处理等因素的影响。

表 5–8　3500m 以浅海相页岩气单井每开钻井固体废弃物产生量统计表

| 序号 | 井眼尺寸，mm | 井眼段长，m | 岩屑产生量，$m^3$ |
|---|---|---|---|
| 1 开 | 660.4 | 100～200 | 40～100 |
| 3 开 | 311.2 | 1000～1200 | 200～300 |
| 4 开 | 215.9 | 2800～3000 | 300～400 |

注：所统计固体废弃物产生量不包含因复杂地层造成的事故，如井壁坍塌、井漏处理等因素的影响。

## 二、页岩气钻井岩屑污染特性

根据钻井岩屑产生流程判断，其主要物质为泥、砂、钻井液添加剂和水。其中泥、砂来自于所钻遇不同地层物质（表 5–9）；钻井液添加剂大致可分为膨润土、加重材料、降滤失剂、页岩抑制剂、润滑剂、絮凝剂、分散剂等。

表 5–9　川渝地区页岩气开发钻遇地层及其岩性

| 地层 | 岩性简述 | 地层 | 岩性简述 |
|---|---|---|---|
| 须家河组 | 砂岩、页岩 | 嘉四 $^3$ 亚段 | 白云岩夹石膏 |
| 雷口坡组 | 灰色石灰岩、白云岩、底部为绿豆岩 | 嘉四 $^2$ 亚段 | 石膏夹膏质、白云岩 |
| 嘉五 $^2$ 亚段 | 白云岩夹石膏 | 嘉四 $^1$—三 $^3$ 亚段 | 白云岩、石灰岩 |
| 嘉五 $^1$ 亚段 | 石灰岩 | 嘉三 $^2$ 亚段 | 石灰岩 |
| 嘉四 $^4$ 亚段 | 石膏夹泥晶、白云岩 | 嘉三 $^1$ 亚段 | 石灰岩 |

续表

| 地层 | 岩性简述 | 地层 | 岩性简述 |
|---|---|---|---|
| 嘉二$^3$亚段 | 白云岩、石灰岩、石膏 | 茅三段 | 石灰岩 |
| 嘉二$^2$亚段 | 白云岩、石膏、泥岩 | 茅二 a 亚段 | 石灰岩，底含燧石 |
| 嘉二$^1$—嘉一段 | 石灰岩、白云岩 | 茅二 b 亚段 | 石灰岩 |
| 飞四—飞二段 | 泥岩夹粉砂岩及薄层石灰岩 | 茅二 c 亚段 | 石灰岩 |
| 长兴组 | 石灰岩、页岩互层及凝灰质砂岩 | 茅一 a 亚段 | 黑灰色含泥质石灰岩 |
| 龙潭组 | 铝土质泥岩夹页岩、凝灰质砂岩 | 茅一 b 亚段 | 石灰岩 |
| 茅四段 | 石灰岩，含燧石 | 茅一 c 亚段 | 石灰岩 |
| 茅三段 | 石灰岩 | 栖二段 | 石灰岩 |
| 茅二 a 亚段 | 石灰岩，底含燧石 | 栖一 a 亚段 | 石灰岩 |
| 飞四—飞二段 | 泥岩夹粉砂岩及薄层石灰岩 | 梁山组 | 页岩夹粉砂岩 |
| 飞一段 | 泥质石灰岩夹页岩及泥岩 | 韩家店组 | 粉砂岩、页岩夹石灰岩 |
| 长兴组 | 石灰岩、页岩互层及凝灰质砂岩 | 石牛栏组 | 页岩、粉砂岩夹薄层石灰岩 |
| 龙潭组 | 铝土质泥岩夹页岩、凝灰质砂岩 | 龙马溪组 | 页岩 |
| 茅四段 | 石灰岩，含燧石 | | |

通过对国内典型页岩气区块钻井岩屑进行放射性检测分析（表 5-10），钻井岩屑中天然放射性比活度符合建筑主体材料比活度要求，同时各层位岩屑放射性指标也与地区土壤本底放射性指标相当，岩屑放射性不会对周边动植物和人员造成影响。

**表 5-10　某页岩气区块钻井固体废弃物天然放射性检测情况**

| 取样层位（对比） | 226Ra（Bq/kg） | 232Th（Bq/kg） | 40K（Bq/kg） | Ira | Iγ |
|---|---|---|---|---|---|
| 须家河 | 17.5 | 21.7 | $3.82\times10^2$ | 0.09 | 0.22 |
| 雷口坡 | 25.4 | 24.3 | $4.21\times10^2$ | 0.13 | 0.26 |
| 嘉陵江 | | | | | |
| 飞仙关 | 29.5 | 27.2 | $4.62\times10^2$ | 0.15 | 0.29 |
| | 27.1 | 33.4 | $4.76\times10^2$ | 0.14 | 0.32 |
| | 25.9 | 29.7 | $3.73\times10^2$ | 0.13 | 0.27 |
| 长兴 | 36.8 | 21.7 | $2.61\times10^2$ | 0.18 | 0.25 |

续表

| 取样层位（对比） | 226Ra（Bq/kg） | 232Th（Bq/kg） | 40K（Bq/kg） | Ira | Iγ |
|---|---|---|---|---|---|
| 龙潭 | 32.7 | 38 | $1.9 \times 10^2$ | 0.16 | 0.28 |
| 茅口 | 29.0 | 32.3 | $4.49 \times 10^2$ | 0.15 | 0.31 |
| 栖霞 | 29.0 | 32.3 | $4.49 \times 10^2$ | 0.10 | 0.26 |
| 梁山 | 20.8 | 9.78 | 69.3 | 0.10 | 0.11 |
| 石牛栏 | 14.7 | 18.8 | $6.51 \times 10^2$ | 0.07 | 0.27 |
| 龙马溪 | 30.4 | 22.1 | $2.05 \times 10^2$ | 0.15 | 0.22 |
| | 80.5 | 54.4 | $5.92 \times 10^2$ | 0.40 | 0.57 |
| 宜宾兴文 | 38.6 | 54.9 | $5.38 \times 10^2$ | 0.19 | 0.44 |

参考《土壤环境质量标准》《农用污泥污染控制标准》《陆上石油天然气开采钻井废物处置污染控制技术要求》等国家标准，并借鉴宾夕法尼亚州、加拿大阿尔伯塔省等国外页岩气主产区对岩屑排放中重金属限量值，目前典型页岩气区块中钻井岩屑各项重金属含量均低于国内标准重金属限值，不会对环境和动植物造成影响（表 5–11）。

钻井液添加剂可分为膨润土、加重材料、降滤失剂、页岩抑制剂、润滑剂、絮凝剂、分散剂等。这些添加剂中大部分材料属于易生物降解材料，对环境不构成长期影响。但有少量化学添加剂对生物具有抑制作用，例如 SMP–1、SMP–2、黄原胶、白油、柴油等。此外，部分添加剂中存在重金属、苯系物、多环芳烃等对环境有害物质。表 5–12 列出川渝地区页岩气开发典型钻井液体系组成及生物毒性[4]。

当采用聚合物钻井液或高性能水基钻井液时，其未处理的钻井固体废弃物浸出液在自然状态下呈褐黑色，氯离子、色度、石油类物质等分析结果见表 5–13。通过对比 GB 8978—1996《污水综合排放标准》，上述指标中均明显超过污水综合排放标准指标要求；若因钻遇地层地质或井眼轨迹较复杂采用油基钻井液时，其未处理处置的岩屑含油率通常在 20%～30%，浸出液石油类物质含量远超过 GB 8978—1996《污水综合排放标准》中石油类物质排放限值要求。若未对上述钻井固体废弃物进行有效的管理及处置，当发生泄露，严重时造成地表河流发黑、发臭，植被动物大量死亡，甚至最终引发周边居民有致癌、致畸、自突变的风险。

综上所述，页岩气钻井固体废弃物存在对环境污染特征物包括石油烃、无机盐、COD 等。

表 5-11　某页岩气区块钻井废弃物重金属含量表

| 层位 | 钻井液体系 | ω（As）（mg/kg） | ω（6价Cr）（mg/L） | ω（Ag）（mg/kg） | ω（Se）（mg/kg） | ω（Hg）（mg/kg） | ω（Ni）（mg/kg） | ω（Cu）（mg/kg） | ω（Cd）（mg/kg） | ω（Ba）（mg/kg） | ω（Pb）（mg/kg） | ω（Cr）（mg/kg） | ω（Zn）（mg/kg） |
|---|---|---|---|---|---|---|---|---|---|---|---|---|---|
| 须家河 | 清水 | 5.61 | 0.009 | <5.0 | 0.08 | 0.017 | 16.4 | 10.5 | 0.32 | 7.07×103 | 63.7 | 34.3 | 102 |
| 雷口坡 | 清水 | 9.01 | 0.034 | <5.0 | 0.07 | <0.002 | 11.4 | 12.2 | 0.68 | 6.65×102 | 64.8 | 24.2 | 173 |
| 嘉陵江 | 清水 | 3.50 | <0.004 | <5.0 | 0.04 | 0.012 | 11.0 | 7.15 | 0.089 | 9.58×102 | 13.7 | 17.4 | 24.3 |
| 飞仙关 | 聚合物钻井液 | 4.79 | <0.004 | <5.0 | 0.66 | 0.11 | 67.4 | 75.1 | 0.841 | 8.72×103 | 14.50 | 146.00 | 119.00 |
|  |  | 4.42 | <0.004 | <5.0 | 0.97 | 0.11 | 64.1 | 78.5 | 0.804 | 8.34×102 | 14.10 | 140.00 | 115.00 |
|  |  | 4.66 | <0.004 | <5.0 | 0.54 | 0.1 | 61 | 83.3 | 0.699 | 7.85×103 | 13.90 | 135.00 | 111.00 |
| 长兴 | 聚合物钻井液 | 8.08 | <0.004 | <5.0 | 0.94 | 0.096 | 37.1 | 42.2 | 0.492 | 1.22×103 | 10.20 | 88.00 | 78.50 |
| 龙潭 | 聚合物钻井液 | 1.95 | <0.004 | <5.0 | 0.08 | 0.062 | 60.7 | 90.0 | 0.339 | 5.78×103 | 13.90 | 139.00 | 123.00 |
| 茅口 | 聚合物钻井液 | 4.07 | 0.014 | <5.0 | 0.39 | 0.10 | 40.6 | 54.2 | 0.54 | 1.28×104 | 122 | 110 | 147 |
| 栖霞 | 聚合物钻井液 | 3.15 | <0.004 | <5.0 | 0.19 | 0.03 | 14.5 | 20.6 | 0.368 | 5.07×103 | 13.60 | 38.00 | 23.30 |
| 梁山 | 聚合物钻井液 | 5.08 | <0.004 | <5.0 | 0.90 | 0.37 | 33.5 | 42.8 | 0.84 | 8.07×103 | 90.9 | 83.8 | 95.6 |
| 韩家店 | 清水 / 油基 | 7.27 | <0.004 | <5.0 | 0.21 | 0.17 | 58.9 | 51.9 | 0.78 | 2.12×103 | 137 | 225 | 140 |
| 石牛栏 | 清水 / 油基 | 2.57 | <0.004 | <5.0 | 0.29 | 0.10 | 11.3 | 29.4 | 0.496 | 1.64×104 | 37.30 | 61.00 | 79.30 |
| 龙马溪 | 油基钻井液 | 26.8 | 0.007 | <5.0 | <0.01 | 0.15 | 32.6 | 38.5 | 0.79 | 1.07×104 | 50.7 | 40.6 | 92.4 |
|  |  | 15.2 | <0.004 | <5.0 | <0.01 | 0.18 | 41.1 | 33.9 | 0.79 | 3.42×103 | 51.9 | 52.7 | 117 |

表 5-12 页岩气开发典型钻井液体系组成及毒性情况[4]

| 钻井液体系 | 基本情况 | 发光细菌 EC50/（mg/L） | 生物毒性 |
|---|---|---|---|
| 油基钻井液 | 威 204H9-6 井，4700m | $10^3$～$10^4$ | 微毒 |
| 高性能水基钻井液 | 威 204H10-5，5050m | $10^3$～$10^4$ | 微毒 |
| 聚合物无固相 | 淡水 +0.2%KPAM+0.2%FA367 | > $10^5$ | 无毒 |
| 聚合物钻井液 | 40%1.06g/$cm^3$ 的预水化膨润土浆 +0.10%FA367+0.15KPAM+1%LS-2+3%FRH+2%FK-10+0.3%CaO | $10^3$～$10^4$ | 微毒 |

表 5-13 某页岩气区块钻井岩屑浸出液分析结果

| 项目 | 分析测试方法 | 样品来源 | | | | 标准值（一级） |
|---|---|---|---|---|---|---|
| | | 聚磺体系 1 | 聚合盐体系 | 聚磺体系 2 | 聚磺体系 3 | |
| 含水率，% | 重量法 | 56.07 | 59.84 | 63.50 | 81.4 | — |
| 色度 | 稀释倍数法 | 6200 | 8200 | 320 | 640 | 50 |
| 石油类物质 mg/L | 红外光谱法 | 22.463 | 36.466 | 12.518 | 8.006 | 10 |
| pH 值 | 玻璃电极法 | 11.45 | 8.86 | 10.94 | 10.92 | 6～9 |
| 氯离子 mg/L | 硝酸银滴定法 | 34189.4 | 1449.55 | 29740.78 | 23192.81 | — |
| COD mg/L | 重铬酸盐法 | 22466.4 | 8271.7 | 7904.1 | 4309.5 | 100 |

## 三、页岩气钻井固体废弃物基本控制途径

控制钻井固体废弃物基本途径是减少其产出量和资源化、无害化处理处置含污岩屑，其控制途径如图 5-1 所示，现分述如下。

### 1. 减少钻井固体废弃物产出量

减少含污岩屑产出量是减小后续岩屑处理装置规模的前提，必须充分注意，可采取以下措施：

一是优化钻井生产工艺，从源头减少钻井废物产生量。例如，在不影响井控安全的前提下，优化钻井井身结构，采用小尺寸钻头、小井眼连续管钻井技术，从源头减少钻井废物的产生总量。

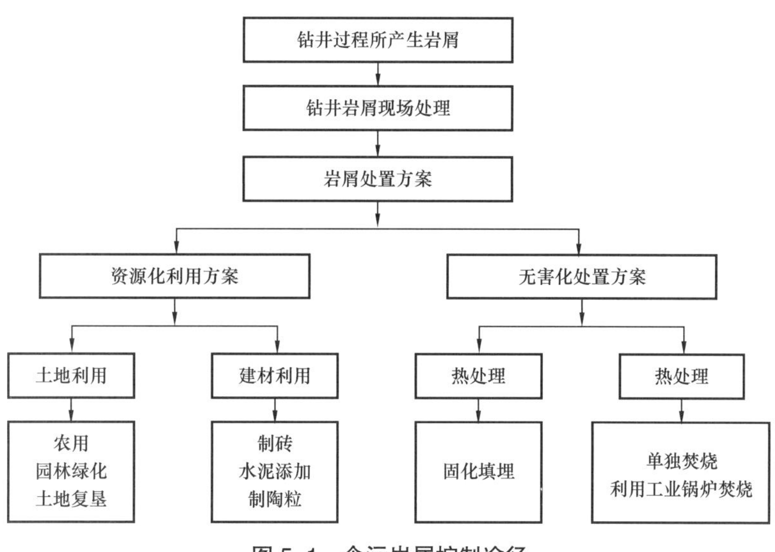


图 5-1　含污岩屑控制途径

二是进行岩屑综合分类管理。将其清洁未受污染的岩屑（空钻岩屑、清水钻岩屑）与其他岩屑（水基岩屑、油基岩屑）进行分类管理，可有效减少含污岩屑总量，减轻施工单位环保压力。

三是采用绿色环保钻井液原材料。如采用空气、氮气替代传统水基钻井液，采用环保可降解合成基钻井液替代油基钻井液等。

### 2. 岩屑无害化处理与处置

利用物理、化学、生物中的一种或多种方式，将岩屑中可能会对周界环境、人员造成影响的污染物“稳定化”，使其不对环境造成危害。目前针对页岩气钻井岩屑稳定化技术主要是利用化学或生物药剂，使其与污染物发生化学反应或降解反应，转化为低溶解度、低迁移性、低毒性物质的过程。

### 3. 岩屑资源化综合利用

合理利用钻井清洁化生产设备，不仅可回收利用钻井岩屑中混杂的重晶石、白油等钻井液添加剂，降低页岩气钻井液制备成本，同时也起到减少含污固废产生总量的目的。经场内处理后的岩屑，可作为建筑材料原料，提供给当地地方建材生产企业，降低建材企业挖取建材原材料时，对地方环境的破坏。以目前川渝地区页岩气开发钻井岩屑为例，从表 5-9 中可以看出，其钻遇地层从须家河至龙马溪组，产出岩屑岩性以石灰岩、白云岩、页岩为主。而这部分岩性的岩屑恰好可替代部分建筑材料制备中的原材料。即可利用钻井岩屑生产相应强度等级的免烧砖、免烧砌块、烧结砖等建材制品；也可作为水泥生产原材料用于制备生产拉法基水泥；粗细骨料添加固化类材料后，还可用于钻井井场道路路面基土。

## 第三节 水基钻井岩屑处理与处置技术

水基钻井岩屑处理（water-based drilling cuttings treatment）是指水基钻井岩屑经单元工艺组合达到“减量化、稳定化”的过程。钻井岩屑处理的目的主要有：（1）减量化，分离出钻井岩屑中的废弃钻井液，减少岩屑最终处置前的体积和重量，以降低岩屑处理及最终处置的费用；（2）稳定化，分解岩屑中的部分有机物，大幅降低岩屑中的重金属、pH，并方便运输和最终处置，避免产生二次污染。

水基岩屑处置（water-based drilling cuttings disposal）是指处理后的岩屑弃置于自然环境中（地面、地下）或再利用，能够长期稳定并对生态环境无不良影响的最终消纳方式。其处置方式主要通过“无害化”和“资源化”方式进行处置。无害化，将岩屑中的重金属、石油类等污染物降低至环境可接纳程度，避免对环境的污染；资源化，利用岩屑中的矿物成分和有机物制取土壤、建筑材料，由于岩屑资源化可以达到保护环境、变害为利的效果，因此该领域吸引了越来越多的环保机构的学者进行研究，某些技术已在现场取得一定的成效。从目前国内外已建成运行的岩屑处置项目来看，常见的岩屑处置技术有微生物处理（耗氧发酵、厌氧堆肥）、固化处置、制备烧结砖、免烧砖、水泥等建筑材料。

由于国情不同，各国采用的处理方式和技术也各有不同，各国根据自己实际情况来选择某种较为合适的处理方法。据资料统计，美国钻井废弃物中的38%回注处理，19%回收再利用，15%集中处理，11%自然蒸发，5%土壤分散处理，2.5%道路分散处理，0.4%热处理，小于0.4%的随市政或工业垃圾填埋，9%采用其他方式处理，如现场回填[5]。欧盟2001/118/EC《废物/危险废物名录》中规定含油、含危险废物成分的钻井岩屑属于危险废物，而水基岩屑、含重晶石、含氯化物的废弃物属于一般固体废物，其10%卫生填埋、30%焚烧、58%土地利用，2%采取其他方式[6]。

在我国，大部分岩屑早期多为填埋处置，或脱液后进行固化填埋处置，这已成为威胁我国土壤环境的污染源之一。自从2015年“史上最严厉的环保法”出台，油田企业的环保问题越来越受到地方政府和人民群众关注。如何经济高效地对钻井岩屑进行处理处置，并找到适合我国国情的岩屑处理处置技术，是目前油田企业迫切需要解决的问题。以下是目前国内外主要的钻井岩屑处理处置技术。

### 一、水基钻井岩屑减量化处理技术

#### 1. 浓缩技术

1）原理与作用

岩屑浓缩脱水的作用是通过重力或机械方式去除岩屑中的一部分水分，减小体积

和重量。

2）浓缩方法

岩屑浓缩的方法主要分为重力浓缩和机械浓缩。

（1）重力浓缩处理技术。

重力浓缩是一种沉降分离工艺，属于压缩沉淀，是岩屑浓缩方法的主体[7]，依靠岩屑中固体物质的重力作用进行沉降和压密，通过在沉淀中形成高浓度岩屑污泥层达到浓缩岩屑的目的，不需要外加能量，是一种最节能的岩屑浓缩方法。单独重力浓缩是在独立的岩屑储存池 / 罐中进行，该方法对清水、空气钻所产生岩屑有效，但并非适用于所有岩屑。如该方法对聚合物水基钻井液、高性能水基钻井液所产生的岩屑，停留时间较长且效果并不明显。

（2）机械浓缩处理技术。

机械浓缩主要有离心浓缩、高频振动塞浓缩等方式，具有占地面积小、造价低、所需时间更短等特点，以高频振动塞浓缩为例，仅需几分钟，浓缩后岩屑含水率要比重力浓缩含水率低，但动力消耗较大，设备维护管理工作量大。与重力浓缩技术相比，机械浓缩运行费用与机械维修费较高。

目前，岩屑机械浓缩一般用于钻井清洁化生产前端，作为页岩气钻井清洁化生产常用设备，岩屑机械浓缩一体化设备具有操作简单和维护保养方便等一系列特点，在钻井生产现场进行使用。岩屑浓缩一体化设备（图 5–2）一般由高频振动塞和高速离心机组成。

图 5–2　岩屑机械浓缩一体机现场装置

## 2. 机械脱水处理技术

岩屑经浓缩处理后，尚有 80% 含水率，高于各油田公司对固废含水率要求，需对岩屑进一步进行干化和脱水处理。目前用于钻井岩屑常用的脱水处理工艺有自然干化法和机械脱水法，其中，机械脱水法已在页岩气钻井清洁化生产领域广泛使用。

1）原理与作用[7]

岩屑中水分含量对岩屑处理具有重要的影响。水分在岩屑中有四种存在形式：游离水（间隙水分）、毛细管结合水、表面吸附水和结合（内部）水，这四种形式反映了水分与岩屑固体颗粒结合的情况。

（1）游离水，是指岩屑颗粒包围着的自由水或间隙水，约占岩屑水分总量的70%。它并不与固体颗粒直接结合，作用力弱，因而很容易分离。只需要利用重力作用或简单机械设备即可将其分离出来。

（2）毛细管结合水，是指在固体颗粒接触面上由毛细管压力结合，充满岩屑颗粒之间或充满岩屑本身裂隙中的水分，一般情况毛细管结合水约占岩屑中含水量的20%。由于毛细管结合水与岩屑颗粒之间结合力较强，故需借助较高的机械作用力和能量才能去除这部分水分。

（3）表面吸附水，是指在岩屑颗粒表面附着的水分，这部分水比毛细管结合水更难脱除。为满足钻井需求，利用水基钻井液所产生的岩屑，主要由亲水性带电胶体颗粒组成，岩屑水域固体颗粒结合力很强，比阻值大，脱水性能较差。因而表面吸附水用普通浓缩方式去除比较困难，需对其岩屑进行调理，破坏其胶体结构，并使其絮凝或混凝，为下一步机械分离创造条件。

（4）内部水，是指岩屑颗粒内部结合的水分，这种内部结合水与固体成分结合很紧密，利用机械手段很难将其分离。

岩屑机械脱水处理技术，即利用机械手段将岩屑中的毛细管结合水和表面吸附水与岩屑颗粒进行分离，达到钻井岩屑减量化的目的。

2）钻井岩屑调理

一般在机械脱水处理技术前，需对所收集的钻井岩屑进行调理。目前用于钻井岩屑破胶调理剂主要有无机调理剂、有机调理剂、有机无机复合絮凝剂等。

岩屑无机调理剂组要使用铁盐、铝盐、石灰、粉煤灰等，硫酸铝是世界上水和废水处理中最早、最多的药剂。自19世纪末美国首先将硫酸铝用于水处理以来，一直就被广泛采用。无机高分子药剂产业始于日本，于20世纪60年代后期在世界各地发展起来，它比原有传统药剂效能更高但价格相对较低，因而逐步成为主流药剂的趋势[12]。

有机调理剂在1960年开始投入使用，与无机药剂结构、类型的单一不同，有机药剂可以分为许多不同类型的产品，这些产品具有不同的化学组成及有效官能团。此外与无机脱水药剂相比，有机药剂具有渣量少，受pH值影响较小等优点，但存在费用高等缺点[8]。

单独使用无机絮凝剂能加强絮体的结构，但形成的絮体较小，需较多的药剂；单

独使用有机絮凝剂能形成较大的絮体，用量小，但是絮体强度不够；结合两种絮凝剂后，不仅能形成大而坚固的絮体，而且用药量比单独使用一种絮凝剂时减少，降低调理费用，岩屑脱水效果更好。

目前，各种调理方法与机械脱水方式相结合能达到脱水效果，见表 5–14。

表 5–14　各种调理方法与主要机械脱水效果对比表

| 序号 | 调理方式 / 脱水机械 | 带式压滤机或离心脱水机泥饼含水率，% | 板块压滤机泥饼含水率 % |
|---|---|---|---|
| 1 | 采用有机高分子药剂 | 70～82 | 65～75 |
| 2 | 采用无机金属盐药剂 | — | 65～75 |
| 3 | 采用无机金属盐药剂和高分子有机药剂 | — | 55～65 |
| 4 | 采用无机金属盐药剂和石灰 | | 55～65 |

经岩屑调理后，即可利用机械方式对其进行固液分离，目前常用于钻井岩屑机械脱水的装置主要有带式脱水装置、高速离心机、板框压滤脱水机、真空过滤脱水机等。

3）机械处理装置

带式脱水装置如图 5–3 所示，其处理过程噪声小，电耗少，但占地面积和冲洗水量较大，常用于大型处理站对岩屑尾矿进行脱水处理。带式脱水进泥含水率要求一般为 97% 以下，除泥含水率一般可达到 75% 左右。因占地面积大，脱水效果一般，目前在钻井现场随钻处理很少应用该工艺装置。

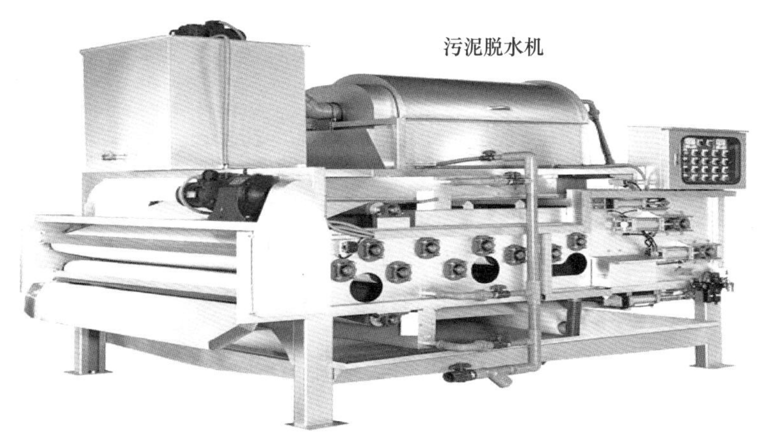


图 5–3　带式脱水装置

高速离心脱水装置如图 5–4 所示，常用卧式高速沉降离心脱水，由内外转筒组成，转筒一端呈圆柱形，另一端呈圆锥形。转速一般在 3000r/min 或更高，内外转桶有一定速度差。卫生条件较好，占地面积较小，不需要冲洗水，但电耗较高，药剂量高，噪声较大，且设备易发生故障。离心脱水进泥含水率要求一般为95%左右，出泥含水率一般可达70%左右。

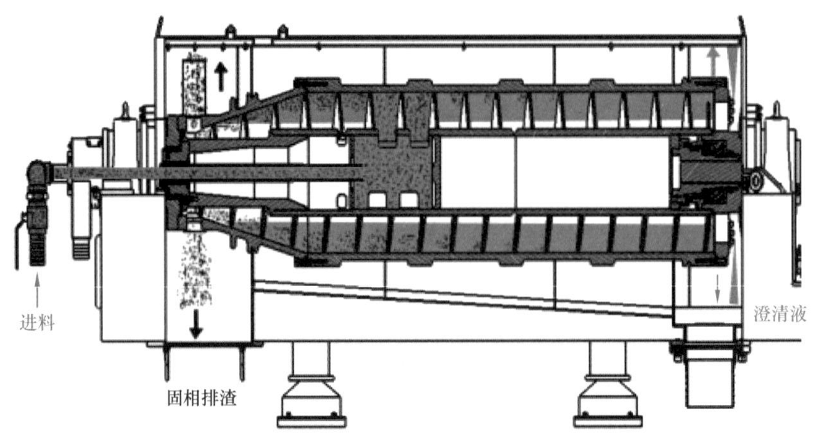


图5-4 卧式高速离心机

板块式压滤脱水装置如图5-5所示，脱水后固相含水率低，占地较为适中，其出泥含水率较低，但进泥、出泥是间歇的，生产效率较低。板块式压滤机进泥含水率要求一般为97%以下，处理后岩屑含水率一般可降至45%以下。

图5-5 板块式压滤机

真空过滤脱水装置是利用抽真空的方法造成过滤介质两侧压力差而进行脱水。该装置能够连续生产，运行平稳，可自动控制，但装置设备较多，工艺复杂，运行费用较高。通过文献调研，日本将该装置作为钻井岩屑常规脱水处理装置进行大规模应用，其应用效果良好。

4）机械处理工艺流程

机械脱水处理技术在陆上石油天然气开发领域使用较多，技术较为成熟，在页岩

气开发领域，该项技术已形成较为完善的工艺流程，具体工艺流程如图 5-6 所示，其整体工艺流程主要分为以下四步：

第一步：利用场内“泥浆不落地”装置收集从井队固控设备出口处分离的钻井岩屑。

第二步：通过叉车或砂浆泵等方式，将所收集的岩屑转运至岩屑储存搅拌罐内。

第三步：根据该井段钻井液性质和岩屑特性，在储备搅拌罐内加入适量的破胶剂和絮凝剂，搅拌均匀。

第四步：待破胶剂和絮凝剂充分反应后，利用砂浆泵将岩屑送至离心机或压滤机等机械设备，进行固液分离。

第五步：分离后的固相部分装运至岩屑储存池进行临时堆放，液相部分转运至污水储存池进行储存，待完井后用于配置压裂液使用。

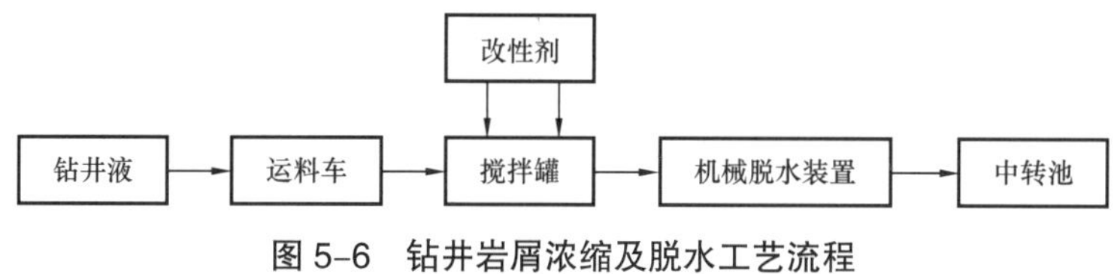


图 5-6　钻井岩屑浓缩及脱水工艺流程

## 二、水基钻井岩屑稳定化处理技术

钻井岩屑稳定化处理就是利用一种或多种处理方式，使其钻井岩屑主要污染物降低至环境可接纳程度。通常就是降低岩屑中重金属含量、有机物质含量和无机盐含量，使其能够以某种不损坏环境的形式重新返回到自然环境中。水基钻井岩屑稳定化处理技术主要包含固化技术、微生物处理技术和高温氧化处理技术。

### 1. 固化技术

固化技术是指在钻井岩屑中添加固化剂，使其转变成不可流动的固体或形成紧密的固体，这样形成的固体具有抗水性，圈闭包裹性，从而达到了限制钻井岩屑中污染物流动和抑制其组分迁移扩散的目的，避免对环境造成污染。

1）固化处理原理与作用

（1）脱水。根据水泥等固化剂投加比例的不同（固化剂占岩屑质量的 10%～20%），通过充分搅拌，一定时间堆置后，可使水基钻井岩屑的含水率从 80% 降低至 40% 以下，并且随着堆存时间的增加，其含水率可进一步降低。

（2）固化重金属离子。通过向水基岩屑中投加一定比例的水泥等固化剂并均匀掺混，水泥与钻井岩屑中的水发生水化反应，钻井岩屑中的大量水分在此过程中被吸收。水化反应体系中钙矾石和硫铁酸钙的生产反应为[9]：

$$3CaO \cdot 3Al_2O_3 + 3CaSO_4 \cdot 2H_2O + 32H_2O \rightarrow 3CaO \cdot Al_2O_3 \cdot 3CaSO_4 \cdot 32H_2O + 2Al_2O_3 \cdot 2H_2O$$

$$7CaO \cdot 3Al_2O_3 \cdot 3Fe_2O_3 + 9CaSO_4 \cdot 2H_2O + 92H_2O + 2Ca(OH)_2 \rightarrow$$
$$3(3CaO \cdot Al_2O_3 \cdot Fe_2O_3 \cdot 3CaSO_4 \cdot 32H_2O)$$

可见，钻井岩屑固结体以矾石晶体和硫铁酸钙为结构骨架，未水化的其他物质颗粒以及钻井岩屑中不溶性物质作为微集料填充于空隙中，使固结体内部结构毛细孔隙“细化”，而三硫型水化铝酸钙和水化硫铁酸钙凝胶作为“黏结剂”将各项结合成整体，形成具有一定抗压强度的固结物，从而将岩屑中的有害物质固定在固结物中[10]。

（3）改性、颗粒化。可改善储存和运输条件，避免渗滤液泄漏风险。

2）固化技术工艺流程

岩屑水泥固化技术，在陆上石油天然气开发领域使用较多，技术较为成熟。川渝地区页岩气开发钻井清洁化生产阶段，采用以下两种较为成熟的处理工艺流程，如图 5-7 和图 5-8 所示。其中以“泥浆不落地”技术 + 全自动岩屑固化技术处置效果最佳，该系统采用全自动化管理，从岩屑产生到形成固化后基土全流程自动化，避免了传统固化技术对用工人员能力的要求，岩屑在处理过程全程封闭，杜绝了跑冒滴漏等现象的发生，降低了环保风险。通过电脑计算，岩屑固化剂投加量投加精准，杜绝了水泥等固化剂浪费，有效降低了处置费用。该技术是目前国内较为先进的固化技术。

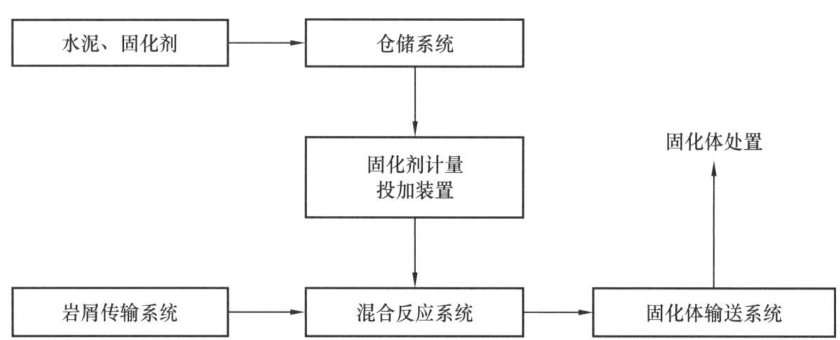


图 5-7　岩屑固化稳定技术全自动工艺系统流程

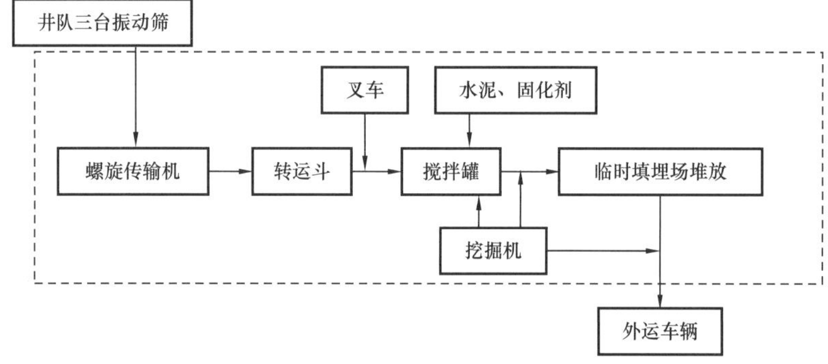


图 5-8　传统岩屑固化稳定技术工艺系统流程

## 2. 生物处理技术

为确保钻井阶段快速安全生产，需向钻井液中添加适量润滑剂，以降低钻井阶段钻具摩擦阻力，这导致其岩屑中会存在石油类等污染物。微生物处理技术即利用微生物来降解土壤中的石油烃类污染物，使其最终转化为二氧化碳和水或者其他无害物质的过程，从而降低岩屑对环境所造成的风险。

20 世纪 70 年代，美国宾夕法尼亚州首次使用生物修复技术对汽油泄漏事故进行清除。到 80 年代末期，由于美国阿拉斯加海滩巨型油轮溢油事件，促使美国开始大规模使用生物修复技术来解决海域污染问题。此次修复工作的成功完成得到了美国环保署的认可，并成为生物修复技术发展史的一个里程碑。从 90 年代初期美国开始大力推行生物修复技术，将其广泛应用于土壤和水体的环境污染治理中。与此同时，欧洲发达国家也纷纷开始了对生物修复技术的研究，其成果与美国不相上下。近十年，生物修复技术在我国也有所发展，虽然应用实例并不多但经过一定时期的发展，我国生物修复技术已从最初的微生物修复发展到了植物修复、真菌修复甚至动物修复。目前常用于水基岩屑生物处置技术为土地耕种法、生物堆处置法、生物菌降解处置法、生物降解—土壤联合处置法。

1）土地耕作法[4]

土地耕作是指把废弃水基岩屑当成废料或者处置时将钻井岩屑和土壤改良剂（粪便等有机物）混合，从而稀释其中的有害物，有效地降解其中的有机物。具体是将钻井岩屑分散在土壤表层并用机械耕作方法使之与土壤混合均匀，主要用来处置可生物降解的钻井废弃物。目前在英国和加拿大使用较为广泛。

钻井岩屑土地耕作法的施用条件及注意事项如下：

（1）位置选择和准备。为了防止岩屑中的各种污染物冲蚀和渗透，需慎重选择用地。所选土地应当不易污染地下水和地表水。

（2）岩屑施用速率。目前，国内没有相关标准制定钻井岩屑土地耕作施用频率，一般由经验确定岩屑施用速率及频率，但更科学的办法是通过分析监测资料及模拟试验和现场试验结果确定。国外进行了大量模拟试验及现场试验研究。依据试验研究结果，美国石油协会推荐施用速率为每公顷 50t 干固体。加拿大阿尔伯塔省规定其施用速率要求更为严格，其规定用于土地耕作法禁止处置烃类钻井固体废弃物和未通过生物毒性检测的钻井固体废物，且对受纳土地前后 pH、EC、SAR、Na 均有所规定，其施用速率应结合季节、环境温度、湿度及室内实验分析数据等因素共同确定。

（3）适时翻耕。耕作可达到双重目的，一方面使污泥中的污染物均匀分布于土壤中，另一方面可使土壤通气。

（4）调节土壤 pH 值至适当范围。

（5）控制土壤湿度至适当范围。

（6）适当补充微生物营养剂。为了调节土壤微生物的营养平衡以获得最佳的降解效果，常需进行施肥。

2）生物菌降解处置法

生物菌降解处置法是向钻井岩屑等固体或半固体废弃物中加入微生物菌种和营养物质，通过微生物的生长、繁殖和内呼吸，来分解钻井岩屑中的烃类物质，并吸附溶解部分重金属。该方法属于环境友好型、环保节能的一种处置方式。国内外相关工作者做了大量研究及室内外试验，取得了较好的应用效果。

根据研究显示，常见具有石油烃类降解能力的细菌种属包括：假单胞菌属、节杆菌属、不动杆菌属、产碱杆菌属、微球菌属、棒状杆菌属、黄杆菌属、红球菌属、无色杆菌属、诺卡氏菌属、芽胞杆菌属等[11]。欧美各国从 20 世纪 70 年代就开始研制微生物菌剂，目前已开发出各种用途的菌剂产品，见表 5–15。

表 5–15　商品化菌剂产品[12]

| 开发公司 | 菌剂产品 | 用途 |
| --- | --- | --- |
| Bio–systems 公司 | B500，B600，NS500，B220，L1020，L1000，SK1，S350，L3500，L5000，L5010，L1800，BUSKLIN，B222，B250，B560，B350，B350/10，B355，BB570，B110 | 生活污水及各类工业废水处理，土壤碳氢化合物污染的修复 |
| Custom biological 公司 | Custom–HC–100，custom–HC–H20，custom–c，custom–GT，custom–DL，custom–st，custom–ls，custom–oe，custom–fm，custom–wp，custom–po4 | 油脂处理、碳氢化合物污染的治理 |
| Aquaticbioscience 公司 | ABS–GT–2X，ABS–GT–4X，ABS–WP，ABS–ST，ABS–GC，ABS–ST–L，ABS–FP，ABS–S&G，ABS–COMPOST | 生活污水及城市废水的处理 |
| BIOMAR 公司 | BLOMAR–GREASE，BLOMAR–DRAINLINE，BLOMAR–ODOUR，BLOMAR–SEP–TIC | 生活污水及城市废水的处理 |
| BIOREMEDIATION.COM 公司 | BOD–CLEAR7000，BOD–CLEAR7004，BOD–CLEAR7005，BOD–CLEAR7007，BOD–CLEAR7008，BOD–CLEAR7015，BOD–CLEAR7018，BOD–CLEAR7020 | 生活污水及各类工业废水处理 |
| BIOFUTURE 公司 | BFL 系列 43 种菌剂产品 | 工农业废水，城市污水等废水治理 |
| ACORN BIOTECHNICAL 公司 | ENSPOR S1，ENSPOR M21，ENSPOR CRYSTAL，ENSPOR BLOCK2 | 降解油脂、淀粉、蛋白和纤维素 |
| 中科院成都生物研究所 | 8 个系列微生物菌剂 | 生活污水及各类工业废水处理，土壤碳氢化合物污染的修复 |

（1）生物菌处置技术工艺原理。

① 微生物对石油类物质降解原理。

a. 对烷烃和环烷烃的降解。

烷烃（通式为 $C_nH_{2n+2}$）是一种典型的饱和烃，结构特点是碳原子之间通过单键连接呈链状。环烷烃（通式为 $C_nH_{2n}$）是另一种具有几个碳环的饱和烃。微生物降解烷烃的过程可分 3 种形式：末端氧化、烷基氢过氧化物，以及环己烷的降解。烷烃基本上是通过微生物的某些酶（如氧化酶、脱氢酶等）催化转化为脂肪酸，然后逐步代谢为 CoA 并进入三羧酸循环代谢，最终转化为 $CO_2$ 和 $H_2O$[13]。在这个过程中，酶（如烷烃单加氧酶、脂肪醇脱氢酶、脂肪醛脱氢酶等）在有效降解的催化过程中发挥着非常重要的作用。就像烷烃一样，环烷烃的生物降解原理也是末端氧化。首先，环烷烃被各种氧化酶氧化为醇，然后通过脱氢酶转化为酮，最后再被氧化为酯酶或脂肪酸。如图 5-9 所示，环己烷依次转化为环己醇、环己酮、脱氢酶和脂肪酸，最终被降解为 $CO_2$ 和 $H_2O$[14]。

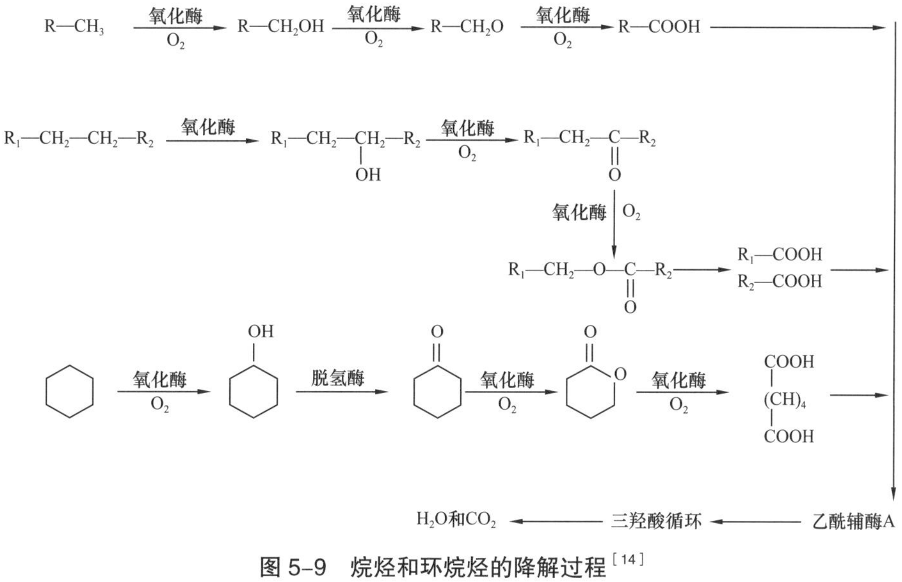

$R—CH_3 \xrightarrow[O_2]{氧化酶} R—CH_2OH \xrightarrow[O_2]{氧化酶} R—CH_2O \xrightarrow[O_2]{氧化酶} R—COOH \longrightarrow$

$R_1—CH_2—CH_2—R_2 \xrightarrow{氧化酶} R_1—CH_2—CH(OH)—R_2 \xrightarrow[O_2]{氧化酶} R_1—CH_2—C(=O)—R_2$

$\xrightarrow{氧化酶,\ O_2} R_1—CH_2—O—C(=O)—R_2 \longrightarrow R_1—COOH,\ R_2—COOH \longrightarrow$

环己烷 $\xrightarrow[O_2]{氧化酶}$ 环己醇 $\xrightarrow{脱氢酶}$ 环己酮 $\xrightarrow[O_2]{氧化酶}$ 己内酯 $\xrightarrow[O_2]{氧化酶}$ $COOH—(CH)_4—COOH \longrightarrow$

乙酰辅酶A ⟶ 三羟酸循环 ⟶ $H_2O$和$CO_2$

图 5-9　烷烃和环烷烃的降解过程[14]

b. 对芳香烃的降解。

芳香烃的降解过程如图 5-10 所示，首先芳香烃被氧化酶氧化成二氢二醇；然后二氢二醇被降解为邻苯二酚，在邻苯二酚的降解过程中分别进行邻位和间位的开环反应。最后这些化合物被氧化为长链化合物并逐渐被代谢为 CoA[15]。一些真菌和细菌可以降解芳香烃，但是它们的降解途径是不尽相同的。以细菌为例，芳香烃是被 2 个氧原子氧化并转化为多环芳烃。而真菌则是将芳香烃氧化转化为反式二氢二醇[16]。

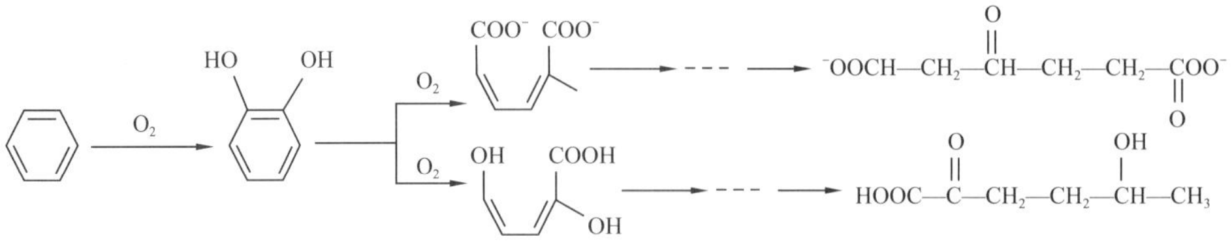

图 5-10　芳香烃的降解过程

c. 对多环芳烃的降解。

多环芳烃（PAHs）通常是高致癌、致突变和致畸的物质，所以它的降解机制备受关注。它可以在酶的催化作用下被降解为乙二醇和邻苯二酚基团，然后进一步分解为CoA或琥珀酸[17]。如图5-11所示，多环芳烃（PAHs）分别被酵母和细菌降解时，它们的降解途径是不尽相同的。多环芳烃很难被降解，其降解程度根据其溶解性、苯环的数量、取代基种类和数量以及杂环原子的性质所决定。

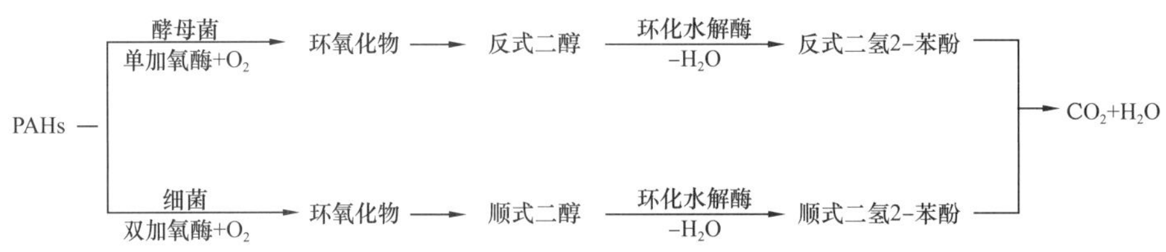


图 5-11　多环芳烃的降解过程

② 微生物对重金属的污染控制机理。

a. 对重金属离子的生物吸附和富集作用。

微生物吸附是指重金属被生物体吸附，当一些微生物中的阴离子型基团，与带着不同电性的重金属离子间相互作用并络合成固定的重金属分子。微生物细胞壁被看作是金属的吸附剂，如一些革兰氏阳性细菌细胞壁能结合质量分子大的有毒金属[18]。微生物细胞壁含有多种带负电荷的基团如—$NH_2$、—SH、$PO_4^{3-}$等，带有较强的负电荷，能吸附金属阳离子，它们之间通过离子交换、络合、螯合、静电吸附及共价吸附等作用进行结合。

生物积累又称为生物富集，是一个主动过程，发生在活细胞中。这是一个长期的富集过程，在这个过程中需要细胞代谢活动提供能量。在一定的环境中，可以通过多种金属运送机制，如脂类过度氧化、复合物渗透、载体协助、离子泵等增加微生物体内的金属含量。细胞膜的通透性导致有毒元素进一步地暴露在细胞内的金属结合位点，而且增加了细胞的被动积累能力。重金属积累的微生物细胞内，可以通过透射电子显微镜来观察[19]。

b. 对重金属的氧化还原反应。

一些微生物在新陈代谢的过程中分泌氧化还原酶，催化重金属离子进行变价发生

氧化还原反应。例如许多抗亚砷酸盐的细菌能把较大毒性的亚砷酸离子氧化成为毒性较小的砷酸盐，化能自养亚砷酸盐氧化菌和异养亚砷酸盐氧可以将 $As^{3+}$ 氧化为 $As^{5+}$ ，从 $As^{3+}$ 的氧化过程中获得能量，并将获得的能量用于 $CO_2$ 固定为细胞的有机碳，从而进行繁殖[20]。有些微生物如氧化亚铁硫杆菌、氧化亚铁螺旋杆菌能氧化 $Fe^{2+}$ 假单孢杆菌属能氧化 As、Fe 和 Mn，降低了重金属的毒性。在微生物对土壤重金属的还原反应中某些还原物将毒性强的氧化态的金属离子还原为无毒性或低毒性的离子。有些微生物可把亚砷酸盐氧化和铬酸盐通过 Hg- 还原酶把 $Hg^{2+}$ 还原成挥发性的 Hg，芽孢杆菌属和假单胞菌属等。这些细菌能将高毒性的 $Cr^{6+}$ 还原为低毒性的 $Cr^{3+}$，金属还原细菌可以将难溶性的 $Fe^{3+}$ 还原成 $Fe^{2+}$，$Mn^{4+}$ 还原成为 $Mn^{3+}$[18]。

c. 对土壤重金属污染的溶解和沉淀作用。

微生物对重金属的溶解和沉淀作用主要是通过各种代谢活动直接或间接进行的。土壤微生物能够利用土壤中有效的营养和能源，土壤微生物的代谢作用能产生多种低分子量的有机酸，通过有机酸及其他代谢产物溶解重金属和含重金属的矿物，还可以通过分泌有机酸络合溶解土壤中的重金属[21]。

（2）工艺流程。

一般的微生物处理水基钻井液和岩屑的主要工艺流程如图 5-12 所示。

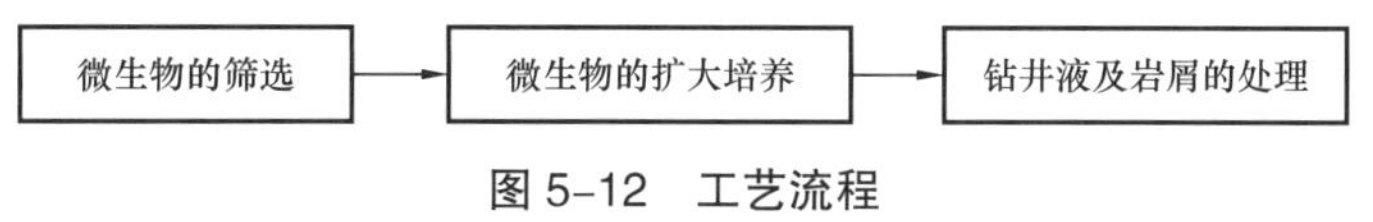


图 5-12　工艺流程

微生物的筛选作为整个工艺的前端，所筛选出的菌种直接决定后期工艺的处理效果。对于菌种筛选可以为市面现有菌种，也可以通过一定的筛选方法筛选，其中运用较多的是胁迫法。对于井场现场产生的岩屑和钻井液，主要运用原油浓度梯度法和钻井液胁迫法。原油浓度梯度法是指在富集培养基中分别加入一定浓度梯度的原油，对岩屑或钻井液中的土著微生物进行驯化，从而得到能适应高含油环境的微生物。然后对驯化后的微生物进行反复稀释涂布或者划线，从而得到单菌。然后对得到的单菌进行筛选，即得到对某类污染物有较好去除效果的单菌，从而得到所需的特征微生物。钻井液胁迫法是指用钻井液代替原油对钻井液中的土著微生物进行驯化的方法。其基本步骤与原油浓度梯度法一致。

微生物的扩大培养即对筛选出的特征微生物进行富集培养。扩大培养可使微生物达到一定的数量级，从而保证微生物接种到岩屑或钻井液中的存活率，保证微生物的处理效果。

微生物对岩屑或钻井液的处理是将扩大培养后的微生物投放到待处理的污染物中，利用微生物自身代谢或其他作用机理对污染物进行降解或者转移或者固化。所加入的微生物可以是扩大培养后的游离态的微生物，也可以是通过一些物理或者化学方式固定后的固定态微生物，主要是因为固定态微生物能够更好地适应环境，为微生物提供更好的生长环境，从而有利于对污染物的处理。根据微生物对营养物质的需求，可以适当的调整岩屑或钻井液中 C、N、P 的比例，从而使微生物更好地生长。在处理过程中，可以适当地向岩屑或钻井液中加入一定量的调理剂，如土壤、沙土等，可以为微生物的生长提供一个缓冲期，同时也可以利用土壤的吸附作用，以及土壤中的土著微生物的降解作用去除污染物。

（3）原料及药品需求。

整个微生物处理岩屑或钻井液的工艺过程中涉及的药品及原料见表 5–16。

**表 5–16　原料药品需求及作用**

| 原料及药品 | 作用 |
|---|---|
| 岩屑 / 钻井液 / 菌种 | 处理对象及菌种来源 |
| 牛肉膏 | 作为微生物培养基成分 |
| 蛋白胨 | 作为微生物培养基成分 |
| 氯化钠 | 作为微生物培养基成分 |
| C 源（选择性） | 调节 C、N、P 比例 |
| N 源（选择性） | 调节 C、N、P 比例 |
| P 源（选择性） | 调节 C、N、P 比例 |
| 土壤 / 沙土（选择性） | 作为调节剂 |

岩屑或者钻井液作为处理对象的同时也提供了菌种来源。生物扩大培养的过程中所用到的牛肉膏、蛋白胨、氯化钠等能够为微生物的扩大生长提供营养物质，另外还会用到葡萄糖、酵母粉等。适量调理剂的存在能够为微生物生长提供更好的环境，常用的调理剂为沙土、土壤、有机肥等。当处理的整个大环境中的 C、N、P 比例失调，不利于微生物生长代谢时，外加的 C 源、N 源、P 源能够补充和调节环境中的三种元素的含量，从而有利于微生物的生长。

3）微生物—植物联合处理技术

微生物—植物联合处理技术就是将微生物和植物有机地结合在一起，充分发挥各自的优势，同时两者又相互协作处理污染物的过程。

湿地处理钻井固体废物就是很好地运用了微生物—植物联合处理技术。1996 年由美国能源部提供资金，路易斯安那州立大学的科研人员在实验室进行了使用钻井废弃

物来恢复湿地的研究，并于 1998 年取得了第一阶段的成功[22-24]。但是美国的一些政策规定未经处理的钻井废弃物是不能直接排放到环境中去的，所以这一方法还没有实际应用[25-28]。在中国，针对湿地处理钻井废弃物也进行了可行性研究，中国科学研究院沈阳应用生态研究所的有关人员选取辽河油田某采油区附近的芦苇为介质，“移位”处理从钻井现场运来的钻井液[29]。结果表明，芦苇湿地对矿物油具有很高的净化率，且在实验剂量范围内钻井废弃物的施入量越大，净化率越高。该方法对深层土壤理化性质无显著影响，对地下水影响也不大，浅层地下水污染可通过人工防渗加以解决，是一种处理钻井废弃物的好方法。目前，中国石油已在四川、重庆、大庆地区开展广泛应用生物处理钻井岩屑，取得了不错的效果。中国石油在川渝地区利用生物方式处理钻井岩屑，多口钻井现场累计处理钻井废弃物 6000 余立方米，处理废弃物中石油类物资的降解率可达 90% 以上，钻井废弃物浸出液达到《国家污水综合排放标准》中一级指标要求，处理后的混合物达到国家 GB 15618—1995《土壤环境质量标准》三级标准。中国石油在大庆地区利用微生物 + 植物联合处理含油污泥，从处理效果来看，微生物堆肥技术可有效去除含油污泥中的石油烃类，从原油组分分析结果发现：脂肪烃降解效率最高，生物处理后含油污泥毒性很小，对植物基本无危害，同时经过芦苇等植物修复后，混合物土壤中的含油量还会进一步降低[11]。

微生物处理也存在一定的限制条件，如岩屑污染物中石油烃类组成及性质、微生物种类对石油烃的降解能力、处理环境条件等影响，其中，制约微生物处理钻井废物的关键因素在于其处置环境条件和处置周期。如在大庆地区，通过试验证明微生物降解烃类物质需要在合适温度范围内才可进行，温度过高或过低均会严重影响微生物降解反应的进行。通常当温度在 30～35℃的条件下，微生物降解速度最快；当温度低于 5℃时微生物将处于休眠状态，基本不会发生降解反应。利用微生物处置钻井废物的周期为 3～5 个月，若环境温度或土壤肥性等其他因素影响，则处理周期往往更长。目前页岩气开发正处于快速发展阶段，一般在一个区块，一年可能会产生上百口井的钻井固体废弃物，若按现有微生物处置周期，将会影响钻井开发进度。因此，如何快速稳定地利用微生物处置钻井废弃物，还有待进一步研究。

### 3. 焚烧处理技术

通过焚烧将钻井固体废物中的有机物氧化分解，达到减少容积、去除毒性、回收能量及副产品的目的。该处理技术在常规油气田钻井岩屑处理中取得了较好的处理效果。如新疆塔里木油田采用该工艺处理后的水基岩屑固相残渣，各项指标均符合国家现行标准要求，处理后岩屑体积减少 20%～40%，同时处理后回收的部分加重材料，直接回用于钻井队的钻井液配置。但该处理技术存在以下缺点：一是需要整套装备，如一次焚烧氧化炉、二次燃烧室、尾气处理装置等；二是处理过程能耗高、成本高；三是处理过程烟气处理装置故障或维护保养不到位存在二次废气污染的隐患。该处理适合于采用聚磺体系钻井作业地区或油田环境要求严格的地区。

## 三、水基钻井岩屑资源化处理技术

近年来，随着页岩气和常规天然气井大量布置及开发，所产生的钻井岩屑量急剧增加。虽然通过减量化、无害化处理，使其岩屑总量尽可能减少，但随着油田开发的继续，钻井生产中岩屑的处理问题日益突出，逐渐引起地方政府和当地群众的关注。

目前，岩屑主要的处理方式是固化填埋处理，该方法对岩屑进行密封储存，这可能因特殊情况导致该部分岩屑泄漏至环境当中，造成环境污染。随着新环保法的发布，国家对环境污染处罚力度日益加大，该方式逐步将被各油田企业淘汰。

国外对钻井废弃物的管理始终遵循废弃物处理数量最少化、毒性最小化的管理原则，称为“4R”原则，即源头减少（reduce）、再利用（reuse）、再循环（recycle）、再回收（recovery）[30]。可见，国外对钻井废弃物主要以资源化利用为主。我国钻井土体废弃物资源化利用还处于刚刚起步阶段，与发达国家还存在一定的差距。随着我国日益重视环境保护，目前油田企业已逐步改变钻井废弃物管理理念，开始对钻井废物资源化利用开展研究，已基本形成了以水基钻井岩屑制备烧结砖、水泥、免烧砖等建筑材料的技术方案，并在各油气田区块进行试验，取得了良好的效果。这些由钻井岩屑制备的建筑材料可以作为建筑施工原料替代部分建筑材料。钻井岩屑作为建材原料进行利用是较佳的资源化利用方式之一，岩屑建材利用不仅可减少岩屑填埋所占用的土地，减少自然资源消耗，而且可使岩屑资源得到循环再利用，变废为宝。岩屑的建筑材料利用主要有制作烧结砖、制作免烧砖、制作水泥等几种情况。

### 1. 岩屑制备烧结砖

砖瓦是我国历史悠久的传统大宗建筑材料，黏土砖用途广、用量大。国家近期已出台禁止以“黏土”制砖，并鼓励以其他材料替代。钻井岩屑的主要化学成分与烧结砖原料基本一致。因此，以钻井岩屑掺烧制砖是十分合理的。经过高温焙烧，不仅可将岩屑中的有机物完全氧化，还能使有毒重金属形成稳定的氧化物被封存在胚料中。而且岩屑砖可消耗大量钻井所产生的岩屑，节约大量制砖黏土，既能减少对耕地、山体的破坏，还能实现废弃物资源化利用，是实现双赢的理想策略。

生产烧结砖的原料基本要求主要在于其化学成分、矿物组成，目前主要以页岩、黏土为主。

通过文献调研，用于生产合格的烧结砖原料的化学成分应符合表 5-17 的要求。

表 5-17　烧结砖原料化学成分含量要求一览表[31]

| 化学成分及参数 | 质量分数，% |
|---|---|
| $SiO_2$ | 55～70 |
| | 55～80 |
| $Al_2O_3$ | 3～10 |
| | 2～15 |
| $Fe_2O_3$ | 10～20 |
| | 5～25 |
| CaO | 0～10 |
| MgO | 0～5 |
| $SO_3$ | 0～3 |
| 烧失量 | 3～15 |

刘涛、谭克锋等人对四川某区块内的钻井岩屑进行取样检验分析，其化学成分见表 5-18。可看出水基钻井废物的化学成分与烧结砖原料成分基本相似，具备烧结砖制作的理论基础。

表 5-18　钻井固废化学成分分析[32]

| 场地 | $SiO_2$，% | $Fe_2O_3$，% | $Al_2O_3$，% | CaO，% | MgO，% |
|---|---|---|---|---|---|
| 场地 1（脱水后） | 55.4 | 5.2 | 12.6 | 7.8 | 7.2 |
| 场地 2（脱水后） | 53.9 | 5.3 | 13.4 | 8.8 | 6.0 |
| 场地 3（固化后） | 54.3 | 7.3 | 13.0 | 6.9 | 5.6 |
| 场地 4（脱水后） | 56.2 | 5.6 | 14.2 | 7.6 | 3.9 |

众所周知，同种化学元素能形成多种单质或化合物，即使具有相同的化学组成其形成的矿物也不尽相同，而制备烧结砖要求的矿物在一定的含水率范围内具有可塑性，脱水时发生收缩，焙烧后能得到坚固耐久制品。西南科技大学刘来宝、谭克锋等人[33]对钻井岩屑所含矿物能否制备烧结砖进行研究，通过 X 射线衍射分析，其钻井岩屑的主要矿物成分是石英、高岭石和方解石，属于层状铝硅酸盐矿物。大量资料研究表明[34, 35]，这些矿物在一定的温度条件下，可失去自由水和化合水，并使其原来稳定结构坍塌，生成非晶体的较高活性物质。若经过一定配合比设计，则可以在高温

烧结时发生化学反应重新生成结构更加稳定的铝硅酸盐矿物，从而产生强度。王朝强等人[35]开展页岩气水基钻屑为主要原料制备烧结砖研究，试验结果表明，水基钻屑替代40%的黏土、外掺5%的粉煤灰、10%的煤矸石、焙烧温度1000℃、焙烧时间100min的条件下，制备出抗压强度为16.9MPa的合格烧结砖。

综上所述，利用钻井岩屑制备烧结砖具备理论实施依据。下面简要介绍其污染控制机理。

1）可燃性有机物的去除机理

利用烧结方式制备烧结砖，在烧结过程中，对于碳氢化合物等可燃性有机物，在高温和有氧存在的情况下，会发生一定程度的燃烧，主要反应为：

$$C_xH_yO_zN_uS_vCl_w + O_2 \rightarrow CO_2 + HCl + N_2 + SO_2 + H_2O$$

通过以上反应，被固化在砖体中的一些有机物和其他可燃性物质能够得到充分的燃烧，使之形成气体并挥发掉。另外，在高温状况下，伴随着水分的蒸发，会带走一部分可溶性有害物质，水分的缺失对pH在一定程度上也有较大的控制效果。对于一些高分子的聚合物，高温的存在会使其分子链发生断裂，分解为低分子物质，从而被燃烧去除或者挥发掉。

2）重金属的控制机理

制备烧结砖的过程中，对于金属元素的去除机理主要是通过高温挥发和固定化两种方式进行的。金属元素分为易挥发性、中等挥发性、难挥发性三种[36]。对于易挥发性元素（如Hg、As、Se等），在烧结的过程中，大部分以气体的形式得到挥发，且随着温度的升高挥发越充分；对于中等挥发性元素（如Co、Zn、cd、TI等）和低挥发性元素（如V、Cr等），在烧结过程中也会有一定程度的挥发，但是大部分还是被固定在砖体内。因为随着温度升高，砖体中的二氧化硅激发了其他矿物的熔融，使熔融的液相生成的速度加快，液相流入颗粒的缝隙中，充塞了孔隙，气孔率降低。同时由于表面张力的作用，使得颗粒彼此靠近，坯体体积收缩，最终得到较为致密的烧结砖，与此同时能将有毒有害物质固定在砖体内。另外，钻井液在烧结过程中会分解产生$Fe_2O_3$、$Al_2O_3$、$SiO_2$、CaO等，在高温情况下与一些元素发生化学反应，形成新物相，从而将这些元素固定下来。烧结中产生的铝硅酸盐矿物能够在一定程度上抑制某些元素的挥发，更好的将元素固定。

3）工艺流程

一般情况下，钻井岩屑掺烧制备烧结砖的工艺分为以下六步，具体工艺流程如图5–13所示。

第一步：取样分析，对所收集的钻井岩屑进行取样分析，了解其化学组成，制订钻井岩屑掺烧生产烧结砖施工方案。

第二步：混合破碎，对所收集的钻井岩屑，根据检测分析结果，按照所制订的岩屑掺烧方案比例混合均匀，混合物用皮带传输及输送到破碎机进行多次破碎处理。

第三步：筛分，对破碎后的原料进行筛选，使其最终粒径小于3mm。

第四步：练泥制胚，破碎筛选后的原料输送到练泥机中，加水进行搅拌、捏和均匀后用皮带传输机输送到螺旋挤压机中成型。

第五步：生胚干燥，将生胚转运到干燥室中进行干燥，干燥温度约80℃，干燥时间8～12h。

第六步：入窑烧砖，干燥后的砖胚转运到砖窑中进行焙烧。焙烧阶段常分为预热、焙烧、保温、冷却四个阶段。其泥料在四个阶段下发生不同的化学反应，最终形成合格成品砖。

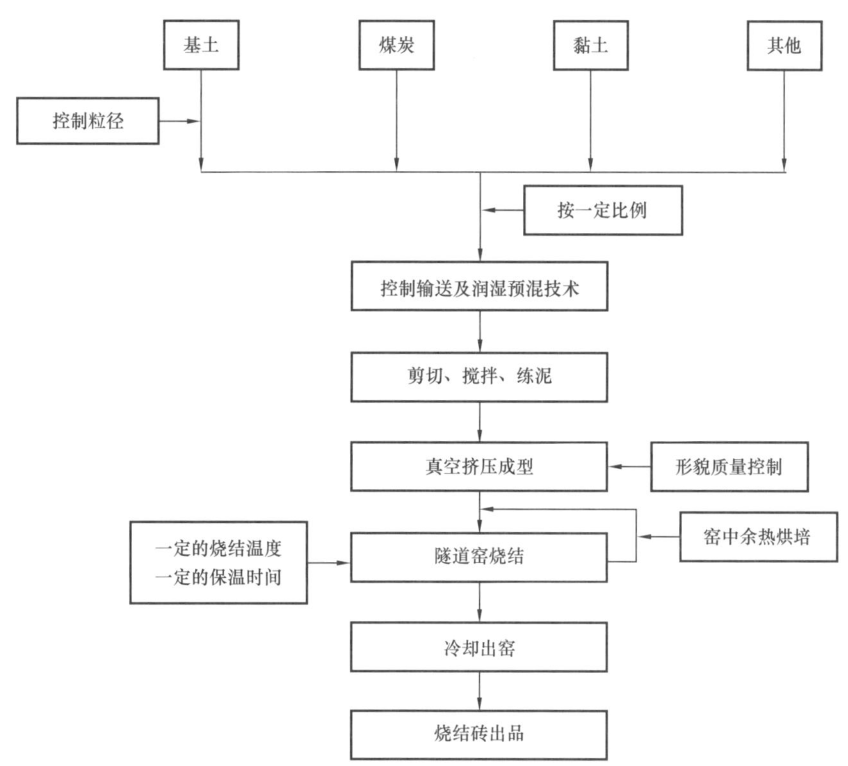


图5-13　制备烧结砖工艺流程

利用钻井岩屑制备烧结砖，一方面利用了钻井岩屑中有用的矿物成分，使其最终变废为宝；另一方面，通过高温烧制，去除了钻井岩屑中的污染成分，降低了二次污染的风险。目前多个油田企业开展钻井岩屑制备烧结砖科研试验，特别是在威远—长宁国家示范区，通过利用水基岩屑制备烧结砖，累计资源化利用水基岩屑10000余立方米。在烧制过程中，尾气排放符合GB 29620—2013《砖瓦工业大气污染物排放标准》要求，未产生二次污染。所烧结出的成品砖质量性能也符合烧结砖质量标准，可在市场进行销售。岩屑掺烧制备烧结砖作为目前四川地区处置水基岩屑的主要手段。

### 2. 制作水泥

水泥作为重要的建筑材料，对国民经济建设有着重要的作用。但水泥生产企业却是资源和能源消耗大户，以标准日产 5000t 水泥熟料生产线为例，按设计标准年生产水泥熟料 $155\times10^4$t 计算，每年将消耗石灰石 $190\times10^4$t、砂岩 $5\times10^4$t、铁矿石 $7\times10^4$t、黏土 $33\times10^4$t。随着不可再生资源与能源的日益减少，加上目前水泥产能严重过剩，以天然石灰石、砂岩、铁矿石和黏土资源为生产原料的水泥企业，在激烈的市场竞争中已逐渐失去了其主导地位。而以其他工业废渣为原料的水泥生产企业逐渐显现出市场竞争优势，表现出强大的生命力。利用工业废渣为原料生产水泥，可以减少废渣对环境的污染，有效保护环境，现已成为水泥企业发展的必然趋势，成为传统水泥企业转型升级的新亮点，并且也是水泥企业发展循环经济，综合利用资源的有效途径[37]。

水泥熟料生产以石灰石、页岩、砂岩、铁质原料和煤灰为主要原料，按适当比例配制成生料，烧至部分或全部熔融，并经冷却而获得的半成品水泥熟料。某水泥厂水泥生料原辅材料化学成分分析见表 5-19。目前页岩气钻井阶段，所产生的岩石类型主要以石灰岩、页岩、砂岩为主。

表 5-19 水泥原辅料化学成分分析

| 物料 | L.O.I | $SiO_2$ | $Al_2O_3$ | $Fe_2O_3$ | CaO | MgO | $K_2O$ | $Na_2O$ | $SO_3$ | 合计 |
|---|---|---|---|---|---|---|---|---|---|---|
| 石灰石 | 41.59 | 2.13 | 0.48 | 0.30 | 53.42 | 0.54 | 0.30 | 0.10 | 0.09 | 98.97 |
| 页岩 | 11.95 | 56.70 | 13.96 | 5.95 | 6.99 | 2.14 | 1.50 | 0.40 | 0.04 | 96.6 |
| 砂岩 | 2.56 | 86.47 | 5.53 | 0.92 | 1.88 | 0.59 | 1.19 | 0.24 | 0.02 | 99.40 |
| 铁粉 | 2.27 | 26.74 | 9.58 | 55.57 | 2.88 | 1.62 | 0.30 | 0.20 | 0.37 | 99.53 |
| 煤灰 | 49.02 | 26.59 | 7.99 | 7.85 | 1.35 | — | — | — | — | 92.8 |

通过对比可以看出，其钻井岩屑化学特性与水泥原料页岩化学元素相似，可以替代水泥生料中的页岩材料投入水泥熟料生产过程中。

钻屑及其他水泥生料在进入回转窑后，物料经过六个反应阶段，即干燥、预热、分解、放热反应、烧成、冷却。其中在烧成阶段，物料煅烧温度在 1450℃左右[7]。在该温度下，钻井岩屑中的有机污染物被完全分解氧化，其岩屑中所含有的有机成分焚毁率可达到 99.99%。岩屑矿物成分与水泥原料相近，在煅烧过程中形成水泥熟料，

岩屑中的一些重金属元素也在熟料煅烧中参与了熟料矿物的形成反应，被结合在熟料晶格中。

因此，用钻井岩屑作为水泥生产原材料，除了可实现资源的充分利用，还可将其岩屑中的有毒有害的物资分解和固化，使其危害减到最小。另外水泥厂地域分布广，生产量大，便于岩屑消纳。同时，钻井岩屑替代水泥原料应特别注意入窑的岩屑中重金属、氯、氟、硫元素成分是否符合水泥窑协同处置固体废物环境保护技术规范中的相关要求，以确保所生产的水泥满足国家质量标准要求。目前重庆地区，已将水泥窑协同处置作为钻井岩屑主要的资源化利用方式进行推广应用，多家水泥企业也已对水泥生产线进行技术改造。如东方希望重庆水泥有限公司对现有的 3 条熟料生产线进行技术改造，使其满足水泥窑协同处置要求。东方希望重庆有限公司在充分论证及实验室试验的基础上，实现了对重庆涪陵地区页岩气水基岩屑水泥窑协同处置的大规模工程化应用。应用结果表明，采用水基岩屑作为水泥生料的替代原料，熟料的矿物组成、岩相结构、理化特性未发生较大变化，该熟料生产的水泥对混凝土性能也未产生较大的影响，同时对这种水泥熟料进行重金属浸出毒性试验，其结果符合 GB 30485—2013《水泥窑协同处置固体废物污染控制标准》的要求。

## 第四节　油基钻井岩屑处理与处置技术

近年来，随着超深井、大位移井、页岩气井和海洋钻井数量的日益增多，油基钻井液的研究有了很大的进展，应用范围不断扩大。油基钻井液的市场份额逐年增加，在国际钻井液市场中油基钻井液约占 1/3，我国也在逐步强化油基钻井液的研究与应用工作。目前已在多个油田的上百口井采用油基钻井液钻井。我国西南油气田、海上钻井平台，由于石油资源埋藏深度较深，钻井过程中多使用油基钻井液，且随着页岩气的开采，也在大量使用油基钻井液。因此，油基钻完井作业废弃物的量也随之增加。

油基钻完井作业废弃物是国家明确规定的危险废弃物，其组分情况见表 5-20。从表中可以看出，其主要有害物质来源于油基钻井液中的化学物质，如含有油类、重金属、多种有机添加剂等物质，甚至还含有苯系物、酚类、蒽、芘等有恶臭味和毒性较大的物质，以及会产生带有毒素的芳香烃，所含芳香烃的量越多，毒性越大。大量未经处理或处理不彻底的油基钻完井作业废弃物已成为油田的沉重负担。因此，油基钻井液的使用过程中，必须配套的油基钻完井作业废弃物的处理工作是一个不容忽视的问题。

表 5-20 油基钻完井作业废弃物组分表

| 组分类型 | 组分名称 |
|---|---|
| 黏土类 | 有机土 |
| 主乳化剂 | 环烷酸钙 |
| | 油酸 |
| | 石油磺酸铁 |
| | 环烷酸酰胺 |
| 辅助乳化剂 | Span-80 |
| | ABS |
| | 烷基苯磺酸钙 |
| 油水类 | 柴油、白油 / 水 |
| 其他添加剂 | 石灰 |
| | $CaCl_2$ |
| | 氧化沥青 |
| | 加重剂 |

为了减少油基钻完井作业废弃物对环境的影响，符合国内及国际相关环境保护法律法规的要求，各国石油公司、科研机构纷纷着手研究和开发处理油基钻完井作业废弃物的工艺技术。据资料统计：美国钻井液废弃物中有 38.0% 回注处理，19.0% 回收再利用，15.0% 集中处理，11.0% 自然蒸发，5.0% 土壤分散处理，2.5% 道路分散处理，0.4% 热处理，小于 0.4% 的随市政或工业垃圾填埋，9.0% 采用其他方式处理，如现场回填等[9]。目前国内外普遍采用的含油废物处置和处理方法主要有井下回注技术、填埋冷冻技术、固化处理技术、高温裂解技术、离心分离技术、生物处理技术、微乳清洗技术、超临界流体技术（SFE）、微波法钻屑处理技术等。

## 一、油基岩屑井下回注处置技术

井下回注法是将油基钻完井作业废弃物注入深井地层，即可实现钻完井废弃物更清洁有效的处置，又可使“生物圈”以外的枯竭性油气藏圈闭资源得到有效利用。这种方法对地层的选择条件有着严格的要求，成本非常高，受地层限制大，不能被普遍采用[38]。同时该方法不符合新环保法中规定，严禁通过暗管、渗井、渗坑、灌注等方式排放污染物，因此该方法在我国目前并不适用。

回注处理流程如图 5-14 所示。

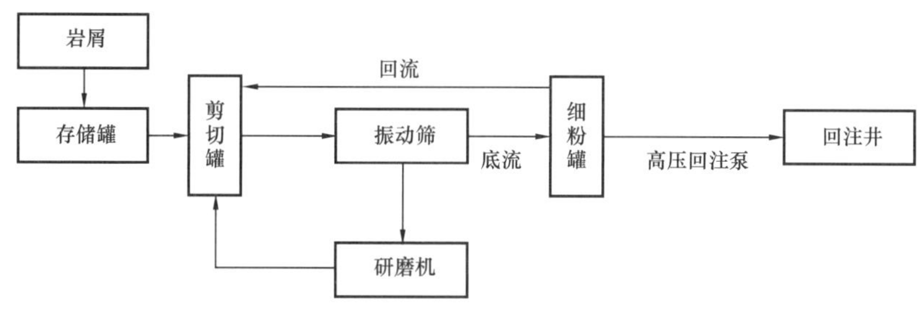

图 5-14　油基岩屑井下回注法工艺流程

## 二、油基岩屑填埋冷冻处置技术

在比较寒冷的地方，废弃钻井液和钻屑可以注入冻土层，将这些废弃物永久地冷冻在冻土层中，这样就不会发生迁移造成环境的污染。在美国阿拉斯加州的北斜坡地区使用该方法，在该地区通过使用废弃物处理设备已成功地将 190800m$^3$ 钻井废弃物注入 609.6m 深的地下冷冻层。通过跟踪它的潜在污染情况，发现结果非常理想[39]。虽然钻井废弃物具有一定的温度，注入冷冻层后对冷冻层的温度有影响，但是影响很微弱，不会使冷冻层的冷冻物融化，相反可以将废弃物永久冷冻起来而不让其发生迁移。该方法对储存区要求较高，在我国西南地区等很难找出满足要求的环境，导致该方法很难在中国进行实施和推广。

## 三、油基岩屑固液分离处理技术

固液分离技术是通过机械设备实现固液分离，使得油基钻完井作业废物中基础油与钻屑等固体废物进行分离，能够较好地降低岩屑中的含油量。一般处理后可将岩屑含油量控制在 10% 左右，但分离出的固体一般还需进行更深层次脱油处理，不允许直接填埋处理。

现有固液分离技术所采用的装置有立式甩干机、高速离心机等。立式甩干机将大颗粒隔离在直径 0.3mm 的筛网内部，利用刀片刮出隔离的固体，而小颗粒和钻井液通过筛网。经该装置处理后，岩屑含油率可由 20% 降低至 6% 左右。但所分离出的基础油和有害固相较高，现场无法对其进行回用处理。高速卧式离心机由高转速的转鼓、螺旋输送器和差速器等部件组成。当要分离的悬浮液由空心转轴送入转筒后，在高速旋转产生的离心力作用下，立即被甩入转鼓腔内。高速旋转的转鼓产生强大的离心力把比液相密度大的固相颗粒甩贴在转鼓内壁上，形成固体层（称为固环层）；由于水的密度较小，离心力小，因此只能在固环层内侧形成液体层，称为液环层。由于螺旋和转鼓的转速不同，二者存在相对运动（即转速差），利用螺旋和转鼓的相对运动把固环层的污泥缓慢地推到转鼓的锥端，经过干燥区后，由转鼓圆周分布的出口连续排出；液环层的液体则靠重力由堰口连续排至转鼓外，形成分离液。该套装置对进料固含率要求较高，其进料固含率在2%～40%，无法直接对岩屑进行脱液处理。单一利用单套装置，其固液分离效果并不理想，目前，壳牌、中国石油等公司采用立式甩干机＋卧式离心机一体式橇装设备对含油岩屑进行固液分离，如图5–15所示。

图5–15　现场固液分离装置

该套橇装装置首先利用立式甩干机对所收集的油基岩屑进行初次甩干作业，经分离出的液相部分通过高速离心机再次进行离心分离。经该套装置处理后，可将油基岩屑含油率由20%左右降低至10%左右，同时回收密度为1.4g/cm$^3$的油基钻井液。但经分离后，岩屑含油率远高于国家出台的《陆上石油天然气开采含油污泥资源化综合利用及污染控制技术要求》中对油基岩屑含油率≤2%的要求，需进行深度处理后，方可进行填埋或资源化利用。

## 四、油基岩屑调质＋固液分离技术

含油岩屑具有脱液效果差，受岩屑成分和物理性质、油基钻井液性质、处理工艺、所加药剂等因素的影响很大，处理难度高等特点，而基础油及相关化学添加剂又具有很高的价值。单一利用的固液分离处理技术处理油基岩屑，其处理后含油率通常无法满足国家标准要求。根据国内外多年研究，形成了以岩屑调制离心处理和萃取脱附＋机械分离等成熟处理技术，解决油基岩屑终端处置的问题。

### 1. 岩屑调质—化学热洗处理技术[11]

岩屑调制离心处理工艺，通过添加高效化学药剂，采用均质流态化、加药机械调质、离心分离油水和岩屑、自动收油排泥等工艺措施，达到对含油岩屑中基础油进行破乳、原油与岩屑中的无机固态物之间解吸附并聚结上浮的目的，将油从岩屑中分离，减少含油岩屑中的含油量。其现场工艺流程如图5–16所示。

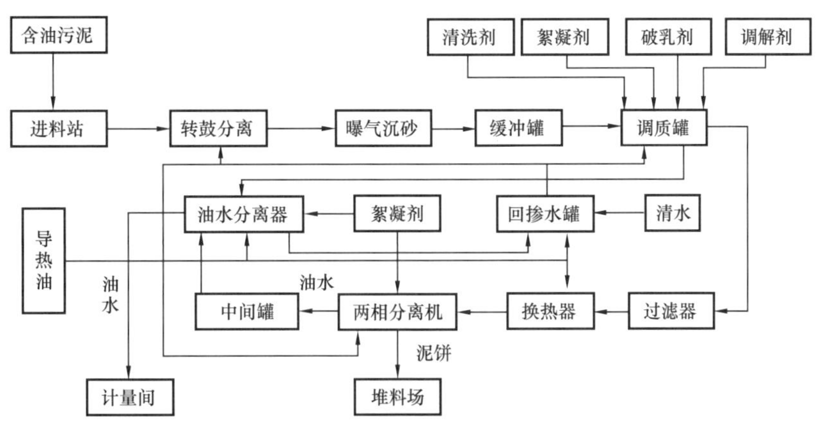


图 5-16 岩屑调制离心处理技术现场工艺流程

该技术处理工艺是以物理和化学法相结合的分离为主，充分重视含油岩屑的预处理。整体工艺主要分为以下三步：

第一步：岩屑预处理。由于岩屑进入处理站前，成分较为复杂，加之所含的杂质种类也比较多，因此在进入主工艺前需要将大块固体杂质和编织袋、杂草等杂物从岩屑中去除，减少后续机器的磨损并保证其处理效率和设备正常运行。

第二步：岩屑调质。实现固液分离的关键技术是黏度大的吸附油破乳，促使油类从固体粒子表面分离。对岩屑进行调质处理、进一步加热和均化，为油从固体颗粒表面分离提供有力条件。

第三步：含油岩屑的机械分离。经调质后的含油岩屑进离心处理单元进行分离，分离出的岩屑送至岩屑堆存场，分离出的油类液体送至相关单位进行处置后回收利用。

目前该技术成熟应用于大庆地区，用来处理含油污泥等固体废弃物，其废弃物经过调质离心处理后，含油率基本均小于 2%，满足《陆上石油天然气开采含油污泥资源化综合利用及污染控制技术要求》中对油基岩屑含油率≤2% 的要求。同时该工艺能够较大限度地回收含油污泥中的原油资源。但因岩屑调质需对其表面附着油相进行化学反向破乳，致使该技术无法回收油基钻井液中昂贵的添加剂，同时处理过程中加水量大，产生大量含油污水，药剂用量大且不可回收，引起二次污染，处理过程中产生的药剂污水环保处理达标非常困难。该技术还存在处理流程较长，所需设备较多等缺点。

### 2. 岩屑萃取脱附 + 机械分离处理技术

萃取是某物质由一相（固相或液相）转移到另一相（液相）内的相间传递过程。溶剂萃取法于 20 世纪 30 年代提出，理论上具有以下优点：油质回收率在理想状态下达到 100%；无水参与，大大节约了水资源；残渣中溶剂含量少，处理方便简单；全流程在常温下操作，能耗小等。

近半个多世纪以来，各地学者在溶剂选择和溶剂剂量配比方面进行了大量研究，所涉及的溶剂包括：石脑油、重整汽油、苯、甲苯、吡啶、氯仿、甲醇、正庚烷、戊烷、二甲苯、丁烷、丙烷、烯烃、压缩天然气、芳烃、煤焦油，以及一些混合剂等。与化学破乳调制法相比，萃取法具有以下优点：① 工艺流程简单，快捷，选择性高；② 处理后含油量低，符合国家标准，不需要与其他工艺配合使用；③ 溶剂可以回收循环利用，节约资源；④ 萃取处理的回收油质量好。

低温脱附处理技术（LRET），即建立在萃取脱附处理原理和固液机械分离基础上的综合回收技术。该技术处理工艺以物理辅助萃取剂相结合的分离为主，具体工艺路线如图 5–17 所示，具体工艺装置如图 5–18 所示，整体工艺主要分为以下四步：

第一步：对油基岩屑进行预处理，除去岩屑中所夹带的大块岩屑及编织袋、杂草、手套等杂物。

第二步：对预处理后的油基岩屑进行固液分离，其分离后的岩屑固相进入萃取脱附处理单元进行深部处理，液相部分输入油基钻井液储存罐，加药调配合格后送至各钻井现场使用。其固液分离系统包括：变频离心过滤设备、卧螺多效沉降离心设备。

第三步：对经固液分离后的油基岩屑进行深度脱附，通过向钻井岩屑中添加萃取药剂并在蒸汽换热管中通入蒸汽，提高混合液体反应温度，将固体中附带的油基钻井液进一步吸收分离出来。

第四步：经深度脱附反应的混合液固液分离后，液体部分进入脱溶器，分离出来的部分药剂液体返回脱附萃取设备循环使用，剩余的油基钻井液液体及部分药剂形成成品再输送到油基钻井液储存罐，加药调配合格后外送井队使用；固体部分送至冷凝设备，通过蒸汽加热蒸干，冷凝回收部分药剂，输入脱附设备循环使用，固体物用于铺垫井场、井场道路或送至固废填埋场进行填埋处置。

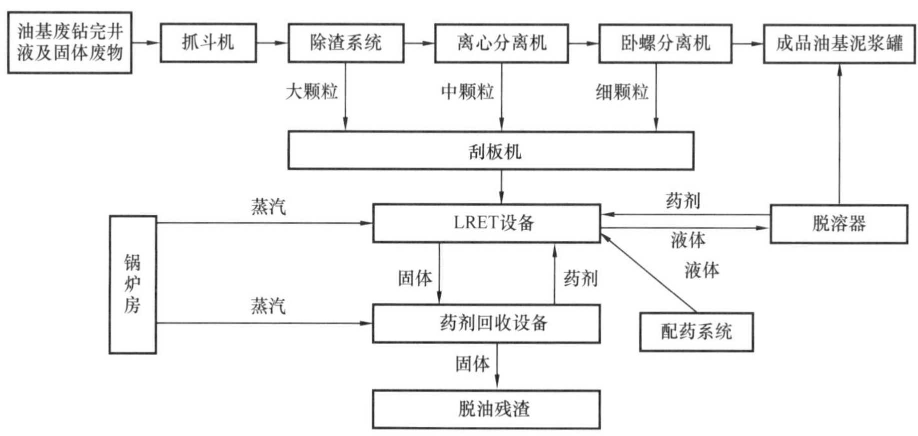


图 5–17　岩屑萃取脱附 + 固液机械分离技术工艺流程

图 5-18　岩屑萃取脱附 + 固液机械分离技术工艺装置

该项工艺中需加入高效深度脱附萃取药剂，其药剂主要包括直链烷烃、高碳醇、十氟烷烃类。药剂在整个生产过程闭路循环使用，在与钻井液分离过程中会有药剂残留在钻井液中，整个工艺过程药剂损失在 1% 以内，损失的药剂以液相形式留在钻井液中，对钻井液性能无影响。

目前，LRET 处理技术已在新疆、四川多地开展生产运营，从运营情况来看，利用 LRET 处理技术处理油基岩屑，不仅可将油基岩屑含油率从 20% 降至 0.3% 以下，而且该工艺可有效回收钻井岩屑上所附着的钻井液。经相关检测机构对所回收的钻井液进行检测，证明该部分钻井液经适量调配可直接回用，为油田公司创造了巨大的经济效益。同时整套工艺只产生了合格的油基钻井液产品和含油率≤0.3% 的岩屑固体物，未产生新的污染物质，彻底消除了油基岩屑可能对环境所造成的风险。LRET 处理技术前后效果如图 5-19 所示。

图 5-19　LRET 处理技术前后效果图

## 五、油基岩屑高温热处理技术

目前较为成熟的油基岩屑高温热处理技术包括焚烧处置技术、热解析处置技术、过热蒸汽喷射技术、水泥窑协同处置技术等，现对各项技术进行简要介绍。

### 1. 焚烧处置技术

高温焚烧技术最早源于英国，随后相继在美国、德国、法国等西方国家快速发展。后来，我国将该项技术用于生活垃圾焚烧，目前该项技术也可用于处理如油基岩屑等危险废物。影响油基钻井岩屑用于焚烧处置技术的重要因素在于废油基钻井岩屑热值是否符合焚烧处置的要求，据研究证明废弃油基钻井岩屑平均热值在8000～9000J/g，高于焚烧处置污泥热值5000J/g，适宜利用焚烧处置[40]。

焚烧处置技术可大幅减少岩屑体积，燃烧后体积可减少20%～40%。该技术主要依托焚烧炉内一定量的过剩空气与被处理的固体废物进行氧化燃烧反应，从而使废物中有机物、重金属、石油类等有害物质在高温下氧化、热解，从而被破坏，实现岩屑无害化、减量化的目的。经焚烧后的岩屑，可作为建材生产的原材料进行资源化利用。因油基岩屑组分复杂，若焚烧物中含有氯元素和有机物，燃烧过程就会产生二噁英[41]，重金属也会在燃烧过程中挥发并以气体形式存在。故利用该项技术应特别注意二噁英、重金属等的二次污染物。常用于焚烧的设备有旋转窑焚烧炉、循环流化床焚烧炉等。目前，四川威远地区利用旋转窑炉焚烧处置油基岩屑，其处理装置如图5-20至图5-22所示，通过加装尾气二次燃烧装置、烟气净化装置，有效避免了焚烧过程中二噁英、重金属、烟尘等的二次污染物，同时焚烧后的残渣与地方钢材厂所生产钢渣混合后，作为水泥生产原材料进行资源化利用。

图5-20　焚烧处置技术现状装置

### 2. 热解析处置技术

焚烧处置技术是在有氧条件下对固体废物进行焚烧处置，其处置过程中会产生二噁英等二次污染物，同时大量的附着物与岩屑上的油基钻井液被焚烧，造成一定程度的资源浪费。故各国研究人员在大量研究的基础上，采用高温热解析的方式对油基岩屑进行深度处理，取得了较好的成果。

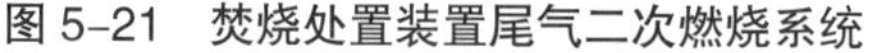

图 5-21　焚烧处置装置尾气二次燃烧系统

图 5-22 焚烧处置装置尾气净化系统

高温裂解技术是指在绝氧的条件下将油基钻完井作业废弃物加热，其中的轻组分和水受热蒸发出来，剩余的重组分油质经过热分解作用转化为轻组分，烃类物质在复杂的水合和裂化反应中分离，以气体的形式蒸发，经过冷凝处理，最终实现油质与固体的分离效果。高温裂解技术对油基钻完井作业废弃物处理得比较彻底，处理后残余物含油率仅为 0.3%。

对于含油污泥，典型的热解过程包括 5 个阶段：干燥脱气（50～180℃）、轻质油挥发析出（180～370℃）、重质油热解析出（370～500℃）、半焦碳化（500～600℃）以及矿物质分解。按热解温度又可划分为：低温（500～700℃）热解，可获得高热值油分；中高温（700～1200℃）热解，可获得中热值燃料气与焦炭[42]。目前用于配置油基钻井液的基础油，主要以轻质油为主。根据相关学者实验数据可看出，采用低温热解获得的油分中主要成分为 $C_{23}$ 以下的直链烷烃和芳香族化合物，与配置油基钻井液基础油成分相似，可用于配置油基钻井液[43]。故利用热解析处理油基岩屑具有较广泛的应用价值。

但该技术存在以下缺点：① 整个工艺技术需在绝氧条件下进行，若设备因故障等原因造成密封不良，可能会导致其产生二噁英等二次污染物，同时在处理过程中会不断释放恶臭气味，对操作人员健康造成影响。② 整个处理过程在 500℃以上，需要消耗大量能源对岩屑进行绝氧加热，这导致其处理过程能耗较高，同时若设备出现故障，可能会造成较大的安全隐患。③ 高温会对附着于钻井岩屑中的油基钻井液的化学添加剂进行破坏，导致其无法回用，造成一定程度的资源损耗。

目前较为成熟的油基岩屑热解析处置技术整体工艺主要分为以下几步：

第一步：对油基岩屑进行预处理，通过固液分离装置对油基岩屑进行预处理，使其岩屑含油率从 20% 降低至 6% 左右；

第二步：对预处理后的油基岩屑输送至热馏炉进行绝氧加热，利用柱塞泵、刮板机等输送装置对油基岩屑输送至热馏炉，通过热蒸馏分离岩屑中的油基钻井液。

第三步：对蒸馏后的气体进行冷却，达到气液分离目的。通过蒸馏后的气体进入喷淋急冷塔进行冷却，分离出的水进入废水收集装置，分离出的油品进入油品回收装置，不凝气进入蒸馏炉燃烧。

第四步：收集脱油后的残渣，用于固化填埋或资源化利用。

详细施工工艺流程图如图 5–23 所示，相关工艺装置如图 5–24 所示。

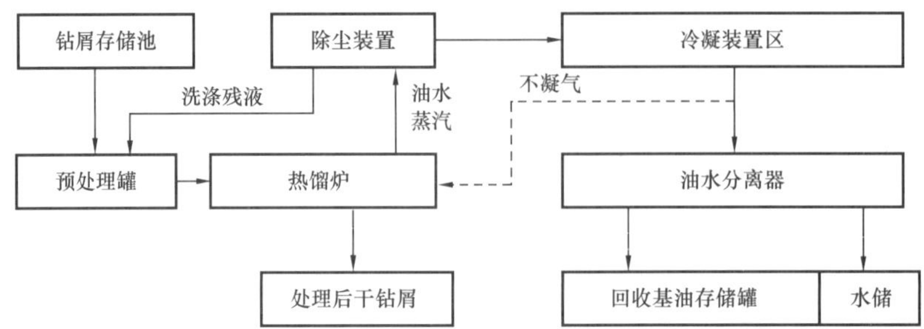


图 5–23 热解析处理油基岩屑工艺流程

图 5–24 热解析主要现场施工装置

目前中国石化、中国石油等单位在四川、重庆等地广泛将热解析处置技术用于处理油基岩屑，其中中国石化在重庆地区，利用热解析处理技术已建成 4 个岩屑综合处理站，其设计总处理规模 $320m^3/d$，按工作 200d/a 计，则年处理能力 $64000m^3/a$。从处理效果看，经处理后的岩屑含油率小于《国家农用污泥中污染物控制标准》中 0.3% 的标准要求，可作为耕用土壤直接回填到农田当中，也可用于建筑原材料进行资源化利用。同时利用热解析技术分离出的基础油可直接用于油基钻井液配置。截至 2016 年，中国石化利用该项技术累计新增资源化利用产值 3616 万元，节约工程投资成本 6000 万元。中国石油在长宁—威远国家示范区，建立油基岩屑热解析综合实验站，累计处置油基岩屑 1000 余吨。

### 3. 水泥窑协同处置技术

我国是世界水泥生产大国，全国各地均有较大水泥厂，对照国外经验，发达国家已将水泥窑作为处置危险废物和城市生活垃圾的重要设施，得到广泛认可和应用。如日本从 1994 年起就开始了以污泥、垃圾作为原料生产生态水泥的研究，并于 2001 年在千叶县建成世界第一条生态水泥生产线[9]。近年来我国水泥业蓬勃发展，已具备广泛处置危险废物和城市生活垃圾的物资和技术条件。随着国家政策陆续出台，如原环境保护部制定的《“十二五”危险废物污染防治规划》、国务院发布的《循环经济发展战略及近期行动计划》、国务院发布的《关于化解产能严重过剩矛盾的指导意见》、国家发改委等 7 部位联合发布的《关于促进生产过程协同处置城市及产业废弃物的意见》等，均明确提出鼓励使用水泥窑协同处置危险废物。同时国家也陆续出台了相关水泥窑协同处置技术标准和污染控制标准，如原环境保护部制定的 GB 30485—2013《水泥窑协同处置固体废物污染控制标准》、HJ 662—2013《水泥窑协同处置固体废物环境保护技术规范》、水泥标准委员会制定的 GB/T 30760—2014《水泥窑协同处置固体废物技术规范》、GB/T 30810—2014《水泥胶砂中可浸出重金属的测定方法》等技术标准，为水泥窑协同处置提供了技术依据。油基岩屑目前已列入《国家危险废物名录》，按照《中华人民共和国清洁生产促进法》要求必须对含油岩屑进行无害化处置。利用水泥窑协同处置油基岩屑，不仅对油基岩屑进行无害化处置，而且未产生二次污染物，同时岩屑中所富含的矿物成分与水泥原料一致，可完全替代部分水泥原料。

为了满足水泥熟料煅烧要求，其回转窑内物料煅烧温度必须满足 1450℃[7]。在该温度下，油基岩屑中的有机污染物被完全分解氧化，其岩屑中所含有的有机成分焚毁率可达到 99.99%。岩屑矿物成分与水泥原料相近，在煅烧过程中可形成水泥熟料，岩屑中的一些重金属元素也在熟料煅烧中参与了熟料矿物的形成反应，被结合在熟料晶格中。

为了确保水泥窑协同处置安全及环保要求，用于协同处置油基岩屑的水泥厂必须满足以下要求：

（1）水泥窑窑型为新型干法水泥窑。

（2）单线设计熟料生产规模不小于 2000t/d。

（3）水泥窑应采用窑磨一体机模式。

（4）配备在线监测设备，保证运行工况稳定。

（5）水泥窑及窑尾余热利用系统采用高效布袋除尘器作为烟气除尘设施，保证排放烟气中颗粒物浓度满足国家标准要求，水泥窑及窑尾余热利用系统排气筒配备粉尘、氮氧化物、二氧化硫浓度在线监测设备，连续监测装置满足标准要求，并与当地监控中心联网，保证无污染排放达标。

（6）配备窑灰返窑装置，将除尘器等烟气处理装置收集的窑灰返回生料入窑系统。

（7）设有储存油基岩屑专用设施，以保证油基岩屑不与水泥生产原料、燃料和产品混合贮存，其贮存设施满足国家标准要求。

（8）配置有固体废物投加设施，能实现自动进料，并配置可调节投加速率的计量装置实现定量投料。

（9）固体废物输送装置和投加口保持密闭，固体废物投加口应具有防回火功能。

（10）配置可实时显示固体废物投加状况的在线监视系统。

（11）投加装置具有自动联机功能，当出现特殊状况时，可自动停止固体废物投加。

（12）应根据油基岩屑特性选择在水泥窑中投加位置。

（13）应对油基岩屑来料进行化验分析，确保满足入窑要求，并根据岩屑特性确定投加速率。

水泥窑协同处置油基岩屑装置如图 5-25 至图 5-28 所示。

图 5-25　皮带传送、称重装置

图 5-26　加料、投加装置

图 5-27　水泥窑炉

图 5-28　污泥仓（储存半固态）

目前较为成熟的水泥窑协同处置油基岩屑技术整体施工流程如下：

第一步：对油基岩屑进行入厂检查。对入厂的油基岩屑进行称重，初步检查是否

与《危险废物转移联单》中废物类别一致。

第二步：入厂后油基岩屑特性检验。对入厂后的油基岩屑进行取样分析，以判断油基岩屑特性。

第三步：制订协同处置方案。根据分析检测结果，制定固体废物处置方案，其方案中包括固体废物贮存、输送、预处理和入窑协同处置技术流程、配伍和技术参数，以及安全风险和相应的安全操作提示。

第四步：对油基岩屑进行预处理。根据油基岩屑特性和入窑固体废物的要求，对岩屑进行破碎、筛分、分选、干燥等预处理，使其满足水泥窑入窑要求。

第五步：油基岩屑投加。根据岩屑特性和进料装置要求和投加口工况特点，选择适当的投加位置和投加速率以确保水泥熟料质量符合国家标准要求。如半固态状油基岩屑选择在窑头高温段投加，固态油基岩屑选择在窑尾高温段投加，如图 5-29 所示。

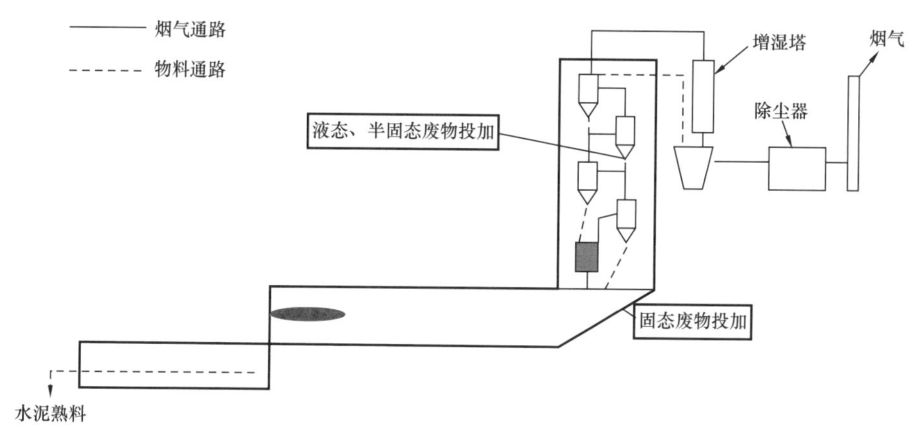


**图 5-29 油基岩屑投加位置示意图**

第六步：根据国家标准和行业标准对协同处置后所生产的水泥熟料性能开展检测分析。经检测合格后，可进行下步水泥成品制作，并在市面进行销售。

目前，水泥窑协同处置油基岩屑已作为国家鼓励技术，在全国各地进行推广。中国石油、中国石化等石油企业已将该技术作为处置油基岩屑终端技术之一开展研究。但受制于油基岩屑已被纳入《国家危险废物名录》，其水泥企业需取得危险废物经营许可证，方可对油基岩屑进行协同处置。目前取得经营处置油基岩屑的水泥企业较少，以川渝地区为例，截至 2017 年年底，仅有重庆东方希望水泥厂和四川利森建材集团有限公司两家企业取得处置 HW08 类危险废物经营许可资质。同时该技术需对目前水泥厂装置进行技术改造，其技改所需费用往往高达上千万元，这对水泥企业造成了不小的经济负担，从而导致其油基岩屑单方处理价格远高于石油企业自行处理费用。综上所述，若合理解决上述问题，则该项技术可作为最优技术应用于石油行业固废终端处置领域。

### 4. 超热蒸汽喷射处理技术[44]

超热蒸汽喷射处理技术是一种新型含油污泥处理技术，其优势在于设备紧凑、简单，易于维护，不产生二次污染，可回收污泥中的石油资源，处理后的残渣含油含水率低。

该技术主要工艺原理是利用高达500℃的高温蒸汽对浓缩脱水后的岩屑进行干化处理。经脱水后的岩屑被送入超热蒸汽处理室，即干化室，同时高温蒸汽以音速或亚音速从特制喷嘴中喷出，与岩屑颗粒碰撞。高温环境使得液体从颗粒表面蒸发速度加快，同时蒸汽蕴含的巨大动能提高了石油类物质和水分从颗粒内部渗出的速度，使油分和水分与颗粒物质瞬间分开。

其基本工艺流程为离心脱水后的泥饼加入料斗后，在螺旋送料器作用下进入处理室，在高温高速蒸汽喷射下被粉碎，同时油分和水分被蒸发出来，被粉碎的细小颗粒连同蒸汽一起进入气旋室，在旋分作用下实现蒸汽与固体颗粒的分离，固体颗粒直接进入回收槽，蒸汽进入油水分离槽经冷却后实现油水分离，其流程图如图5-30所示。该技术已成功应用于壳牌石油公司和马来西亚石油公司的油泥处理，处理效果好、设备小巧、能耗低、回收油质纯净等优点，处理后的残渣含油率可控，最低可达到0.08%。

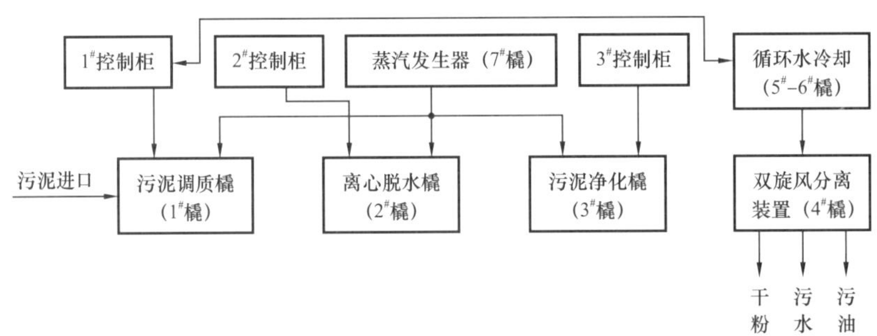


图5-30　超热蒸汽喷射处理流程示意图

### 5. 高温微波加热技术

高温微波加热技术原理是在热处理的基础上开发，运用介质加热原理，由于微波优先被钻屑中的液相吸收，从而能量效率高。

处理流程如图5-31所示：

（1）油泥先接触热氮气，防止微波过程中的油蒸气着火。

（2）油泥传输到微波腔内（微波处理膛）加热，水蒸气与油泥和油一同从微波腔顶部孔流出。

（3）流出的水蒸气和油流至冷凝器冷凝变成液体（油和水）。

（4）脱油的固废传出微波腔。

（5）提取出的油和水到油水分离器，油回收利用。

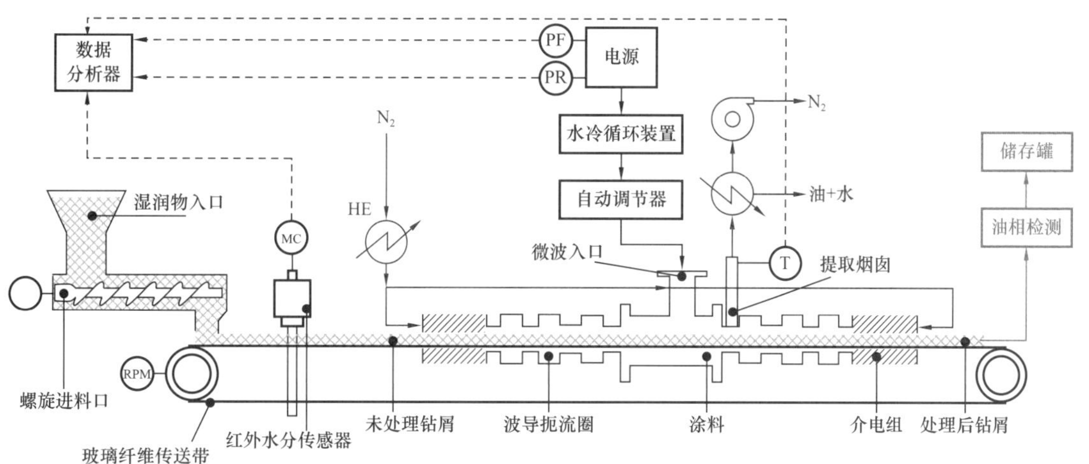


图 5-31 岩屑微波加热技术工艺流程图

## 六、油基岩屑生物处理技术

油基岩屑生物处理技术与水基岩屑生物处理技术在污染控制机理上基本相同，仅在菌种选择与前期预处理工艺流程及装置上存在一定差异，目前国内外油田企业及相关环保治理公司均已对生物处理技术处置油基岩屑开展研究，形成了多项专利技术。

美国 Newpark 公司推出的堆肥生物处理工艺为油基钻井液系统中产生的钻井废弃物提供了多个生物修复选项。废弃物与按顺序排列的有机底质和养料混合在一起，通过提供有利环境，包括湿度、通风、营养素及二次处理增强剂，形成长形堆肥。该堆肥工艺可实现在全年内持续降解作用的进行，即使在 -45℃条件下也是如此。采用一定方法使废弃物保持最佳的生物降解水平，直至其烃降解程度最终达到土地使用的要求。在使用土地之前，进行堆肥毒性评定。Newpark 公司的堆肥处理工艺不仅能有效地处理烃类污染废弃物，而且其产品是富有机养分的高附加值产品，可用于土壤侵蚀控制、提供养分、改良耕地并全面加强恢复井场被破坏的土地[45]。

中国石油申请的专利“一种油基钻井废弃物的生物堆肥处置方法”（申请号：201410039139.7），发明公开了一种油基岩屑的生物堆肥处置方法，包括：从油基钻井废弃物中加入固体复配菌剂并施加稻糠作为支撑物混匀，获得油基钻井废物的堆肥；调节肥堆的碳氢比和含水率，经翻堆、采样分析、完成现场堆放。利用本发明提供的方法处置油基钻井废弃物，1 个月后，油基钻井废弃物中石油总烃降解率可达 80% 以上；将本发明堆肥用于植物栽种，3 个月后，植物长势良好。

中国石油集团安全环保技术研究院有限公司的范俊欣开展了“微生物处置海上废

钻井液”研究，得出微生物法适用于海上含油废弃物处置。通过多次对菌株的采集、分离、纯化和培养驯化，选育得到了 3 株对石油烃类有很好降解效果的石油类降解菌；确定了石油类降解菌适宜的生化处置条件；最佳生长及原油降解温度为 50℃、最佳生长及原油降解碱性环境 pH 值为 6、最佳菌株接种量为 2%、最佳原油初始浓度为 500mg/L。处置后含油废弃钻井液含油量基本稳定在 2mg/L 以下，降解率达 98% 以上[4]。

## 参考文献

[1] Geothermal Energy. Management of Waste from the Exploration, Development, and Production of Crude Oil, Natural Gas, and Geothermal Energy [EB/OL].

[2] Maloney, K.O. and Yoxthemier, D.A. Production and disposal of waste materials from gas and oil extraction from the Marcellus shale play in Pennsylvania [J]. Environmental Practice, 2012, 14 (4): 278–287.

[3] Bureau of Waste Management.Water Recycling/Oil & Gas Waste [EB/OL].

[4] 中国石油集团川庆钻探工程有限公司安全环保质量监督检测研究院. 钻井固废处置利用技术及工程实例 [M]. 成都：四川科学技术出版社，2018.

[5] IFC consulting for the American petroleum institute. over–view of exploration and production waste volumes and waste management practices in the united states [EB/OL].

[6] Environmental protection agency.European waste catalogue and hazardous waste list [EB/OL].

[7] 黑亮. 城镇污泥安全处置与资源化利用途径 [M]. 北京：中国农业科学技术出版社，2014.

[8] 王睿韬. 市政污泥脱水技术进展 [C]. // 中国水泥协会. 第五届中国水泥企业总工程师论坛暨 2012 年全国水泥企业总工程师联合会年会会议文集，2012.

[9] 陈益民. 由铁铝酸钙水化生产钙矾石的动力学 [J]. 硅酸盐学报, 2000 (3): 303–308.

[10] 陆林峰，易畅，管勇，等. 钻井固体废物制免烧砖技术及试验 [J]. 石油与天然气化工, 2012, 41(2): 235–237.

[11] 魏利，李春颖，唐述山，等. 油田含油污泥生物—电化学耦合深度处理技术及其应用研究 [M]. 北京：科学出版社，2016.

[12] 朱永光，杨柳，张火云，等. 微生物菌剂的研究与开发现状 [J]. 四川环境，2004 (3): 5–8.

[13] Yumoto I, Nakamura A, Iwata H, et al. facultatively psychrophilic alkaliphile that grows on hydrocarbons [J]. International Journal Systematic Evolutionary Microbiology, 2002, 52 (1): 85–90.

[14] 刘秋，张耀尹，曹雪洁，等. 海洋石油降解微生物及其降解机理 [J]. 微生物学杂志, 2016, 36 (3): 1–6.

[15] Vogt C, Kleinsteuber S, Richnow H H. Anaerobic benzene degradation by bacteria [J].Microbiology Biotechnology. 2011, 4 (6): 710–724.

[16] Wang KT, Wang LY, Lan WJ, et al. Hydroxylated Biotrans–formation of Flavone by Marine Fungi

Induced Degradation of Benzene and Toluene［J］. Chinese Journal of Applied Chemistry，2015，32（6）：671–675.

［17］Mills MA，Bonner JS，Page CA，et al. Evaluation of bioremediation strategies of a controlled oil release in a wetland［J］. Marine Pollution Bulletin，2004，49（5–6）：425–435.

［18］陈素华，孙铁珩，周启星，等. 微生物与重金属间的相互作用及其应用研究［J］. 应用生态学报，2002，13（2）：239–242.

［19］吴敏，王锐，关旸，等. 土壤重金属污染的微生物修复机理研究进展［J］. 哈尔滨师范大学自然科学学报，2014，30（3）：147–150.

［20］陈亚刚，陈雪梅，张玉刚，等. 微生物抗重金属的生理机制［J］. 生物技术通报，2009（10）：60–65.

［21］崔斌，王凌. 土壤重金属污染现状与危害及修复技术研究进展［J］. 安徽农业科学，2012，40（1）：373–375，447.

［22］Arthur E L，Perkovich B S，Anderson T A，et al. Degradation of an atrazine and metolachlor herbicide mixture in pesticide–contaminated soils from two agrochemical dealerships in Iowa［J］.Water，Air and Soil Pollution，2000，119（1–4）：75–90.

［23］Bassam B J，Caetano–Anolles G. Fast ansensitive sliver staining of DNA in polyacrylamide gels［J］. Annual Biochemistry，1991，196：80–83.

［24］Francova K，Mackov6 M，Macek T，et al. Ability of bacterial biphenyl dioxygenases from Burkholderia sp. LB400 and Comamonas testosteroni B–356 to catalyse oxygenation of orthohydroxychlorobiphenyls formed from PCBs by plants［J］. Environ Pollution，2004，127（1）：41–48.

［25］Guenther T，Dornberger U，Fritsche W. Effects of ryegrass on biodegradation of hydrocarbons in soil［J］. Chemosphere，1996，33（2）：203–215.

［26］Joner E J，Leyval C. Phytoremediation of organic pollutants using mycorrhizal plants：A new aspect of rhizosphere interactions［J］. Agronomic，2003，23（5–6）：495–502.

［27］Kuiper I，Lagendijk E L，Bloemberg G V，et al. Rhizoremediation：A beneficial plant–microbe interaction［J］.Molecular Plant–M icrobe Interactions，2004，17（1）：6–15.

［28］何远信. 国内外泥浆材料的现状及发展趋势［J］. 探矿工程，2001（5）：47–49.

［29］籍国东，隋欣，孙铁珩，等. 封闭式芦苇湿地处理钻井泥浆的可行性研究［J］. 环境科学学报，2001，21（4）：426–430.

［30］苏勤，何青水. 国外陆上钻井废弃物处理技术［J］. 石油钻探技术，2010（5）：106–110.

［31］曹世璞. 烧结砖生产实用技术［M］. 北京：中国建材工业出版社，2012.

［32］刘涛. 钻井废泥浆制备墙体材料应用技术研究［D］. 绵阳：西南科技大学，2007：6.

［33］刘来宝，谭克锋，刘涛，等. 固化后的钻井泥浆制备新型墙体材料［J］. 四川建筑科学研究，2008（2）：176–179.

［34］倪怀英. 国外废钻井液处理技术介绍［J］. 钻井液与完井液，1992，9（1）：1–6.

［35］王朝强，等.页岩气水基钻屑制备烧结砖性能研究［J］.非金属矿，2018，41（3）：43–45.

［36］李术元，等.油页岩热解过程中铅的挥发性研究［J］.燃料化学学报，2008（4）：489–493.

［37］赵林茂.以工业废渣代替天然资源煅烧水泥熟料［J］.河套学院报，2017，14（2）：82–84，93.

［38］高月臣.浅析胜利油田废弃钻井液无害化处理技术［J］.安全、健康和环境.2008（3）：29–30.

［39］韩应合，李俊波.废弃钻井液无害化处理技术及应用［J］.特种油气藏，2005（2）：100–102.

［40］孙根行，王丽芳，符丹，等.废弃油基钻井岩屑焚烧处理基础［J］.钻井液与完井液,2017,34（3）：59–63，67.

［41］Achudume A，Odoh S，Adeniyi F. Assessment of effluents from associated match industries with emphasis on bioaccumulation of heavy metals in crab［J］. Journal of Water Resource and Protection. 2010，2（8）：751.

［42］王万福，金浩，石丰，等.含油污泥热解技术［J］. 石油与天然气化工，2010，39（2）：173–177.

［43］苏凯，向文国.含油岩屑热解特性与资源化［J］.环境工程学报，2016，12（10）：7260–7264.

［44］邹大宁.炼油厂“三泥”处理技术与应用研究［D］.大庆：东北石油大学，2011.

［45］Ferguson S H，Franzmann P D，Revill A T，et al. The effects of nitrogen and water on mineralisation of hydrocarbons in dieselcontaminated terrestrial Antarctic soils［J］.Cold Regions Science and Technology，2003，37（2）：197–212.

# 第六章

# 页岩气开发的其他环境保护技术

页岩气勘探开发还面临一系列的其他环境问题，首先是温室气体排放问题。美国康奈大学的研究学者认为，高强度水力压裂开采的页岩气温室气体排放非常严重，数据指出至少有页岩气产量的3.6%～7%的甲烷被泄漏到大气中，比天然气高出30%～100%。由于甲烷的温室气体作用远高于二氧化碳，尤其是在排放后的最初几十年中更为突出，大量的甲烷进入大气将会对气候造成一定的影响[1]。除此之外，页岩气探勘开发还可能造成土地损毁、水土流失等诸多问题，本章将介绍这些环境问题及相应的环境保护技术。

## 第一节　温室气体减排

本节着重从排放源类型及排放环节重新认识页岩气开发过程温室气体排放特征，并介绍四种排放类型的核算方法和监测手段，为本书使用者提供一种页岩气温室气体量化统计工具，同时结合生产实践，介绍了页岩气开采施工及运营期的关键减排措施。

### 一、页岩气开发中温室气体排放特征

#### 1. 按排放源种类划分

页岩气田与常规天然气气田的温室气体排放类型与性质一致。温室气体排放方式分为四大类，包括：燃烧排放、过程与放空排放、逸散排放和间接排放。

燃烧排放是指通过燃烧设备产生的温室气体排放。燃烧设备包括发动机、加热器、燃烧器等固定源以及交通运输设备。对于燃烧排放来说，主要有$CO_2$、$CH_4$和$N_2O$三种温室气体的排放。

过程排放是指页岩气开采工艺过程产生的有组织排放，诸如测试放喷火炬、井站放空火炬燃烧排放、生产工艺中脱水器的排放等正常或非正常工况下的工艺排放，特

点是量较大而时间不长。工艺过程与放空排放产生的温室气体视具体工艺情况而定，比如火炬放空燃烧过程产生的温室气体主要是 $CO_2$ 和 $N_2O$ 两种。

逸散排放是以无组织排放为主，产生的温室气体主要是 $CH_4$，特点是量小面广、持续时间长。通常包括三种：一是页岩气在开采、运输、处理等过程中由于管道裂痕、设备破裂造成的事故泄漏排放；二是管道、阀门、法兰、压缩机、储罐等逸散排放；三是废物（废气、废水、固废等）处置所产生的温室气体排放，这部分产生的温室气体类别视具体处置情况而定。如压裂返排液返出地层时携带的 $CH_4$，废水储存或厌氧处理过程产生的 $CH_4$，固体废弃物处置（填埋、烧结或热解等）产生的 $CH_4$ 和 $CO_2$。

间接排放包括外购的电力、蒸汽、原材料等在其生产过程中产生的温室气体排放。

### 2. 按开发过程划分

页岩气开发过程包括钻井试油、压裂试油、地面建设、采集输生产等阶段。各过程通常包含多个温室气体排放源，Yizhong Chen 等人调查统计北美地区主要页岩气生产区块排放源现状（表 6–1），认为温室气体主要来自发电，其次是采集输过程[2]。

**表 6–1 北美主要页岩气区块各排放源温室气体排放当量[2]** 单位：$10^9$kg$CO_2$–eq

| 区块<br>排放源 | Barnet<br>（巴勒特） | Marcellus<br>（马赛勒斯） | Fayetteville<br>（费耶特维尔） | Haynesville<br>（海恩斯维尔） |
|---|---|---|---|---|
| 钻井试油 | 1.05 | 1.9 | 0.32 | 1.96 |
| 设备逸散 | 0.84 | 1.51 | 0.25 | 1.57 |
| 加工处理工程 | 16.17 | 29.12 | 4.91 | 30.32 |
| 运输、存储、输送 | 0.49 | 0.89 | 0.15 | 0.92 |
| 发电 | 1254.4 | 2258.58 | 380.80 | 2352.00 |

## 二、温室气体核算与监测方法

### 1. 温室气体核算方法

1）燃烧排放量计算

燃料燃烧排放温室气体产物主要为 $CO_2$、$CH_4$ 和 $N_2O$ 三种。排放量的计算大致可以通过实测法、物料衡算法、排放系数法三种方法进行计算。页岩气开发中燃烧排放源分散，实测法工作量大，不易采用，因此推荐物料衡算法和排放系数法。

（1）碳平衡计算法。

对于已知具体组分含量的燃料，可以采取碳平衡计算的方式计算 $CO_2$ 排放量。一般均假设燃料完全燃烧。碳氢化合物按式（6–1）燃烧。

$$C_xH_yO_z+\left(x+\frac{y}{4}-\frac{z}{2}\right)O_2\longrightarrow(x)CO_2+\left(\frac{y}{2}\right)H_2O \tag{6-1}$$

通过式（6–1）可分别算出已知组分含量的碳氢化合物燃烧后所产生的 $CO_2$ 的量。对于某些已知燃烧效率的设备，需在燃料用量上乘以燃烧效率，再利用式（6–1）进行碳平衡计算，从而求得 $CO_2$ 排放量。

（2）排放系数法。

排放系数法是目前世界范围内比较通用的一种方法。通过排放系数的定义不难得出排放系数法的计算公式，即排放量等于排放系数乘以燃料的消耗量，具体如公式（6–2）所示。

$$E=EF_i\times FC_i \tag{6-2}$$

式中　$E$——温室气体排放量，kg–$CO_2$；

$EF_i$——燃料的温室气体排放系数，kg–$CO_2$/kg 或 kg–$CO_2$/$m^3$；

$FC_i$——所消耗 $i$ 燃料的量，也称活动水平数据。

2）过程与放空排放量计算

（1）过程与放空排放源。

过程排放涉及的排放源根据工艺过程而定，对于各页岩气区块，主要有集输脱水处理过程排放源、清管放空排放源（主要指火炬放空排放）。

（2）过程与放空排放计算方法。

对于工艺过程排放源采用物料衡算法计算比较便于实际操作。物料衡算法就是根据质量守恒定律而进行的物料平衡的计算。基本原理是不管某一生产过程中物料发生的是物理变化还是化学变化，生产过程中某一基准物的投入和产出的质量是守恒的。

$$\text{投入总量}\left(\sum G\right)=\text{产出量}\left(\sum G_{\text{出}}\right)+\text{系统内部消耗 / 积累量}\left(\sum G_{\text{内}}\right) \tag{6-3}$$

例如，放空排放源中，如果是点火放空，其计算方法按燃烧排放进行计算；若为非点火放空，则：$E_{CH_4}$= 页岩气放空量 × 甲烷含量百分比。

3）逸散排放量计算

逸散排放通常是无组织排放，对任何一个压力设备都有潜在的泄漏可能。这些泄漏可能发生于页岩气设备的法兰、接口密封处等地方，另外逸散排放还包括废物处理过程中造成的非点源温室气体排放。

（1）逸散排放源。

涉及的逸散排放包括三类：一是页岩气开采和脱水加工处理过程单个设备装置和

接口处的甲烷泄漏，如分离器、页岩气井口装置等；二是页岩气集输管线和站场产生的泄漏；三是储罐等装置产生的泄漏。

（2）逸散排放计算方法。

按计算精度分为三个层级，在计算过程中根据实际可获取的数据选择相应层级进行计算。

① 对于页岩气开采、加工处理和储运过程中的逸散排放，一般采用排放系数法最为简便，即用公式（6–4）计算：

$$E_{CH_4} = EF_i \times N \tag{6–4}$$

式中 $E_{CH_4}$——甲烷泄漏量，kg；

$EF_i$——该设备的甲烷泄漏系数，kg/（个·a）；

$N$——该设备的个数。

公式（6–4）中的排放系数根据实际获取情况或工作需要来确定选择特定排放系数是 IPCC 或是 API 公布的排放系数。选取不同的排放系数，其计算结果精度也不同。

② 对于页岩气集输过程中甲烷的泄漏量的计算除采用排放系数法以外，因易获取计量数据，故采用物料衡算法最为方便，如对于输送过程中，根据管道两端的计量差和页岩气组分确定甲烷的泄漏量。

③ 废气大多数情况下作焚烧处理。因此，在计算废气处理过程中温室气体排放量时，主要是计算其 $CO_2$ 的排放量，可采用碳平衡计算法进行计算：

$$E_{CO_2} = C_i \times Q \times \frac{44}{12} \tag{6–5}$$

式中 $E_{CO_2}$——$CO_2$ 排放量，kg；

$C_i$——废气中的碳含量，kg/m$^3$；

$Q$——废气的排放量，kg。

若对废气排放没有监测，无法获得废气中的碳含量和废气排放量时，采用排放系数法进行计算。

④ 排放系数选择。

逸散排放时排放系数的选择应根据实际工作情况而定。通过对特定少量的设备进行监测获取泄漏数据，通过公式 $E_{CH_4} = EF_i \times N$ 反推得出特定排放系数，进而将其推广至其他同类型设备，或者采用 IPCC 制定的排放系数表中的数值。

4）间接排放量计算

（1）间接排放源。

间接排放源是指温室气体非本单位自行产生，而是来自于统计单位外的机构。页岩气田温室气体间接排放源包括外购电力、外购蒸汽、外购其他生产所用原材料等而

导致使用过程中排放出的温室气体。

（2）外购电力温室气体排放量计算。

外购电力所产生的温室气体排放量主要采用排放系数法进行计算，参见公式（6-6）：

$$E_{CO_2} = EF_{CO_2} \times Q \tag{6-6}$$

式中　$E_{CO_2}$——$CO_2$ 排放量，kg；

$EF_{CO_2}$——电力对应的 $CO_2$ 排放系数，kg/（kw·h）；

$Q$——购买的电量，kw·h。

### 2. 温室气体监测方法

页岩气生产过程涉及众多不同类型和规模的装置，排放的 $CO_2$、$CH_4$、$N_2O$ 三种温室气体，主要通过燃烧、工艺过程和泄漏等途径进入大气。因此，针对不同类型排放源的温室气体排放监测手段，选取适宜的监测设备至关重要。

1）燃烧排放源烟气监测

监测燃料燃烧排放出的温室气体排放量，需要对气体流量、所含温室气体浓度，设备燃烧效率等主要参数进行检测。

增压机、燃烧器尾气监测等工业燃烧和排污的监测可采用 ECOM—J2KN 烟气分析仪。该分析仪采用强劲采样气泵可以在高负压烟道气采样，烟道负压为 -200hPa 时仍能正常工作。可测量 $O_2$、CO、$CO_2$、$CH_4$、$C_xH_y$ 等气体含量，还可测量烟气温度、烟气流速、燃烧效率等参数，能满足烟气中温室气体检测要求。

烟气的监测可以通过烟气排放管线中的取样口或排放烟囱出口进行温室气体监测。除 ECOM—J2KN 烟气分析仪之外，TESTO 公司的烟气分析仪（如 350XL 型号）也得到广泛应用，其配备多种探头，可以检测 $CO_x$、$NO_x$、$O_2$、$SO_x$ 等气体。

2）页岩气逸散排放源监测。

管线、阀门、法兰、密封处等难免会有页岩气泄漏产生，在监测其甲烷泄漏量时，需要获取泄漏处的流速、流量、甲烷浓度等参数。在实际监测过程中可以使用多种仪器联合监测测出所需参数值。

（1）HI-FLOW Sample 泄漏率测量仪。

此仪器由美国页岩气工艺研究院（GTI）研制，是测量设备泄漏速率的主要仪器。它由变速率流量感应系统、组合测量采样速率的流量计和测量碳氢化合物气体浓度的气体传感器等组成。泄漏测量量程为 0.05～8.00SCFM［1 标准立方英尺 / 分（SCFM）=0.0283 标准立方米 / 分（$Nm^3$/min）］，采样流速最大可达 10.5SCFM。

（2）TII—CGI 燃气泄漏巡检仪。

TII—CGI 燃气泄漏巡检仪是美国杰恩公司的新一代巡检系统。具有巡检搜索

（1ppm）、LEL（爆炸下限）及 VOL（体积浓度）三种检漏模式。该仪器采用了高科技组合式传感器，带有内置 2L/min 的大容量吸气泵，具有灵敏度高，响应快的特点，配上探孔棒可用来精确寻找漏点位置。此外，配上相应的传感器还可检测并同时显示 CO、$O_2$、$H_2S$ 气体的浓度。

对于上述两种仪器可以联合使用，首先利用 TII—CGI 燃气泄漏巡检仪确定出泄漏点，再用 HI—FLOW Sample 泄漏率测量仪检测出泄漏速率及甲烷浓度，最后计算出甲烷泄漏量。

（3）红外摄像仪泄漏检测。

红外摄像仪检测是利用红外成像原理，快速检测气体泄漏的一种技术。这种特制的红外摄像仪能够实时生成气体泄漏的红外图像，泄漏的气体在屏幕上将显示为“黑色烟雾”，因而可以判断是否有挥发性气体存在。它可检测并记录甲烷、苯和其他多种挥发性有机化合物（VOCs）气体；可发现数米远处的轻微气体泄漏；能够快速扫描大片区域和长达几千米的管道，具有不接触、远距离、检测范围宽、灵敏、高效等特点。

## 三、温室气体减排治理实践

页岩气中以 $CH_4$ 为主，因此直接排放时的温室效应是 $CO_2$ 的 25 倍。面对页岩气气田面积大、井多、管线长、生产规模大的开采现状，页岩气企业重点是减少天然气（$CH_4$）排放。

### 1. 施工期减排措施

强化钻井工程管理，有效防止钻井液和天然气窜漏。例如：浅层钻井采用气体钻进、套管封堵；储层改造采用多层套管水泥封堵，防止发生任何窜漏；其次，采用高品质油品可有效控制机械废气排放，并委托有资质的单位按照 GB 16297—1996《大气污染物综合排放标准》对废气进行监测；另外，燃油机械尽量使用优质燃油，定期对燃油机械、尾气吸收装置进行检测与维护，减少温室气体排放；推广应用橇装化收集装置，及时收集储存部分测试防喷天然气。

### 2. 运营期减排措施

集输管道及站场输送采用密闭方式，应选择可靠性高、密封性能好的阀门，保证各连接部位的密封，制定管线和阀门的巡检制度，发现问题及时处理，可防止管道页岩气泄漏。集气干线设置干线截断阀及放空火炬，保证事故状态下管段内页岩气燃烧排放，减少事故状态下 $CH_4$ 等温室气体的排放量，防止环境污染。

# 第二节 土地复垦

## 一、土地损毁与土地承载力分析

### 1. 土壤侵蚀

美国土壤保持学会（1971 年）关于土壤侵蚀的解释是："土壤侵蚀是水、风、冰或重力等营力对陆地表面的磨损，或者造成土壤、岩屑的分散与移动。"英国学者 N.W. 哈德逊（1971 年）在其所著的《土壤保持》一书中对土壤侵蚀的定义为："就其本质而言，土壤侵蚀是一种夷平过程，使土壤和岩石颗粒在重力的作用下发生转运、滚动或流失。风和水是使颗粒变松和破碎的主要营力。"土壤侵蚀导致土层变薄、土地退化、土地破碎，破坏生态平衡，并引起泥沙沉积，淹没农田，淤塞河湖水库，对农林牧业生产、水利、电力和航运事业危害极大，直接影响国民经济建设。土壤侵蚀属于水土流失的子集，水土流失在土壤侵蚀的基础上，还包括了水资源和土地生产力的破坏与损失。

### 2. 页岩气开发土地损毁特点

页岩气开发具有单井产量低、井场数量和井口数均较常规天然气更多的特点。钻井数量越多，平均开采成本越低，商业价值越大。所以在土地损毁方面，页岩气井场的土地损毁面积更大，又由于实行滚动开发，所以损毁的时间更长。同时页岩气开采需要消耗大量水资源，页岩气井场需要修建大面积的清水池用地和储罐用地，这也是在土地损毁方面与常规天然气井场的不同之处。

页岩气开发过程中，既有对土壤化学性质的改变，也有物理性质的变化。例如，页岩气的开采大多采用油基或合成基环保钻井液，钻井过程中可能会产生部分无法回收再利用的含油固体废弃物（图 6-1），以及废水池可能出现渗漏问题等，这些都有可能成为土壤污染的来源，从而改变土壤的化学性质。又如，页岩气井多分布在山间台地，或丘陵山体间，需要进行表土植被的剥离、土石方和山体的开挖平整，致使区域内的地表裸露，植被遭到破坏，导致土壤的物理性质的改变，若不采取有效防护措施，会导致水土流失加剧（图 6-2）。

### 3. 土地损毁环节和类型

页岩气田的生产建设过程主要包括井场工程、场站工程、道路工程和管道工程。根据页岩气田的施工特点，项目建设对土地损毁主要表现为：钻前作业、钻井作业、道路修建、场站修建、管沟开挖和堆管对土地造成的挖损、压占和污染损毁（图 6–3）。

图 6–1　含油固体废弃物

图 6–2　钻前工程土石方开挖

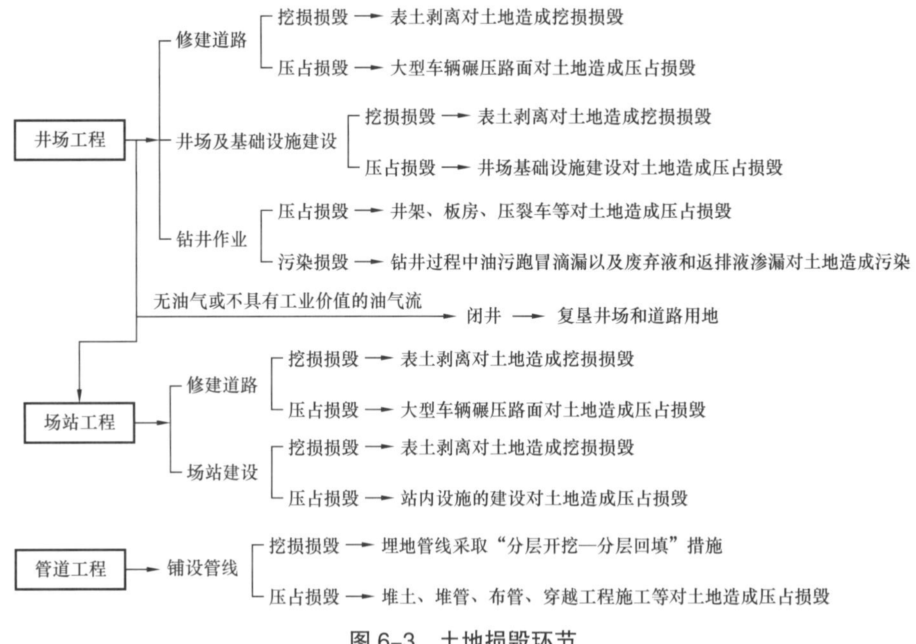


图 6–3　土地损毁环节

1）井场工程

井场钻前工程，需要先进行表土剥离，场地平整，修建油水罐区基础、废水池、岩屑池、清水池和放喷坑等，会对土地造成挖损和压占损毁。若钻井过程中的油污跑冒滴漏等可能会对土地造成一定污染（图 6–4），钻井期间产生的废水、废弃钻井液和岩屑进入经过防渗处理的废水池中。压裂返排液进入经过防渗处理的清水池中，回收利用后，剩余的返排废水交由具有资质的专业机构处理，最大限度地减少了钻井废弃

物、压裂返排液对土地的污染损毁。

2）场站工程

场站工程主要是为气田勘探开发服务的配套工程，包括集气站、脱水站等，具有集输、增压、脱水等功能。场站工程对土地的损毁主要是表土剥离、场站的平整硬化和基础设施修建，对土地造成挖损和压占损毁。

图 6–4　油污滴漏污染土壤

3）道路工程

道路工程是井场工程、场站工程和管道工程的配套工程，包括井场、场站的进场道路和施工便道。进场道路主要用于井场基础建设时设备的拉运，以及建站后站场生活物资的运送和气田水的拉运，施工便道主要是为管道敷设时的抬管布管服务。道路工程修建时需要剥离表土、平整土地、夯实路基。因此该环节的土地损毁形式为挖损和压占损毁。

4）管道工程

项目区内管道主要为场站输送原料气和燃料气服务的，管道施工过程中需要挖填管沟、平整土地、堆放表土。因此该环节的土地损毁形式主要为挖损和压占损毁。

### 4. 土地承载力影响

土地承载力是指一定技术水平、投入强度下，一个国家或地区在不引起土地退化，不对土地资源造成不可逆负面影响，不使环境遭到严重退化的前提下，能持续、稳定支持具有一定消费水平的最大人口数量。我国虽然国土面积大，但耕地面积少且人口基数大，人均耕地面积约 900$m^2$，远低于世界平均水平。根据国家统计局四川调查总队统计数据，1978—2006 年，四川非农业人口增加了 2100 多万人，但同期耕地面积减少了 992000$m^2$，人均耕地面积由 693$m^2$ 下降到 446$m^2$，低于联合国粮农组织提出的人均耕地 553$m^2$ 的警戒线，仅为世界人均耕地面积的 23%。

页岩气勘探和开发建设会占用大量土地，页岩气井场分布多在山间台地，或丘陵山体间。占地类型多为耕地和林地，占地区域多为人均耕地少、人地关系矛盾突出的地区。以四川长宁—威远国家级页岩气示范区为例，长宁、威远区域人口密度在每平方千米 400 人以上，人均耕地面积 1.12 亩[1]（范围为 0.71～1.89 亩），大部分区域低于全国人均耕地平均水平 1.52 亩，明显低于世界人均耕地水平 3.38 亩。所以页岩气的勘探开发，尤其是大面积、成片开发的井场平台建设对区域的土地承载力是有影响的，坚守耕地红线和保障粮食安全面临着一定挑战。

[1] 1 亩 =666.67$m^2$。

## 二、节约集约用地与土地复垦技术

### 1. 节约集约用地

目前，我国页岩气主要分布在四川、重庆、云南等人口密集地区，这些地区农业发达但人均耕地面积少，页岩气勘探开发用地与农业生产用地之间存在矛盾。为了缓解和解决这些问题，在页岩气勘探开发建设中大力推进节约集约用地措施，力争将土地承载力的影响降到最小。以四川长宁—威远国家级页岩气示范区为例，一方面，目前页岩气开发推行“工厂化”作业模式和“丛式井”等工艺技术，最大限度提高土地利用率，最大可能减少了土地压占的面积和时间。如长宁、威远地区的页岩气丛式井场大多布局6～8口井，单口井的平均占地面积为606$m^2$，8口井的井场平台总占地约为4850$m^2$。常规天然气井场中，中低含硫采气井场的平均占地约为4700$m^2$。相比之下，虽然页岩气井场平台总占地面积较大，但单口井的占地面积减少了很多，达到了最大限度的节约集约用地；另一方面，长宁、威远地区还采用“先临时，后征地”的用地模式，即将全部的用地作为临时用地处理，待钻完井获得工业气流，根据产能建设计划再确定合理的征地范围，其余的临时用地采取土地复垦工程技术措施，恢复地形和地力水平，还耕于民，降低对土地承载力的影响。

### 2. 土地复垦技术

页岩气气田的开发特性与常规气存在一定的差异，以页岩气开发工艺和土地损毁特征分析为基础，通过工程技术措施、生物及化学措施对被损毁的土地及时进行复垦利用，保证耕地质量。

1）表土剥离、存放和回填技术

表土层厚度一般为25～30cm，是土壤中生物积累作用最强、有机质和微生物含量最高的部分，且肥力和生产性能最好。表土在土地复垦工程中起着非常重要的作用，它关系着复垦后土壤的质量和肥力。页岩气勘探开发项目在钻井工程前应当进行表土剥离，在完井后对表土进行回填；剥离出来的表土需要妥善存放。为了保持土壤结构、避免土壤板结，应避免雨天剥离、搬运和堆存表土。若表土堆存过程中遇降雨，则需要用防雨布遮挡堆存表土，防止水土流失，带走土壤中的有机质，导致土壤肥力下降；表土回填时，采用推土机对剥离的表土进行转运、覆盖和整平，分心土层和表土层分层回填，要求覆土层内不含障碍层，推土机控制田面整平，要求田面高差控制在 ±5cm之内。为了复垦后的土地能适宜作物的生长，需对平整后的土地进行覆土，将施工前剥离的表土铺覆于施工场地内。

2）强硬质化地表破拆及清运技术

页岩气勘探开发过程中需要大量临时用地辅助，这些临时用地包括井场基础用地等需要对地表进行固化或强硬质化的土地。如何实现固化土地强硬质化层的拆除和清运，一直是复垦中的技术难点。根据页岩气勘探开发工程特点，形成具体有效的技术措施，包括：

（1）混凝土拆除范围主要包括井场各种设备的基础和场地铺装地坪，采用岩石破碎机进行机械拆除，包括破碎、解小、撬移、翻渣和清面，拆除后直接采用挖掘机和汽车进行垃圾清运。

（2）砖砌体拆除的范围是放喷坑的砖砌体以及油水罐区和隔油池的砖砌边沟，采用人工拆除，并清理、堆放，拆除的砖优先满足当地农户需求进行回收再利用。

（3）砂砾垫层拆运范围主要包括井场各种砼基础下及地坪下的垫层，由手摆石等粗骨料和粗砂及少量水泥组成。采用挖掘机和推土机进行机械拆除，并采用自卸汽车运往建渣处理厂。

（4）浆砌条石的拆除主要涉及泥浆储备罐、油水罐、生活区的条石基础，采用人工拆除，最大限度保持条石质量，拆除下来的条石主要用于新修挡土墙和方便附近农户使用。

3）生物和化学措施技术

为了使复垦后的土地能更好地满足农作物生长的条件，需要对复垦土地进行培肥以改良土壤。同时，项目区内复垦土地在进行土地平整以后，通过机械翻耕的工程措施改良土壤，并对该区域内土壤进行后期培肥工作，确保复垦后土地在最短时间内达到农作物生长的要求。

（1）增施有机肥料，提高土壤肥力：有机质是土壤肥力的重要影响因素，切实提高土壤有机质含量对复垦后土地快速恢复地力有非常重要的意义。在改良土壤过程中，有机肥料和无机肥料配合施用，以有机肥料为主，包括厩肥、人粪尿、堆肥等，可以增加土壤有机质和养分，改良土壤性质，提高土壤肥力。

（2）秸秆堆沤还田，增加土壤有机质：可疏松土壤，增加土壤有机质含量与保水保肥能力，改善其理化性状，培肥地力，提高农作物产量。方法是将秸秆铡碎后与人畜粪便、有机生活垃圾等进行堆沤腐熟后，翻耕施与田间。

（3）增施复合肥和微肥，提高土壤肥力：在重施有机肥、种植绿肥和秸秆还田的基础上，根据土壤肥力状况，有针对性地增施复合肥和微肥，提高土壤肥力，复合肥料的选取与使用量需根据复垦前的土壤质量确定，保证复垦后土壤质量不降低。

## 第三节　水土保持

在页岩气勘探开发过程中，施工作业和井场建设等活动可能会对项目区水土保持功能和耕地质量产生一定的影响，造成一定范围内的水土流失和土地损毁，本节将重点介绍这些环境问题及相应的环境保护技术。

## 一、水土流失分析

水土流失是指在水力、风力、重力及冻融等自然营力和人类活动作用下，水土资源和土地生产力的破坏和损失，包括土地表层侵蚀及水的损失，页岩气开发过程中可能面临的水土流失影响，主要包括以下几个方面。

### 1. 加剧洪涝灾害

建设过程中堆土倾入或者土壤被水流冲刷带入河道、水渠，不仅降低了河道、水渠的引排水功能，还将加剧洪涝灾害，给当地农业生产带来危害。

### 2. 恶化生态环境

工程建设中产生的临时土石将对环境带来不良影响，若不妥善处理，将给当地带来一定的环境污染和水土流失。

### 3. 诱发不良地质灾害

施工形成的挖方边坡和填方边坡，若不正确处理水土流失防治，可能会诱发一些小型的崩塌、滑坡等不良地质灾害。

### 4. 影响农民耕作

页岩气开发建设将扰动部分耕地土壤，若不采取有效土地整治措施，将影响农民正常耕作，并造成一定的农业损失。

## 二、水土保持学原理

作为水土保持技术的理论基础，水土保持学是研究土壤侵蚀规律和防治水土流失、改良土壤、合理利用土地的一门自然科学。其主要内容包括水土流失发生机制分析和水土流失防治措施两部分。其中，水土流失发生机制包括水土流失、地表径流、土壤侵蚀发生的原因和过程，以及影响水土流失的因子及其危害。水土流失产生的原因涉及诸多方面，各因素之间相互影响、相互制约，只有采用综合措施才能防治水土流失。

## 三、水土保持技术与措施

水土保持技术是针对土壤侵蚀以及结合水土保持学相关原理的一门综合措施，目

的是保护土壤资源，降低水土流失风险。针对页岩气开发项目，水土保持相关技术措施布设位置主要分为站场工程及管道工程。站场工程水土保持措施是为维持站场安全稳定、防治坡面汇水冲刷、防止土壤侵蚀而建。措施类型主要有排水沟、沉砂池、挡土墙、护坡及植物措施等；管道工程以输气管道为主，兼顾部分输水管道，与站场工程不同之处主要在管道穿越沟道时的相关措施。

### 1. 挡土墙措施

挡土墙是指支承地基填土或山坡土体、防止填土或土体变形失稳的构造物，在页岩气开发中主要是为维护站场地基及管道的稳定。根据挡土墙的设置位置不同，分为路肩墙、路堤墙、路堑墙和山坡墙等；按照结构形式挡土墙又可分为：重力式挡土墙、锚定式挡土墙、薄壁式挡土墙、加筋土挡土墙等；按照墙体材料挡土墙还可分为：石砌挡土墙、混凝土挡土墙、钢筋混凝土挡土墙、钢板挡土墙等。

### 2. 排水沟及沉砂池措施

通常情况下，排水沟及沉砂池会同时存在，主要用于拦截项目区上游来水以及排除项目区内地面径流，并将水流携带的泥砂进行沉淀，防止土壤被水流冲刷堵塞下游沟道。

排水沟及沉砂池通过材质分为硬化及非硬化，硬化排水沟及沉砂池作为永久措施，衬砌采用浆砌石及混凝土；非硬化排水沟及沉砂池为土质，作为临时措施，施工完毕后进行拆除。

页岩气开发中会在站场周边设置永久排水沟，用以排除站场雨水及生活废水，并在排水沟尾部设置沉砂池；而管道工程中一般设置临时性排水沟，主要目的在于防止管沟开挖产生的临时堆土被雨水冲刷。

### 3. 护坡措施

护坡措施主要布设在站场边坡及管道陡坡段，常用技术包括以下几种。

1）直播灌草护坡

直播灌草护坡是根据坡面土壤、养分、水分等条件，将灌草种子按照设计播种量均匀撒播到需防护的坡面，使坡面迅速形成灌草覆盖的一种较常见的坡面绿化防护技术。

2）生态植生带护坡

生态植生带护坡是把纤度为3～5丹尼尔的纤维无纺布织成孔隙率达70%～90%的纤维棉，把灌草种子和其生长所需养分定植在纤维棉内，以形成多功能绿化植生带，并将其用于边坡的生态护坡技术。

3）生态植被毯护坡

生态植被毯护坡是利用人工加工复合的防护毯结合灌草种子进行坡面防护和植被回覆的技术。坡面覆盖生态植被毯能固定坡面表层土壤，增加地面粗糙度，减少坡面径流量，减缓径流速度，减轻雨水对坡面表土的冲刷。

4）钻孔植生护坡

钻孔植生护坡是在裸岩坡面上进行钻孔，在孔内客土、栽植植物，利用植物的枝叶对裸岩进行“遮挡”绿化的植被恢复技术。

5）客土喷播护坡

客土喷播护坡是采用专用喷射机将土壤、肥料、有机质、保水剂、黏合剂、植物灌草种子等混合物按照设计厚度喷射到需要防护坡面的生态防护技术。

## 4. 植物措施

植物措施是采取造林种草及管护的方法，增加植被覆盖率，维护和提高土地生产力的一种水土保持措施。主要包括造林、种草和封山育林、育草；保土蓄水，改良土壤，增强土壤有机质抗蚀力等方法的措施。

站场周边植物措施主要以景观绿化及恢复临时占地原用地类型为主，常采用乔灌草结合方式，种植当地适生品种；管道周边为防止深根植物破坏管道，一般极少种植乔木，以撒播草籽、种植灌木为主。

## 5. 管道穿越沟道措施

管道穿河（沟）道是指管线以明挖的敷设方式通过河沟道（图 6–5）。管道穿河（沟）道对地表的破坏与站场建设及定向钻、顶管等其他穿越方式相比较为不同。其他穿越方式，虽然施工工艺不同，但是对地表破坏与站场建设大致相同，采用水土保持技术大致相同。

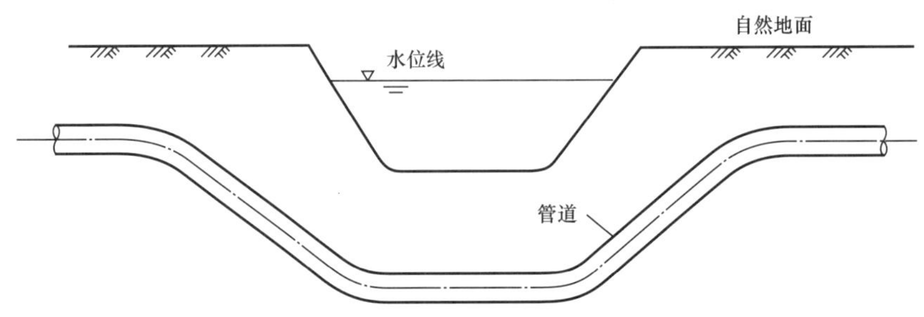


图 6–5　管道穿越河沟道断面示意图

管道防护工程（图 6–6）按其设防的位置可分为岸坡防护（简称护岸）和河（沟）床下切冲刷防护（简称护底）。

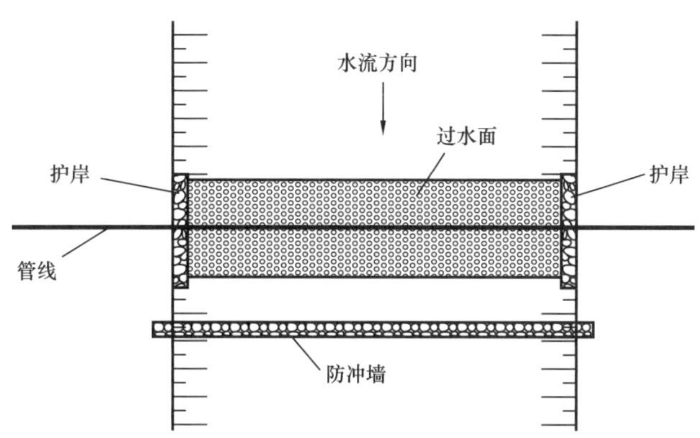


图 6-6　管线穿河道护岸、护底防护措施平面示意图

管线穿越河沟道防护的工程防护具体类型和防护内容见表 6-2 和表 6-3。

表 6-2　穿越河（沟）道防护类型

| 防护类型 | 结构形式 |
|---|---|
| 管道防护 | 护岸 |
| 管沟防护（护底） | 过水面、防冲墙、稳管 |

表 6-3　穿越河沟道防护内容

| 防护内容 | 说明 |
|---|---|
| 护岸 | （1）为防止岸坡侵蚀，通常设置护岸工程，主要结构形式包括浆砌石坡式护岸、浆砌石挡墙式护岸；<br>（2）目前管道挡墙式护岸多采用一般重力式浆砌石挡土墙的结构形式 |
| 稳管 | （1）当河床位置无法满足设计埋深时，防止河沟床冲刷下切而设置护底措施，主要包括干砌石过水面、浆砌石过水面、石笼护底、混凝土、浇筑稳管、防冲墙等；<br>（2）稳管工程中常用混凝土连续浇筑、混凝土配重块稳管方式 |
| 过水面 | （1）过水面底部距管顶的安全距离不得小于 0.3m，过水面顶部原则上不高于原河、沟床面；<br>（2）过水面包括干砌石过水面、石笼过水面和浆砌石过水面三类，结合工程和现场材料情况合理使用 |
| 防冲墙 | （1）防冲墙应置于管线下游 5～10m 范围内设置，与水流方向、两岸垂直布设；<br>（2）对于有滚石撞击作用的河沟道，可在防冲墙外侧设置钢筋混凝土保护层，保护层厚度一般为 10～20cm |

## 第四节　社区关系维护

良好的社区关系是页岩气和谐、健康、良性开发的保障措施之一，但是良好的社区关系历来是油气开发行业管理工作中的难题之一，特别是相对于常规气，页岩气开发密度、力度和强度更大，累积的企业、地方诉求矛盾将更显著、更突出。

## 一、影响社区关系的因素

影响社区关系的因素众多，包括直接因素和间接因素，涉及与页岩气开发相关的方方面面，具体包括政策、规划和审批程序，土地征用房屋征收及补偿，工程技术经济，生态环境保护，项目管理，社会环境，健康、安全及治安七大类。

### 1. 项目前期工作

1）立项、审批程序

主要是指项目立项、审批的合法合规性。

2）产业政策、发展规划

项目与产业政策、总体规划、专项规划之间的关系。如与国家能源局发布的《页岩气发展规划》《四川省“十三五”页岩气产业发展规划》是否有冲突或矛盾。

3）规划选线（选址）

项目与城乡发展规划的符合性、与周边敏感目标（住宅、医院、学校、幼儿园、养老院等）的位置关系和距离等。

4）立项过程中公众参与

规划、环评审批过程中是否按照有关的制度、规范开展公众意见征求。

### 2. 土地征用、房屋征收及补偿

1）土地征用、房屋征收范围

土地征用及房屋征收范围往往在符合因地制宜、节约土地资源、满足工程用地需要、满足当地土地利用规划的前提下，与居民和地方利益诉求有矛盾。

2）土地征用、房屋征收补偿资金

土地征用和房屋征收的资金来源、数量是否落实到位。

3）被征地农民就业及生活

被征地农民的社会、医疗保障方案是否落实，技能培训和就业计划是否落实。

4）安置房源数量和质量

集中安置时，房源现状及规划配套水平（交通和周边生活配套设施等），安置居民与当地居民的融合度等。

5）土地征用、房屋征收补偿标准

实物或货币补偿与市场价格之间的关系、与近期类似地块补偿标准之间的关系（过多或过少均为欠合理）。

6）土地征用、房屋征收实施方案

实施单位、房屋评估单位的资质及实施方案，是否能按规定编制实施方案，实施

过程是否能遵守相关要求。

7）拆迁过程

文明拆迁方案的制定和拆迁过程的监管，拆迁单位既往表现和产生的影响。

8）特殊土地和建筑物的征用、征收

涉及基本农田等征用、征收与相关政策的衔接。

9）管线搬迁及绿化迁移方案

管线搬迁方案的合理性，绿化迁移方案的合理性。

10）对当地的其他补偿

对施工损坏建筑的补偿方案，对因项目实施受到各类生活环境影响人群的补偿方案（如噪声）。

### 3. 项目的技术经济

1）工程方案

与工程设计密切相关的一些因素，如钻井介质、压裂设计等。

2）文明施工、组织管理

文明施工措施的落实，与相邻项目建设时序的衔接，实施过程与敏感时点（如两会、高考等）的关系，施工周期安排是否干扰周边居民生产生活（如夜间钻井、夜间压裂、夜间车辆运输）等。

3）资金筹措和保障

页岩气勘探开发目前以央地合作为主，与过去纯央企勘探开发常规气相比，资金筹措和保障难度增加。

### 4. 项目的生态环境保护

1）大气、水、噪声及振动、电磁污染物排放

钻井及压裂施工作业、采集输及净化过程中各污染物排放与环保排放标准限值之间的关系，及对环境的影响。

2）土壤污染

重金属及有毒有害有机化合物的富集和迁移。

3）固体废弃物及其二次污染（挥发性气体、恶臭、渗滤液等）

一般固体废弃物的收集、贮存、处置及综合利用是否满足相关规范、标准；废油、油基岩屑等的收集、贮存及处置能否满足危险废物管理要求。

4）热辐射

放空等工况产生的热辐射，对植被、人群健康是否有影响。

5）矿区绿化

矿区在开发后能否做到及时绿化或复垦，能否避免大面积的地表裸露。

6）环境风险

是否采取了环境风险防控措施和事故应急措施。

## 5. 项目管理

1）基本制度建设

项目是否建立了法人负责制、资本金制、招投标制、监理制和合同管理制等。

2）项目管理

项目是否开展了审批或核准管理、设计管理、概预算管理、施工管理、合同管理、劳务管理。

3）施工对周边人群生活的影响

施工可能造成的停水、停电、停气及其他突发情况是否制定了处置预案。

4）地方政府沟通机制

项目法人和当地政府是否就项目进行充分沟通，是否对可能发生的社区冲突和矛盾制定了充分的应急处置预案。

## 6. 项目的社会环境影响

1）对周边土地、房屋价值的影响

土地价值变化量和变化率、房屋价值变化量和变化率，根据已往项目的经验，页岩气勘探开发导致的房屋价值增加情况非常显著。

2）就业影响

项目建设、运行对周边居民总体就业率影响和特定人群就业率影响，特别是一些钻前施工、管沟开挖等土建工程为当地村民提供了一定的就业机会。

3）居民收入影响

项目建设、运营引起当地居民收入水平变化量和变化率，以及收入不均匀程度变化。

4）相关生活价格

项目建设、运营引起当地基本生活价格（水、电、燃气、公交、粮食、蔬菜、肉类等）的提高，根据已往项目的经验，页岩气勘探开发导致的基本生活价格提高情况非常显著。

5）对公共配套设施的影响

对教育、医疗、体育、文化、便民服务、公厕等配套设施建设、运行的影响，根据已往项目的经验，页岩气勘探开发可能占用少量上述公共配套设施，但一般占用量

都不大。

6）流动人口管理

施工期流动人口变化、运营期流动人口变化的影响，其中施工周期较长、流动人口较多。

7）对社区文化影响

项目对社区文化产生一定的冲击和影响。

8）对周边交通的影响

施工方案对周边人群出行交通的考虑（临时便道的设置，临时停车场地安排等），运行期项目周边公共交通情况变化，项目所增加的交通流量与周边路网的匹配度，项目出入口设置对周边人群的影响等，大型压裂车等对页岩气勘探开发区的交通影响是比较显著的。

### 7. 项目的健康、安全及治安影响

1）安全、卫生与职业健康

施工和运行期间的安全管理，卫生与职业健康管理，应急处置机制。

2）火灾、洪涝灾害

项目实施导致火灾、洪涝等灾害，是否有防火预案、防洪除涝预案和水土保持方案。

3）社会治安和公共安全

施工队伍规模及管理模式等；运营期项目人员分析（使用人来源、数量、流动性、文化素质、年龄分布等）。

## 二、维护社区关系的措施

维护社区关系的原则为：风险回避、风险抑制、风险分散与转移及风险自留。具体措施包括：

（1）优化规划选线（选址）方案，绕避生态红线区及自然保护区、饮用水源保护区等，防范、化解社区矛盾。

（2）强化项目审批流程等措施，确保合法合规。

（3）强化规范土地征用、房屋征收手续，优化相关方案，实行阳光动迁以及加大正面宣传力度等措施，防范、化解社区矛盾。

（4）强化设计、施工方案研究，选用先进的工艺技术和设备等措施，防范、化解社区矛盾。

（5）强化加大环保投入、落实环保举措等方面的措施，防范、化解社区矛盾。

（6）强化地质勘察、技术方案研究、施工管理等方面的措施，防范、化解社区

矛盾。

（7）强化交通影响评价、交通设施研究和建设、优化交通组织等方面的措施，防范、化解社区矛盾。

（8）强化项目设计、施工、运营组织方案的优化，各项组织管理措施的落实，防范、化解社区矛盾。

（9）制定项目建设资金保障方案等方面的措施，防范、化解社区矛盾。

（10）强化对项目的正面宣传，开展政策解答和科普宣传；强化利益相关者的参与，开展项目与社区共建，搭建居民沟通平台等方面的措施，防范、化解社区矛盾。

（11）强化综合分析协调，加大化解历史既有矛盾力度等方面的措施，防范、化解社区矛盾。

（12）强化发挥项目单位与政府相关职能部门的作用，建立风险管理分工、协作、联动的工作机制及相应的组织，按各自工作职责落实到位等措施，防范、化解社区矛盾。

## 三、利益相关方调查的具体问题

为了维护良好的社区关系，项目实施前的利益相关方调查显得至关重要，利益相关方调查过程中一些具体问题应高度重视，具体包括以下几个方面的内容。

### 1. 利益相关方调查的形式

（1）多形式，包括当面访谈、座谈会、报刊或网络公告、项目现场张贴公告。

（2）扩大调查对象，包括行业专家、环保专家、地方政府官员、基层政府官员、村民、弱势群体等。

（3）多阶段，包括项目进入前、项目施工过程中、项目投运后、项目退役后等。

### 2. 第一手信息的保存与记录

（1）文字记录。

（2）录像与录音。

（3）其他文字资料。

### 3. 应该重视的特殊问题

（1）尊重特殊的民俗、风俗及习俗，如少数民族地区。

（2）尊重利益相关方的意见，做到多听多记录。

（3）高度重视居民反映的问题，并向上级部门及相关单位反馈，跟踪处理情况，形成闭环。

## 参考文献

[1] Matt Ridley. The Global Warming Policy Foundation[M]. The Shale Gas Shock，U.S：2011.

[2] Yizhong Chen，et al. Life Cycle Assessment of Greenhouse Gas Emissions and Water–Energy Optimization for Shale Gas Supply Chain Planning Based on Multi–Level Approach：Case study in Barnett，Marcellus，Fayetteville，and Haynesville Shales[J]. Energy Conversion and Management，2017(134)：382.

# 第七章
# 页岩气清洁生产与污染防治技术发展趋势

根据相关规划，到2020年天然气占我国一次能源消费比重将达到10%以上，2020年年底前国内天然气产量力争达到$2000 \times 10^8 m^3$以上，大力开发页岩气符合我国能源发展大趋势，更是贯彻习近平总书记“今后若干年要大力提升勘探开发力度，保障我国能源安全”批示精神的重要举措。《页岩气发展规划（2016—2020年）》指出，在政策支持到位和市场开拓顺利情况下，2020年力争实现页岩气产量$300 \times 10^8 m^3$，2030年实现页岩气产量（800～1000）$\times 10^8 m^3$。仅在川南地区，中国石油2025年计划建成$120 \times 10^8 m^3$年产规模，之后每五年增长$100 \times 10^8 m^3$年产规模，至2035年实现$325 \times 10^8 m^3$年产规模。为完成此目标，中国石油“十四五”期间在川南区域计划新开钻井1400余口页岩气井，而2017年年底前仅210口存量井，标志着自2010年钻探第一口页岩气井开始，我国的页岩气开发已进入快速发展阶段。相应地，开发区域生态环境保护也面临着前所未有的压力。

一直以来，我国页岩气开采企业坚持“注重生态保护”原则，严格开展环境影响评价，通过优化方案设计、使用清洁原料和先进技术装备、改善管理和加强综合利用，从源头削减污染和减少用水、用地；与学术界和环保行业合作，开展页岩气压裂返排液和钻井废弃物处理处置技术研发和推广应用，推动制定系列环保标准，正在形成页岩气开发生态环境保护的中国方案。近年来，国际学术界高度关注中国页岩气开发中的生态和环境风险，美国[1-5]、英国[6]、日本[7]以及中国香港地区[8]研究者进行了大量研究。这些研究在充分参考国外研究的基础上，结合国内页岩气开发的实际，明确了一些结论，为中国页岩气开发的环境管理提供了参考。进入新的开发阶段，《页岩气发展规划（2016—2020年）》中将“页岩气开采环境评价及保护技术”作为五大科技攻关方向之一，要求立足国情，紧跟页岩气技术革命新趋势，有效支撑页岩气产业健康快速发展。

## 一、页岩气环境影响

邹才能院士和美国杜克大学的研究者[5]以威远页岩气田为研究对象，在国际上首次基于真实的中国页岩气开发用水、生产和产水数据，充分考虑页岩气开发企

业进行的返排液回收利用情况，证明中国页岩气开发的“水足迹”（Water footprint）要低于煤矿开采，但比常规天然气要高；构建情景模式后预测，若要完成2030年$1000\times10^8m^3$产量目标，在页岩气资源较为丰富的四川盆地，水资源将不会是限制性因素。Xie等人[9]采用水足迹和水强度指数（The Index of Water Intenstiy）理论和方法，根据公开的水资源和开发数据对中国页岩气开发的水资源影响进行评估，其结果显示水强度指数为0.3～9.9kg/$m^3$页岩气；以单井计，蓝色水足迹为35469 $m^3$，而灰色水足迹为514524$m^3$；若要完成2030年$800\times10^8m^3$年产量目标，共需水量（27～792）$\times10^6m^3$水量，按最坏和最好的情景模式计算分别占开发区域水资源量的0.03%～0.4%和0.1%～1.5%，对区域供水不会造成显著影响。值得注意的是，灰色水足迹占总水足迹的比例高达94%，主要来源于压裂和生产过程中返排液的排放（该研究中以氨氮为指标污染物）。实际上，页岩气压裂返排液很少未经处理排放，在已经启动建设的压裂返排液处理外排工程均执行较严格的氨氮和总氮排放限值（均为1mg/L），使得上述研究在部分结论存在不足。采用广泛接受的水足迹理论和方法，按照真实的开发情景和基础数据进行测算，并综合考虑开发区域用水和趋势，才能合理评估页岩气开发对水资源的影响。

目前暂未发现明确的页岩气污染地下水证据，但国内研究者正在筛选和识别页岩气开发地下水污染风险的共性和个性指标，结合页岩气开采施工过程和环境影响特征，构建页岩气开发地下水污染风险评价指标体系[10]。针对地下水和地表环境的影响评估，研究者们[11]呼吁对开钻前的环境本底情况进行系统调查，并注重采用地球化学和同位素示踪剂来阐明可能的污染途径和机制。郑昭贤等[12]总结了国外页岩气开发地下水潜在甲烷污染成因机理相关方面的研究，指出大部分工作“缺乏含水层中不同成因来源甲烷判定指标体系、未见不同成因来源甲烷的定量化分析方法以及含水层甲烷污染潜在迁移通道模拟概化条件过于理想化”等问题，建议国内相关研究摆脱单一气相条件下的地球化学研究限制，对同一点位（样品）中不同成因来源甲烷定量分析，采用多种稳定同位素和放射性同位素示踪技术，并结合复杂地质环境下多相耦合模拟技术，以形成明确的结论。

近年来，研究者开始采用全生命周期评价（Life Cycle Assessment，LCA）和全生命周期成本（Life Cycle Cost，LCC）来定量研究中国页岩气开发的环境影响[13-15]，但由于缺乏足够的代表性基础数据，这些研究仅能看作是初步的探索。仅有Wang等人[7]基于相对较新的开发信息，建立了混合生命周期清单（Hybrid life cycle inventory，LCI）模型以计算四川盆地开发的能源消费和温室气体排放。结果显示，每口页岩气井开发的能源消费为74～165 TJ，温室气体排量为9505t $CO_2$当量；能源投入回报值（Energy Return on Energy Investment，EROI）为31～42，高于常规石油天然气但低于美国页岩气，是具有显著价值的净能源。随着我国页岩气开发技术和开发模式的不断成熟，系统整理基础数据并结合不同的开发实际，通过LCA和LCC方法评估页岩气开采与综合利用全过程的生态和环境影响，是页岩气开采环境评价技术的发展方向之一。

## 二、水资源高效利用和地下水环境保护

2015年10月，国家能源局发布能源行业标准NB/T 14002.3—2015《页岩气　储层改造　第3部分：压裂返排液回收和处理方法》，提出了返排液回收配置压裂液的主要水质控制指标，并推荐了页岩气压裂返排液回用及外排处理工艺流程。2018年2月，原四川省环境保护厅发布《四川省页岩气开采业污染防治技术政策》，要求“钻井废水和压裂返排液应优先进行回用，平台钻井废水回用率、平台或区域压裂返排液回用率均应达到85%以上。”在实际开发中，返排液回用已成为主要的处置手段，采用简单的过滤去除TSS，在需要控制总铁含量时采用“曝气氧化—混凝/絮凝—沉降—过滤”即可达到回用配液要求，平台钻井废水回用率、平台或区域压裂返排液回用率指标也不存在技术难度。进一步提高回用率的主要技术障碍是降阻剂效果、化学结垢以及微生物活动等，因为多次回用或页岩气井生产后期返出的高矿化度高硬度返排液会影响配液的运动黏度、降阻率、表面张力和界面张力等技术指标，使压裂液达不到施工要求。技术上，可通过开发耐盐耐硬度降阻剂或处理返排液，以降低硬度等不利于回用的水质因素，进一步提高返排液的回用比例。

地下水环境保护方面，由于我国页岩气开发的有利区域地质条件复杂，地下暗河、溶洞多，相比国外，地下水污染的预防与控制难度更大[16]。根据本书前述内容，在目前已知范围内，页岩气开发对地下水的污染主要发生在固井质量不佳时，因此地下水的环境保护措施应主要从企业和行业的施工标准、指南和管理制度等方面进行规范。目前我国企业采取的措施包括：从导管段至二开直井段底部（深度在1000m以上）采用清水钻井；严控固井质量，保证套管完好并与井壁形成完全密封的环空结构，有效隔离井身和地下水；对井场进行合理布局，设置钻井废弃物和返排液等收集、储存设施，并做好防渗防溢和雨污分流等工作。行业层面，我国早在2013年就成立了能源行业页岩气标准化技术委员会，并由国家能源局下达了页岩气技术标准体系表；截至2016年12月，共发布实施了29件页岩气国家和行业标准[17]，其中，涉及钻井的标准4件，固井的标准3件，储层改造以及压裂液和返排液的标准7件，地面建设的标准1件，很多都直接或间接涉及地下水环境影响控制。由于页岩气开发的特殊性，其造成地下水污染的风险要高于常规天然气，技术上应针对性地研发高效固井水泥浆体系，提高套管腐蚀性能，优化完井工艺，形成不同工况下和气井全生命周期井筒完整性评价和风险管理技术；同时结合页岩气开发全过程，明确特征污染物释放、迁移和转化机制，建立页岩气开发地下水环境预警、监测和管控体系。

## 三、废弃物处理处置

页岩气开发产生的废弃物主要是废水基钻井液、油基岩屑和压裂返排液。如果对废弃物管理或处置不当造成“跑、冒、滴、漏”，则会污染土壤、地表和地下水环境。

### 1. 钻井废弃物资源化利用和无害化处置

2016 年，中国环境科学研究院固体废物污染控制技术研究所等机构根据危险废物鉴别标准，对我国油气田典型废钻井液的腐蚀性、易燃性、反应性、浸出毒性和毒性物质含量等进行系统检测和鉴别，明确了废水基钻井液基本不具有危险特性。据此，《国家危险废物名录》（2016 年版）对废钻井液进行了修订，将 2008 年版中的“废弃钻井液处理产生的污泥”缩减为“以矿物油为连续相配制钻井液用于石油开采所产生的废弃钻井液”（废物代码为 071–002–08）和“以矿物油为连续相配制钻井液用于天然气开采所产生的废弃钻井液”（072–001–08）。2017 年，原环境保护部办公厅印发《关于征求〈危险废物排除管理清单（征求意见稿）意见的函〉，将废水基钻井液（不包括废聚磺体系钻井液及岩屑）列入《危险废物排除管理清单（征求意见稿）》中。但如前文所述，废油基钻井液仍按危险废物进行管理。

目前，钻井液主要通过“不落地”技术进行收集和循环利用。尽管不同油服公司处理工艺不尽相同，但总的原则都是采用螺旋传输机随钻收集，进而通过振动筛、离心机等物理设备和化学法等进行固液分离，大部分液相返回钻井液循环系统配置钻井液，水基岩屑及固相物质制备免烧砖、烧结砖和水泥等资源化产品，油基岩屑可进一步回收基础油或交由相应危险废物处置资质单位安全处置。对于“泥浆不落地”，完整技术包括固液分离、液相的回用性能保证和固相综合利用途径，现场处理的关键在于固液分离。通过改善分离方式和效率，进一步调高可回用的液相比例，是“泥浆不落地”技术需完善的地方。

水基钻井固体废物制备免烧砖、烧结砖、水泥，以及陶粒等资源化产品的研究较多，其中烧结砖和水泥窑协同处置已成为广泛采用的资源化途径。总结钻井废物免烧砖利用方面的研究，技术关键应该基于水基钻井废物本身的物理化学性质，评价其在制备免烧砖环境中的产品性能贡献机理和影响因素，从而形成产品性能调控方法，指导提出最佳工艺条件；同时，基于污染物组分赋存状态，揭示其在最佳工艺制备过程中的转化和迁移途径，明确在最终产品中的赋存形式及环境风险。这一方面，目前仅有一些初步结论，是限制免烧砖技术应用的主要因素：例如董庆梅等人[17]认为，废水基钻井液达标处理后的滤饼主要为松散膨润土，塑性指数比较高，且含有一定的有机物，不易同水泥整体固化，直接影响成品砖强度指标；但又有研究[18]通过胶砂强度活性指数、非晶态含量和胶砂体系热分析认为，水基钻井固体废物中存在较高含量的活性 $SiO_2$ 和 $Al_2O_3$，具有一定的火山灰活性；在环境安全性评价方面，李开环[19]模拟了免烧砖应用场景下的污染物浸出规律，显示 Ba 的累积释放量较大，苯并（a）芘最大释放量大于 GB 3838—2002《地表水环境质量标准》规定，健康风险评估显示免烧砖颗粒摄入、皮肤接触、扬尘吸入、饮用地下水途径的累计致癌风险为可接受水平，但该研究没有提及其用于模拟研究的免烧砖的制备配比和工艺参数。

尽管研究和应用都证明，水基钻井固体废物制备烧结砖技术上可行、环保要求可达，且在一定条件下不影响烧结砖的产品质量乃至市场接受度。但关于其掺入比例仍有争议：从成分来说，水基钻井固体废物“少硅、多硫”，应加入配伍材料（主要成分黏土）和补强剂（主要成分硅酸钠、二氧化硅）或改质剂调节化学成分，还有建议加入激发剂以解构网络状铝硅酸盐的玻璃体[20]或内燃材料以强化烧结过程[21]。文献[21]认为，采用固化后的水基钻屑作为烧结砖掺料，比例不超过 40%，实际调研发现砖厂比例往往控制在 25% 以下，显见水基钻井固体废物制备烧结砖时优化原料设计配比是保证烧结砖制品质量的关键。

有些研究[22]分析了水基钻屑固化体的化学组成，整体上与水泥生产的生料类似，但 $Cl^-$、$SO_3^{2-}$ 和 $K_2O$ 含量略低，重金属含量满足 HJ 662—2013《水泥窑协同处置固体废物环境保护技术规范》规定的入窑要求；水基岩屑固化体提升了生料的易烧性，有助于促进液相的生成；固化体按 2.5% 质量比例掺入生料（其余成分石灰石占 83.6%，砂岩占 10.1%，粉煤灰占 2.8%，硫酸渣占 1%），在 1500℃煅烧生成的水泥熟料能满足相关质量要求。但也有研究[23]显示，重晶石（$BaSO_4$）随钻井固体废物的掺入将会增加熟料中 $f$-CaO 和 $C_2S$ 含量，减少 $C_3S$ 含量；反映在熟料水化反应上，则是早期强度较高，后期强度显著降低。整体来说，关于水泥窑协同处置钻井固体废物的研究仍显粗放，但初步的探索均证实了钻井固废中的某些特定组分对熟料成分和水化反应的直接影响。

压裂用陶粒支撑剂的主要成分为氧化铝和氧化硅，以及作为添加组分的铁、锰、钙、镁等氧化物，而水基钻井固体废物的矿物元素也主要以硅、钙、铝为主。因此，水基钻井固废能为支撑剂的制备提供物质基础。冯真[24]采用涪陵页岩气钻井二开斜井段泥浆压滤后产生的滤饼，再混合铝矾土和锰矿粉等制备压裂用陶粒支撑剂。混合样品中化学成分以氧化铝和氧化硅为主，构成陶粒支撑剂烧结中的骨架，还包括 CaO、BaO、$Fe_2O_3$、$TiO_2$、MgO、$MnO_2$ 等作为烧结助剂。研究显示，在设计的原料配比范围内，烧结温度（1320～1400℃）、烧结时间（1.5～3.0h）和原料配比对陶粒支撑剂的圆度和球度、浊度，以及酸溶解度影响不大，但对体积密度、视密度和破碎率影响显著。一般情况下，较好陶粒产品的微观结构应该是刚玉相和莫来石相形成交叉结构，液相用来填充交叉结构间的空隙，使结构变得致密而有韧性。水基钻井固废

的引入，会增加体系中氧化钙含量，导致钙长石的相对含量增加，而刚玉相和莫来石相相对含量减少。通过大量的配比实验，在最佳条件下，即 40g 水基钻屑（实际是滤饼）、160g 铝矾土、8g 锰粉，在 1350℃下可烧制成满足 SY/T 5108—2014《水力压裂和砾石充填作业用支撑剂性能测试方法》要求的陶粒支撑剂。同样，波兰研究者采用页岩气水基钻屑岩屑和粉煤灰混合，按一定配比和条件烧制成满足要求的多孔轻质陶粒[25]。研究中参考陶粒烧胀成型化学理论对钻屑能否作为陶粒烧制发胀原料进行了分析，认为通过与粉煤灰进行混合作为原料，可弥补钻屑在化学成分上的不足。但关于陶粒制备应用方面的研究目前仅停留在实验室阶段，缺乏大范围和大尺度的技术论证。

油基岩屑处置方面，无论是热脱附技术还是溶剂萃取技术，均能将油基岩屑含油率降低至 1% 以下。2015 年 10 月，中国环境科学研究院对上述处理后的残渣进行鉴定，研究表明经处理后含油岩屑所有样品浸出液中危害成分浓度均未超过 GB 5085.3—2007《危险废物鉴别标准浸出毒性鉴别》中规定的标准限值，苯系物及多环芳烃含量也未超过 GB 5085.6—2007《危险废物鉴别标准毒性物质含量鉴别》的标准限值。2016 年 12 月 5 日，国家能源局发布了 SY/T 7301—2016《陆上石油天然气开采含油污泥资源化综合利用及污染控制技术要求》，明确“含油污泥经处理后剩余固相中石油烃总量应不大于 2%，处理后剩余固相宜用于铺设通井路、铺垫井场基础材料”。《四川省页岩气开采业污染防治技术政策》参考 GB 34330—2017《固体废物鉴别标准 通则》，规定“油基岩屑处置后的产物若符合相关国家污染物排放（控制）标准或技术规范要求，且符合国家、地方制定或行业同行的被替代原料生产的产品质量标准的，不作为固体废物管理，按照相应的产品管理。除此之外，均按危险废物进行管理”。由于相关国家、地方或行业标准缺失，实际上上述规定未对油基岩屑脱油残渣的资源化利用起到明显促进作用。在 2020 年前的环境管理中，涉及油基岩屑脱油残渣，主要依照 GB 5085.7—2007《危险废物鉴别标准通则》中“具有毒性（包括浸出毒性、急性毒性及其他毒性）和感染性等一种或一种以上危险特性的危险废物处理后的废物仍属于危险废物，国家有关法规、标准另有规定的除外”的规定。无论油基岩屑含油率降到多少，仍要求按危险废物进行管理。因此，尽管油基岩屑的基础油回收和残渣资源化利用技术已较为成熟，但技术的应用和推广主要受制于危险废物经营许可证的相关要求。2019 年 11 月，生态环境部发布了 GB 5085.7—2019《危险废物鉴别标准 通则》，相关条款已修改为“具有毒性危险特性的危险废物利用过程产生的固体废物，经鉴别不再具有危险特性的，不属于危险废物”。当前，开发区域危险废物处置能力已成为影响页岩气开发的制约性因素之一。应对“近乎井喷式增长”的开发形势，石油行业可通过开发和应用环保型、强抑制性和成本低廉的高性能水基钻井液替代油基钻井液，开发绿色、安全的油基岩屑基础油脱附技术或药剂，并对脱油残渣的危险废物属性和再利用的环境安全性进行系统评估，明确含油岩屑的处理技术规范和相关标准，最终为含油岩屑找到合理稳妥的出路。

### 2. 压裂返排液处理

页岩气压裂返排液作为页岩气开发产生的最大量废物，其处理处置一直立足大量回用。在无回用现实条件或水质不适合回用时，处理外排是可考虑的选项之一。考虑到页岩气压裂返排液的复杂水质，通过某一个单元技术实行无害化是不现实的，其处理外排一定是集成多个单元技术的处理工艺。Carrero-Parreño 等人[26]建议压裂返排液处理外排工艺应依次以混凝沉降（固液分离）、软化、氧化、脱盐等主要模块设计：其中混凝沉降比较成熟；脱盐技术主要在反渗透（适合矿化度约低于 40000mg/L）和机械蒸汽再压缩蒸发（适合矿化度约高于 40000mg/L 的返排液或者反渗透浓水）等技术中选择，工艺研究的关键是设计合理的预处理以保证脱盐单元稳定运行和结合排放标准确定后处理技术。如本书前文介绍，四川盆地页岩气压裂返排液处理外排工艺流程基本上基于以上设计思路，在完成相应的初步工艺集成后，下一步应该长期跟踪投运工程运行状况，进一步验证技术的有效性和稳定性。基于研究和应用的进展，应重点在以下方面实现技术突破：

（1）更经济的脱盐技术。经济性是制约废水处理技术应用的主要因素之一，而高盐废水处理运行成本很大一部分是脱盐工段的能耗。MVR 蒸发采用压缩机提高二次蒸汽的能量并回收二次蒸汽的潜热，故相对传统的多效蒸发显著降低了能耗。涪陵页岩气田和长宁页岩气田均采用“膜—MVR 蒸发”分段提浓，考虑四川盆地页岩气压裂返排液的水质特征，其理论能耗相比 MVR 蒸发可进一步降低[27]。近年来，更低能耗的脱盐新技术出现并得到初步应用[28]，如能应用于压裂返排液处理，将有可能提升处理外排的技术经济性和市场接受度。

（2）高效氧化技术。压裂返排液中的有机物若得不到有效去除，将对膜和 MVR 蒸发器等脱盐单元的稳定运行带来影响，同时也可能影响出水效果和结晶盐品质。压裂返排液中的高盐分及其组成是生物处理法、Fenton 氧化法和臭氧氧化法等有机物去除方法低效的因素之一。当盐分含量超过 10000 mg/L 时就可能导致微生物的质壁分离以致失活，影响生物处理效果[28]。一些研究显示采用生物法对石油化工废水进行处理时，水力停留时间最短也有 10～48h，意味着在同样处理量时须占用较大面积，较难在山高、路窄、弯多、人居环境复杂的开发区域实施；最新的研究显示，压裂返排液中约有 30% 有机物难以生物降解[29]。Fenton 氧化法除需调节 pH、产生大量铁泥外，其主要的氧化剂羟基自由基（·OH）易被返排液中的 $Cl^-$、$Br^-$ 和 $HCO_3^-$ 等淬灭。诸多研究已经证实臭氧氧化对返排液中 COD 或者 TOC 的去除率低于 10%，主要是因为页岩气压裂返排液中含有较大量的饱和烷烃，其与臭氧的反应活性低；此外，高含量

的 $Br^-$ 也会消耗臭氧，从而导致臭氧氧化处理效果差。同样，采用粒状活性炭吸附处理时，COD 和 TOC 的去除率低于 25%[29]。从目前的研究来看，常规氧化法应用于页岩气压裂返排液均有其不足之处。针对页岩气压裂返排液特殊的水化学环境形成高效氧化方法，是目前该类废水处理外排技术研究的重中之重。

（3）面向水质的工艺参数调整方法。压裂返排液水质波动范围大，给工艺的稳定运行带来挑战。应对之策应为建立返排液水质快速检测方法，即基于统计和水化学模型建立从快速可得的水质指标到影响工艺运行的关键水质指标预测方法，再集成流程模拟工具包通过预测水质计算工艺参数，自动反馈并调节处理装置。

（4）基于应用情景的压裂返排液管理决策系统。压裂返排液处置途径是基于返排液水质水量特征、地理位置、环境条件、法规要求以及技术经济性等综合考虑的决策。不同开发场景下可能对应不同的返排液处置方式。美国燃气技术研究院的 GRI-ProwCal™ 模型[30]和 Slutz 等人结合案例进行的水管理成本分析[31]曾进行了有益的尝试。建立基于应用场景的压裂返排液管理决策系统，可提升返排液处置方案的效率和科学性，支撑形成具体的返排液解决方案。

（5）研究和应用还需进一步优化流程设计，减少单元环节，同时通过控制工艺参数减少杂盐、废盐甚至二次危险废物的产生。

此外，深井灌注废弃物处置技术体系在北美经过多年的实践，已被认为是一种可靠的、先进的、环境友好的废弃物“零排放”技术。早在 20 世纪 80 年代，我国石油行业就在四川盆地探索向深部地层回注气田水，在多年的回注实践过程中积累了从回注层选择与评估、回注井选择及评估、回注井运行管理和环境监测等多方面的宝贵经验，摸索形成了一套完整的气田水回注技术与管理体系。相关工作得到了生态环境主管部门的认可。2019 年 12 月，生态环境部办公厅在《关于进一步加强石油天然气行业环境影响评价管理的通知》中明确，“涉及废水回注的，应当论证回注的环境可行性，采取切实可行的地下水污染防治和监控措施，不得回注与油气开采无关的废水，严禁造成地下水污染”。但总的来说，我国目前尚缺乏对深井注入处置废弃物的技术支撑和法律监管体系。依据《中华人民共和国环境保护法》关于“国家支持环境保护科学技术研究、开发和应用，鼓励环境保护产业发展，促进环境保护信息化建设，提高环境保护科学技术水平”的要求，借鉴美国深井注入体系“先有实践，后有立法、管理”的形成历史，现阶段开展深井灌注废弃物（含压裂返排液、钻井废弃物等）处置技术的研究和实践，进而形成较完整的法律监管和技术标准，是页岩气乃至石油天然气产业发展的现实要求。

总的来说，我国目前尚未完成针对页岩气开发的环境监管顶层设计，尤其是缺乏针对页岩气这一新矿种的污染物控制标准[32]。现阶段学界、产业界和政策制定者应紧密结合，加强页岩气开发过程环境保护方面的基础性研究，系统识别和分析页岩气开发全过程的产污环节、污染因子和环境影响机制，为页岩气清洁开发提供基础性科学成果支撑。同时对行业采用的清洁生产和环境管理措施，以及废弃物处理处置技术进行评估，引导行业不断优化工艺设计、装备制造和过程控制，建立技术示范并逐步推广应用，促进相关技术标准、规范和环境监管体系的形成，最终形成页岩气绿色和清洁开发的“中国答案”。

## 参考文献

[1] Chang Y，Huang R，Masanet E. The energy，water，and air pollution implications of tapping China's shale gas reserves[J].Resources，Conservation and Recycling，2014，91：100–108.

[2] Krupnick A，Wang Z，Wang Y. Environmental risks of shale gas development in China[J]. Energy Policy，2014，75：117–125.

[3] Yu M，Weinthal E，Patiño–Echeverri D，et al. Water availability for shale gas development in Sichuan Basin，China[J]. Environmental Science and Technology，2016，50（6）：2837–2845.

[4] Qin Y，Edwards R，Tong F，et al. Can switching from coal to shale gas bring net carbon reductions to China？[J]. Environmental Science and Technology，2017，51（5）：2554–2562.

[5] Zou C，Ni Y，Li J，et al.The water footprint of hydraulic fracturing in Sichuan Basin，China[J]. Science of The Total Environment，2018，630：349–356.

[6] Song W，Chang Y，Liu X，et al. A multiyear assessment of air quality benefits from Chinanam China Chctions to Chinahnology，2016，50（6）：2837–2845.5. and Recycling，2014，91：100–108. 2015，49（4）：2066–2072.

[7] Wang J，Liu M，McLellan B，et al. Environmental impacts of shale gas development in China：A hybrid life cycle analysis[J]. Resources，conservation and Recycling，2017，20：38–45.

[8] Guo M，Lu X，Nielsen C，et al. Prospects for shale gas production in China：implications for water demand[J]. Renewable & Sustainable Energy Reviews，2016，66：742–750.

[9] Xie X，Zhang T，Zhang M，et al. Impact of shale gas development on regional water resources in China from footprint assessment view[J]. Science of the Total Environment，2019，679：313–327.

[10] 李绍康，袁颖，李翔，等. 页岩气开发地下水污染风险评价指标体系构建[J]. 环境科学研究，2018，31（5）：911–918.

[11] Small M，Stern P，Bomberg E，et al. Risks and risk Governance in unconventional shale gas development[J]. Environmental Science and Technology，2014，48（15）：8289–8297.

[12] 郑昭贤，陈宗宇，苏晨. 页岩气勘查开发对含水层潜在甲烷污染成因机理[J]. 水文地质工程地质，2014，41（6）：116–121.

[13] Chang Y，Huang R，Robert R，et al. Shale–to–well energy use and air pollutant emissions of shale gas production in China[J].Applied Energy，125：147–157.

[14] Chang Y，Huang R，and Masanet E. The energy，water，and air pollution implications of tapping

Chinallution implications of tapping Chinahinas prodn & Recycling，2014，91：100–108.

［15］Chang Y，Huang R，Ries R J，et al. Life–cycle comparison of greenhouse gas emissions and water consumption for coal and shale gas fired power generation in China［J］. Energy，2015，86：335–343.

［16］牛皓，罗霂，贾瑜玲，等 . 我国页岩气开发环境管理的对策建议［J］. 环境影响评价,2017,39（3）：1–4.

［17］董庆梅，王云鹏 . 大港油田免烧砖技术研究与应用［J］. 油气田环境保护，2019，29（3）：16–18.

［18］Wang C，Lin X，Mei X，et al. Performance of non–fired bricks containing oil–based drilling cuttings pyrolysis residues of shale gas［J］. Journal of Cleaner Production，2018，206：282–296.

［19］李开环 . 涪陵地区页岩气开采固体废物污染特性及资源化环境风险研究［D］. 重庆：重庆交通大学，2018.

［20］汪廷洪，李和君，裴恩榆，等 . 页岩气钻井水基岩屑制备烧结砖工艺研究——以川南某页岩气田为例［J］. 科技视界，2019，（28）：243–244.

［21］谭树成，贾虎，罗谦，等 . 页岩气水基钻屑改质制备烧结砖的研究［J］. 内蒙古科技与经济，2019，（19）：72–75.

［22］Liu D，Wang C，Mei X，et al. An effective treatment method for shale gas drilling cuttings solidified body［J］. Environmental Science and Pollution Research，2019，26：17853–17857.

［23］Lai H，Lv S，Lai Z，et al. Utilization of oil–based drilling cuttings from shale gas extraction for cement clinker production［J］. Environmental Science and Pollution Research，2020，27：33075–33084.

［24］冯真 . 页岩气水基钻屑制备低密度陶粒支撑剂及其性能研究［D］. 武汉：武汉理工大学，2018.

［25］Piszcz–Karas K，Klein M，Hupka J. Utilization of shale cuttings in production of lightweight aggregates［J］. Journal of Environmental Management，2019，231：232–240.

［26］Carrero–Parreño A，Onishi V，Salcedo–Díaz R，et al. Optimal pretreatment system of flowback water from shale gas production［J］. Industrial & Engineering Chemistry Research，2017，56（15）：4386–4398.

［27］Thiel G，Tow E，Banchik L，et al. Energy consumption in desalinating produced water from shale oil and gas extraction［J］. Desalination，2015，366：94–112.

［28］Butkovskyi A，Bruning H，Kools S，et al. Organic pollutants in shale gas flowback and produced waters：identification，potential ecological impact，and implications for treatment strategies［J］. Environmental Science & Technology，2017，51（9）：4740–4754.

［29］Butkovskyi A，Faber A，Wang Y，et al. Removal of organic compounds from shale gas flowback water［J］. Water Research，2018，138：47–55.

［30］Miller J A，Lawrence A W，Hickey R F，et al. Pilot plant treatment of natural gas produced waters to meet beneficial use discharge requirements［C］.// paper 37903–MS presented at the 1997 SPE/EPA Exploration and Production Environmental Conference，3–5 March，Dallas，TX，USA. SPE，1997.

[ 31 ] Slutz J, Andeson J, Broderick R, et al. Key shale gas water management strategies : an economic assessment tool [ C ] .// paper 157532-MS presented at the SPE/APPEA International Conference on Health, Safety, and Environment in Oil and Gas Exploration and Production, 11–13 September, Perth, Australia. SPE, 2012.

[ 32 ] 罗勤，陈鹏飞，付伟，等 . 中国页岩气技术标准体系建设进展 [ J ] . 石油与天然气化工，2018，47（1）：1-6.